WEIXIAO CHIDU RANSHAO WENYAN JISHU

微小尺度燃烧
稳焰技术

范爱武　康　鑫　李林洪◇著

华中科技大学出版社
http://press.hust.edu.cn
中国·武汉

图书在版编目(CIP)数据

微小尺度燃烧稳焰技术/范爱武,康鑫,李林洪著.—武汉:华中科技大学出版社,2023.12
ISBN 978-7-5772-0236-5

Ⅰ.①微… Ⅱ.①范… ②康… ③李… Ⅲ.①燃烧-研究 Ⅳ.①TK16

中国国家版本馆 CIP 数据核字(2023)第 235886 号

微小尺度燃烧稳焰技术　　　　　　　　　　范爱武　康　鑫　李林洪　著
Weixiao Chidu Ranshao Wenyan Jishu

策划编辑:易彩萍
责任编辑:王炳伦　陈　骏
封面设计:原色设计
责任校对:阮　敏
责任监印:朱　玢
出版发行:华中科技大学出版社(中国·武汉)　　　电话:(027)81321913
　　　　　武汉市东湖新技术开发区华工科技园　　　邮编:430223
录　　排:华中科技大学惠友文印中心
印　　刷:湖北金港彩印有限公司
开　　本:710mm×1000mm　1/16
印　　张:18.5
字　　数:383 千字
版　　次:2023 年 12 月第 1 版第 1 次印刷
定　　价:98.00 元

目　录

1 微小尺度燃烧的火焰稳定性

1.1 微小尺度燃烧研究背景

随着科技的进步,军用和民用领域不断涌现出各种微小型装置,如小型无人机、微型机器人、野外单兵作战系统装备以及各种便携式电子设备。这些微小型装置对动力系统提出了新的要求,既要质量轻,又要续航时间长,还有安全可靠、绿色环保等方面的限制。动力系统目前的发展趋势主要有两个方面:①进一步提高电化学电池的性能(关键是能量密度),这主要是因为电池具有使用方便等优点;②发展替代电化学电池的新技术。其中,基于燃烧的微小型能量转换装置和系统近来受到了人们的广泛关注,这是因为氢气和碳氢化合物燃料的能量密度比电池高几十倍,如图 1.1 所示。氢气的比能是 142000 kJ/kg,而传统锂离子电池和锂硫电池的比能分别为 1260 kJ/kg 和 9000 kJ/kg,前者分别是后二者的 112 倍和 16 倍左右。目前,基于微小尺度燃烧的几种能量转换方式为:①直接利用微燃烧器的热能,作为微型热源使用;②通过微型内燃机和燃气轮机,利用高温燃烧产物的动能,也可以带动发电机输出电力;③通过微喷管给微型飞行器提供推力;④通过热电模块或热光伏模块将热能转换为电能。显然,实现稳定、高效的燃烧是提高整个微型动力装置能量效率的前提。

在经典燃烧学文献中,很多学者研究了壁面散热对燃烧的影响。如果燃烧热释放量减去从气体传出的热量小于点燃预混气所需的能量时,火焰将会熄灭。对管内预混燃烧的研究表明,如果通道内径小于某个临界直径,从火焰向管壁的传热将使反应发生淬熄,燃烧波只有依靠外界对管壁的加热才能稳定。该临界直径被称为"淬熄直径(quenching diameter)"(或"消焰直径"),对平行通道来说则被称作"淬熄距离或间距(quenching distance)"。例如,当量比为 1 时,氢气和甲烷的淬熄直径分别约为 0.64 mm 和 2.5 mm。Ju 和 Maruta 在其综述文章中总结了三种关于"微尺度燃烧"的定义。本书采用基于火焰淬熄直径的界定方法,即如果燃烧器尺寸小于淬熄直径,则被称为微尺度燃烧;若其稍微大于淬熄直径,则称为介观尺度或小尺度(一般小于 10 mm)燃烧。实际上,小尺度和微尺度下火焰稳定性的影响因素基本一致,采取的稳焰技术也是通用的。因此,为了叙述方便,本书将二者统称为微小尺度燃烧,而不再做详细区分。

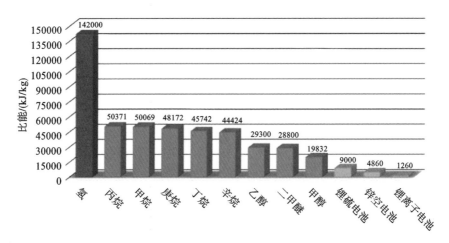

图 1.1 常用燃料和电化学电池的比能

1.2 微小尺度燃烧面临的挑战

通常来说,燃烧是有质量、热量、动量传递的化学反应过程,简称"三传一反"过程。因此,在流动反应器中,维持火焰稳定需要同时满足多方面的平衡关系。首先,散热不能太强,否则将导致热淬熄。其次,火焰速度与进气速度要保持平衡,即来流速度既不能太大也不能太小,否则将发生回火或吹熄。再次,反应物停留时间不能太短,否则燃料中的化学能来不及释放。此外,还有传热、传质不平衡导致的刘易斯数效应及流场中剪切层的拉伸效应,这些效应均有可能导致局部熄火。

与常规燃烧器相比,微小燃烧器的特征尺度减小2~3个数量级,燃烧器的面体比(或称面容比)与特征尺寸近似成反比,因此,微小燃烧器的面体比将升高约2~3个数量级。这将给微小尺度燃烧的火焰稳定性带来几个方面的不利影响:①反应物的停留时间大大缩短;②通过燃烧器壁面的散热损失比例大大增加;③燃烧器内壁面对反应活性自由基的捕获可能会对气相燃烧产生不利影响;④材料的耐热性问题。例如,MIT研究团队开发的微型燃气轮机就存在由于硅材料的蠕变而导致气体泄漏的问题。此外,笔者课题组的研究还表明,在微小燃烧器内的流场中经常存在剪切率较大的局部区域,很容易导致火焰因受到强烈拉伸作用而发生断裂,最终被吹熄。

1.3 微小尺度预混燃烧的不稳定火焰

火焰不稳定性(flame instability)是根据产生不稳定火焰的内在物理机制来定义和分类的。根据燃烧学理论,火焰不稳定性主要包括热-扩散不稳定性和 D-L

(Darrieus-Landau)不稳定性。热-扩散不稳定性是火焰面的传热传质不平衡导致的,因此也叫差别扩散效应(differential diffusion effect)或刘易斯数效应,一般发生在有效刘易斯数偏离 1 较远的预混燃烧火焰中。D-L 不稳定性也叫水动力学或流体动力学不稳定性(hydrodynamic instability),它是气体混合物经过火焰锋面之后受热膨胀、流速加快导致。火焰锋面的法向速度发生改变,导致火焰产生脉动。除此以外,还存在其他类型的火焰不稳定性,例如浮升力导致的瑞利-泰勒不稳定性(Rayleigh-Taylor instability)。本书介绍的不稳定火焰是指通过实验或数值模拟发现的微小尺度燃烧器中的一些具体动态火焰现象,其内在的机理既可能包括上面提到的几种火焰不稳定性(例如,我们发现的钝体、凹腔燃烧器临近吹熄极限时甲烷/空气火焰的拉伸效应,宽高比较大时甲烷火焰的脉动现象,以及贫燃氢气/空气火焰的尖端分裂现象),也包含了传热(上游壁面的热循环、外壁面的散热)、流动与火焰之间的复杂耦合作用,这也是微小尺度燃烧最富有特色的地方。

1.3.1 一维不稳定火焰

较早研究微尺度燃烧不稳定火焰的学者是日本东北大学的 Maruta 等人,图 1.2 展示了他们采用的实验装置示意图及内壁温度分布曲线,利用一个平面火焰炉来加热一根内径为 2 mm 的透明石英玻璃圆管,等到壁温稳定后(最高 1300 K 左右),通入甲烷(或丙烷)/空气预混气进行实验。在中高进气速度范围内,火焰驻定于管内某个位置;而在中低进气速度下,肉眼看到的火焰区域相当长,图 1.3 是采用数码相机拍摄的火焰直观图。然后,利用加装像增强器的高速数码摄像机,采用 500 fps 的帧频确认了这是一种反复"熄火—再着火"的动态火焰(flame with repetitive extinction and ignition,FREI)。分析认为,当预混气在下游的某个高温壁面处发生着火后,火焰向上游传播,直到到达一个壁温较低的位置而熄灭。经过一段时间的延迟,未燃预混气在原来的着火位置被再次点燃,火焰又向上游传播,然后再次熄火,这个过程反复发生。除此以外,在稳定火焰和 FREI 之间的过渡工况下,还出现了轻微的脉动火焰以及 FREI 和脉动的复合火焰。图 1.4 展示了火焰位置随时间的变化,可以更加细致地反映火焰的运动规律。

笔者利用该装置对丙烷/空气预混气进行了更深入的研究,将高速数码摄像机的帧频设置为 4000 fps 进行拍摄,发现进气速度在 20~30 cm/s 的范围时,火焰在 FREI 的周期内还存在分裂现象。图 1.5 展示了名义当量比的丙烷/空气预混气在着火后进行传播的 20 帧图片。从图 1.5 可以看到,燃料在管壁温度较高的某一点着火后即往上游传播。此后,反应区迅速变厚,并分裂为两个,如图 1.5 中的(c)和(d)所示。图中用白色箭头指出火焰分裂的位置,其中左侧火焰具有较高的发光度,而右侧火焰的发光度则较弱,它们分别被称作常规火焰(normal flame)和微弱火焰(weak flame)。左侧的常规火焰继续向上游传播,而右侧的微弱火焰则向下游移动。同时,从图 1.5 中可以看出,常规火焰的传播速度要比微弱火焰快很多。

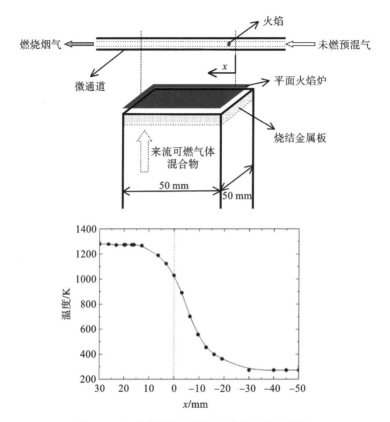

图 1.2 实验装置示意图及内壁温度分布曲线

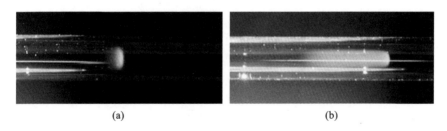

        (a)   (b)

图 1.3 数码相机拍摄的火焰直观图
(a)常规稳定火焰;(b)反复"熄火—再着火"的动态火焰

紧接着,常规火焰又开始第二次分裂,如图 1.5(h)所示。因此,在图 1.5(i)和图 1.5(j)中可以看到三个火焰同时存在于微细通道内不同的位置,其中左侧的那个火焰较亮,而中间和右侧的那两个火焰则较暗。此后,这两个微弱火焰逐渐变得更暗并最终消失,见图 1.5 中的(k)~(o)。与此同时,左侧常规火焰也变薄变暗,其传播速度也慢下来。从图 1.5 中的(r)~(t),左侧火焰的位置几乎不再发生变化,最后熄灭。一段时间之后,丙烷-空气预混气在管壁的预热作用下重新着火,类似的动态过程又周期性地重复上演。Minaev 等基于热-扩散理论框架(不考虑动量

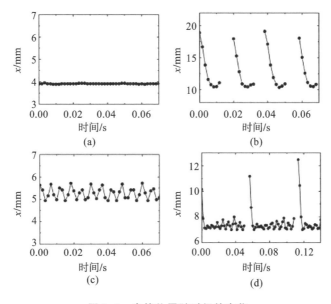

图 1.4　火焰位置随时间的变化

（a）稳定火焰；（b）反复熄火、着火的动态火焰；（c）脉动火焰；（d）同时具有脉动和反复熄火、着火的动态火焰

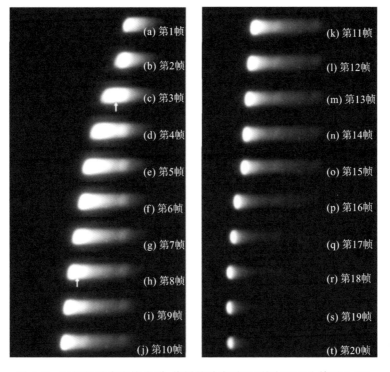

图 1.5　微细通道中火焰分裂、传播的动态过程（其中左侧为管子入口）

方程)的一维数学模型对此现象进行了模拟仿真,重现了火焰分裂和熄灭过程,表明上游常规火焰的熄灭是由于壁面淬熄,而下游微弱火焰的熄灭是由于反应物不足。Nakamura 等通过数值模拟详细考察了其中的火焰分岔现象。

Wang 和 Fan 对合成气燃料(一氧化碳＋氢气)在上面所述的固定壁温分布的微流动反应器中的火焰稳定性进行了数值模拟研究,发现了更为复杂的火焰动力学现象。例如,对于一氧化碳:氢气:氧气:氮气＝1:1:1:7 的预混气,不仅发现了上游常规火焰和下游微弱火焰共存的现象,而且在中等速度下发现了一种不间断的反复"熄火—再着火"的动态火焰(uninterrupted flame with repetitive extinction and ignition,UFREI),其火焰位置随时间的变化规律如图 1.6 所示。分析表明这种火焰现象是由于上游火焰在熄灭之前、其残余的一氧化碳提前再着火而形成的。

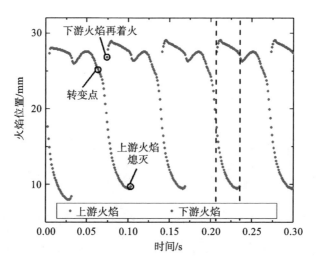

图 1.6　微细通道中合成气(一氧化碳＋氢气)的火焰位置随时间的变化规律

对于甲烷:氢气＝1:1 的混合燃料来说,Wang 和 Fan 通过数值模拟发现:在上述的微流动反应器中,不管是稳定火焰工况还是 FREI,都存在火焰分岔现象(bifurcation phenomenon)。图 1.7 展示了 $V_{in}=20$ cm/s 时,FREI 过程中发生的火焰二次分岔现象。第一次分岔是由着火点后残余的氧气和一氧化碳引起的,而第二次分岔是由于微弱火焰与常规火焰共存,即上游火焰残余的一氧化碳和氧气发生反应引起的。

1.3.2　二维不稳定火焰

Pizza 等对高度 $h=0.3\sim1.0$ mm 的平行微细通道内、当量比 $\phi=0.5$ 的贫燃氢气/空气预混火焰进行了直接数值模拟(DNS),发现了一系列动态火焰,包括FREI、上下脉动火焰等。从图 1.7 中可见,火焰的倾斜方向和最高温度均是随时间变化的。随后,Pizza 等又对 $h=2$ mm、4 mm 和 7 mm 的平行介观尺度通道内、

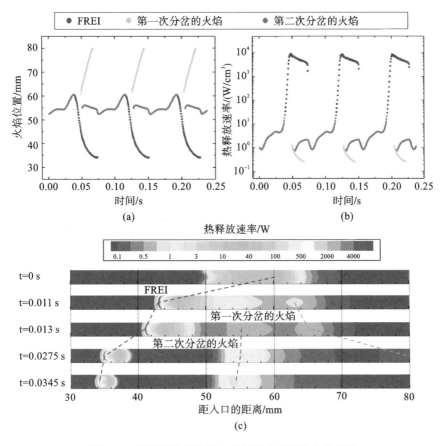

图 1.7 微细通道中甲烷＋氢气混合燃料的火焰位置

(a)火焰位置随时间的变化规律；(b)热释放速率随时间的变化规律；(c)火焰结构随时间的变化规律

当量比 $\phi=0.5$ 的氢气/空气预混火焰进行了直接数值模拟。图 1.8 展示了 $V_{in}=$ 84 cm/s 时，$h=1.0$ mm 的通道内脉动火焰的最高温度随时间的变化以及一个脉动周期内四个不同时刻的 OH 质量分数分布云图。图 1.9 给出了 $V_{in}=103.5$ cm/s 时，$h=2.0$ mm 的通道内总热释放速率（THRR）随时间的变化以及一个脉动周期内四个不同时刻的 OH 质量分数分布云图。将其与图 1.8 相比较，可以发现随着通道高度的增大，贫燃氢气/空气发生了尖端分裂现象（flame tip opening phenomenon），这是一种典型的热-扩散不稳定性（即刘易斯数效应）。此外，火焰在脉动过程中上下两边是不对称的，表明通道高度增大后，火焰有趋于混乱的倾向。从图 1.10 可以看出，在同一高度的通道内，随着进气速度的增大，火焰脉动的幅度越来越大，也越来越不规律。Alipoor 等的研究也指出，在微细通道内贫燃氢气/空气的火焰不稳定性主要表现为热-扩散不稳定性，而水动力学不稳定性非常微弱。Kurdyumov 对狭窄通道中火焰的刘易斯数效应进行了理论分析，也发现了不对称火焰。

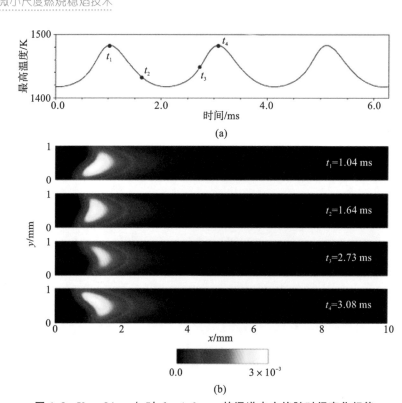

图 1.8 $V_{in}=84$ cm/s 时,$h=1.0$ mm 的通道内火焰随时间变化规律

(a)最高火焰温度随时间的变化;(b)一个脉动周期内四个不同时刻的 OH 质量分数分布云图

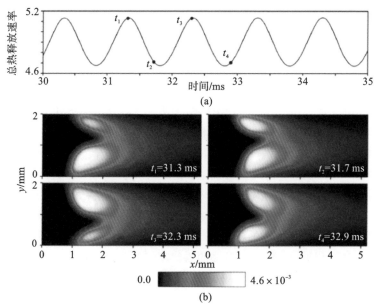

图 1.9 $V_{in}=103.5$ cm/s 时,$h=2.0$ mm 的通道内火焰随时间变化规律

(a)总热释放速率随时间的变化;(b)一个脉动周期内四个不同时刻的 OH 质量分数分布云图

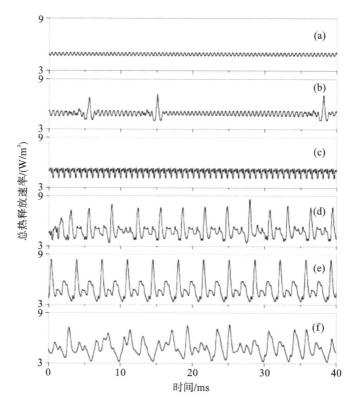

图 1.10　$h=2.0$ mm 的通道内，不同进气速度的脉动火焰总热释放速率随时间的变化规律
(a)$V_{in}=103.5$ cm/s；(b)$V_{in}=105$ cm/s；(c)$V_{in}=125$ cm/s；(d)$V_{in}=140$ cm/s；(e)$V_{in}=181$ cm/s；(f)$V_{in}=215$ cm/s

1.3.3　三维不稳定火焰

　　Kumar 等和 Fan 等对由两块直径为 50 mm、厚度为 1 mm 的石英玻璃构成的径向通道内的甲烷/空气预混气燃烧进行了实验研究。采用平面火焰炉对底板进行加热，预混气从与上盖板中心相连的进气管送入径向通道内，依靠壁温进行点火。通过改变通道间距（$h=0.5\sim3.0$ mm）、进气速度和当量比，利用高速数码摄像机观察到了许多火焰形态，包括各种高速旋转的火焰模式，并且给出了不同间距的径向微细通道燃烧器的火焰模式分布图谱。图 1.11 所示为几种主要的火焰模式，除常规的稳定圆形火焰(stable circular flame)之外，还发现了几种非常新奇的旋转火焰，分别为开口火焰(broken flame)，周向移动式火焰(traveling flame)，单个、两个或三个透平叶片形火焰(Pelton-like flames)，三分岔火焰(triple flame)，螺旋形火焰(spiral flame)，以及龙形火焰(dragon-like flame)。由于垂直进口管的限制，高速数码摄像机是从斜上方进行拍摄的，帧频为 1000 fps。Fan 等基于热-扩散

数学模型较好地复现了旋转的透平叶片形火焰,表明其主要受热-扩散不稳定性控制。Minaev 等指出螺旋形旋转火焰也是一种热-扩散不稳定性现象,但是他们模拟出的螺旋形火焰有两处存在双层火焰锋面,而实验中观察到的螺旋形火焰实际上只在火焰的首尾相接处是双层结构。后来,Fan 等对流场的瞬态仿真发现,在间距较大的通道中火焰出现了不稳定的反向涡旋结构,这是导致螺旋形火焰的主要原因,即实际上这是一种由流体动力学不稳定性导致的火焰沿径向的分裂现象,他们关于火焰形态转变的实验结果也证实了这些猜想。

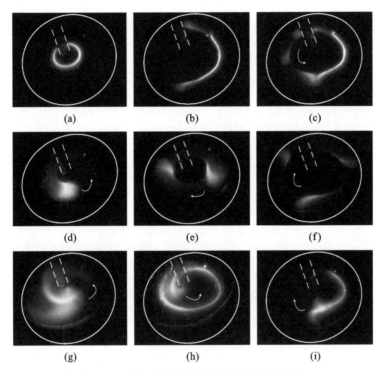

图 1.11   径向微细通道中观察到的甲烷火焰

(a)稳定的圆形火焰;(b)开口火焰;(c)周向移动式火焰;(d)单个透平叶片形火焰;(e)两个透平叶片形火焰;(f)三个透平叶片形火焰;(g)三分岔火焰;(h)螺旋形火焰;(i)龙形火焰

注:实线和虚线分别指示上板的位置和进气管,箭头指出火焰的旋转方向。

此外,Fan 等对二甲醚/空气的预混燃烧进行了实验研究,观察到了带皱褶的单个和两个透平叶片形火焰以及带皱褶的移动式火焰(见图 1.12)。分析认为,这是由于二甲醚存在低温反应下的冷焰(cool flame)和分阶段氧化特性,而沿着半径方向(即主流方向)的通道壁面存在很大的温度梯度(图 1.13)。实际上,Oshibe 等就在固定壁温分布的微细通道中发现了二甲醚存在稳定的三阶段反应特性。

Xu 和 Ju 在渐扩形微细通道观察到了旋转的 X 形贫燃和富燃丙烷/空气火焰(见图 1.14),Taywade 等则在带三个突扩台阶的微燃烧器末端发现了 X 形旋转火

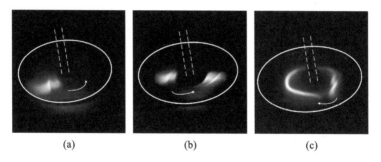

图 1.12　径向微细通道中的二甲醚火焰

(a)带皱褶的单个透平叶片形火焰;(b)带皱褶的两个透平叶片形火焰;(c)带皱褶的移动式火焰

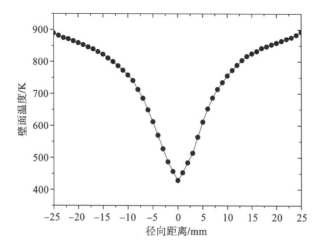

图 1.13　径向微细通道的底板上壁面温度分布

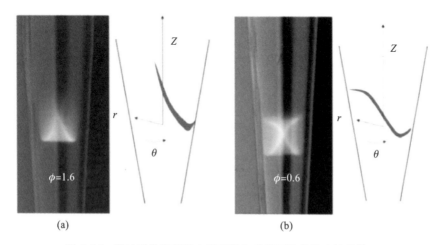

图 1.14　渐扩形微细通道中的富燃和贫燃丙烷旋转火焰结构

焰(见图 1.15)。这些火焰沿顺时针和逆时针旋转的概率相同。对于某个固定当量比来说,当预混气流量高于某个临界值时,火焰开始旋转,旋转频率与火焰速度近似成正比。此外,还存在快火焰和慢火焰两种火焰传播模式,只有当火焰从快火焰模式转变到慢火焰模式之后才能产生旋转。实验观察和理论分析均表明,不论预混气的刘易斯数大小如何,由于火焰-壁面之间的耦合作用显著增大了有效刘易斯数,这将提高火焰的热-扩散不稳定性,即更容易发生热-扩散不稳定性。

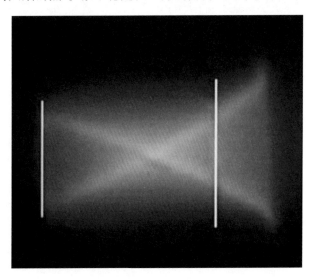

图 1.15　带三个突扩台阶的微燃烧器内的 X 形旋转火焰($\phi=1.15, V_{in}=2.4$ m/s)

1.4　微小尺度非预混燃烧的不稳定火焰

　　实际上,在微小尺度非预混燃烧中也会发生 FREI 现象。例如,Richecoeur 和 Kyritsis 对甲烷和氧气在内径为 4 mm 的弯曲圆管中的非预混燃烧进行了实验研究,也观察到了 FREI,并且伴随有 $50\sim350$ Hz 的噪声。分析认为,管道的曲率对火焰稳定性有较大影响。Xiang 等对氢气和空气在 Y 形微细通道内的非预混燃烧实验中,发现当内径 $d=2$ mm、平均进气速度 $V=3$ m/s 时,在当量比 $\phi=1.5$ 及 $\phi=1.6$ 这两个工况下,管内火焰发生了反复 FREI 现象,图 1.16 给出了该动态过程的两个周期。在燃烧器末端采用丁烷喷枪进行加热点火,持续时间为 5 s,因此点火结束后($t=0$ s)火焰已经向上游传播了一小段距离。因为名义当量比较大,管内未完全燃烧的燃料继续在管口燃烧。管内小火焰几乎匀速向上游传播($t=120\sim360$ s),由于小火焰在向上游传播的过程中消化了大部分燃料,使得管口的火焰逐渐变暗至几乎不可见。管内火焰在快到达三岔口时熄灭($t=400$ s),而未燃气体混合物会被管口处的火焰重新点燃,形成一个新的小火焰($t=480$ s),继续向上游传播,如此周而复始。由于向上游传播的小火焰比较暗淡,因此对图片亮度进行了调节,使得位于管口的火焰偏红。与前面预混燃烧不同的是,在本实验中,管口处的火焰充当了热源,使得管内火焰在熄灭后又能产生新的火焰,并未借助其他外界条件。实验测得 $\phi=1.6$ 时 FREI 的周期为 503 s,而 $\phi=1.5$ 时的周期为 305 s,说明这种动态火焰的周期随名义当量比 ϕ 的增大而增大。

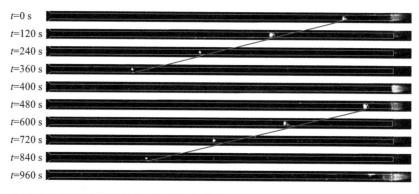

图 1.16　Y 形微细通道内氢气和空气的非预混燃烧中 FREI 的周期性动态火焰

此外,Xiang 等还发现(见图 1.17),当管长 $L=100$ mm 时,在点火结束后火焰锋面最初向上侧倾斜($t=0\sim15$ s),当火焰继续往上游传播时,在 $t=15$ s 到 $t=30$ s 时,火焰锋面发生了从向上侧倾斜到向下侧倾斜的转变,最后驻定于三岔口。Xiang 等通过数值模拟复现了这种现象,结果表明上游管道内燃料和氧化剂的浓度分布发生了变化,上侧的氢气浓度高而下侧的氢气浓度低,这是导致火焰倾斜方向发生改变的主要原因。

图 1.17　向上游传播并最终驻定于三岔口的火焰

微小尺度非预混燃烧中发现的另外一种有趣的火焰现象是"火焰街(flame street)"。Miesse 等指出一个成功的微燃烧器设计有三个关键要素:一是燃烧器壁面要进行良好的绝热,以防止热淬熄;二是燃烧器壁面由不淬熄自由基的材料制造,或者经过特殊的钝化处理;三是要组织好流场,防止燃烧器超温熔化。他们采用熔点高达 2323 K 的多晶氧化铝材料制作了 Y 形结构微燃烧器,并对内壁面进行了化学处理,消除离子和重金属污染物、晶界和其他表面缺陷,使得烃类燃料和氢气的均相燃烧成为可能。分流板后面的矩形截面燃烧室长 30 mm,宽 5 mm,上、下壁面的间隙为 0.75 mm。实验发现,对于甲烷/氧气的扩散燃烧来说,不论是远离熄火还是接近熄火条件,均观察到了多个孤立的胞状火焰(flame cells),如图1.18所示。小火焰的个数从 1 个变到 4 个,依赖于气体流量和名义(全局)当量比。具体来说,对于贫燃甲烷/氧气混合物,随着进口流速从 2 m/s 降到 1 m/s,火焰单元数从 2 个减少到 1 个。对于化学恰当比和富燃的工况,火焰单元数先从高流速下的 2 个增加到中等流速下的 4 个,然后随着流速的降低而减少。而在固定的低流速下,当量比为 0.6 时出现了唯一小火焰,然后随着当量比的进一步降低而熄灭。在固定的中等流速下,随着当量比的增加,小火焰个数一般从 2 个增加到 4 个。而在固定的高流速下,火焰单元数基本保持不变。

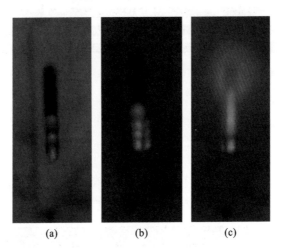

图 1.18　火焰的化学发光图像

(a)三个火焰单元;(b)四个火焰单元;(c)单个火焰单元上有一个层流扩散火焰(惊叹号火焰)

Xiang 等在直径 $d=1$ mm 的 Y 形微细通道内,在氢气和空气的名义当量比 $\phi=1.6$、平均进气速度 $V=9$ m/s 时,当在燃烧器出口点火后,观察到向上游传播的“火焰街”,并最终驻定在三岔口,如图 1.19 所示。从图 1.19 可以看到,点火后管内和管外各有一个火焰,前者向上游传播,而后者则驻定在管口。从 $t=120$ s 开始,在管内常规火焰(normal flame)的下游某个位置,壁面的温度比附近要高一些,这应该是一个非常微弱的小火焰(weak flame),即图中用白色椭圆圈出的地方,小火焰随着常规火焰一起向上游传播,$t=300$ s 后,该小火焰消失。分析认为,小火焰消失主要有两个原因:一方面,管内常规火焰在向上游传播的过程中,由于混合效果变差,反应温度降低,小火焰上游气体混合物的预热效果也受到影响;另一方面,管口火焰通过壁面向上游传热,有助于小火焰的稳定,但是随着小火焰与管口火焰的距离越来越远,壁面的热循环效果也逐渐减弱。最终,$t=420$ s 时,管内常规火焰转变为边界火焰并驻定在三岔口。

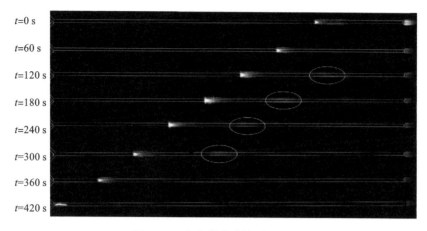

图 1.19　向上游移动的"火焰街"

Xu 和 Ju、Mohan 等以及 Kang 等进一步通过实验和数值模拟探究了"火焰街"的形成机理和结构。总的来说,"火焰街"的形成是由于扩散过程和再着火导致的,如图 1.20 所示。首先,一个扩散火焰形成并驻定于混合层的前缘。此后,燃料和氧化剂之间相互扩散,变成部分预混气,然后被点燃,形成下游的第一个小火焰。在第一个小火焰之后,燃料和氧化剂需要更长的时间进行扩散变成部分预混合物,然后再次被点燃。这与实验中观察到的现象是一致的,即小火焰之间的距离逐渐增加,意味着随着混合层变宽,扩散距离逐渐变长。

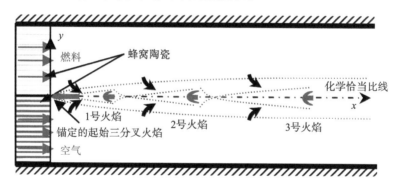

图 1.20　火焰街的形成机理示意图

1.5　微小尺度稳焰技术

前面提到,维持火焰稳定需要满足热量、动量以及质量传递等多方面的平衡,而且微小尺度燃烧器中这几个物理过程是高度耦合的,它们共同对火焰稳定性起作用。此外,微小尺度燃烧还面临散热损失大、停留时间短以及壁面自由基淬熄等挑战。针对其中某一方面来稳定火焰的技术被称为单一稳焰技术,而如果同时针对两个或两个以上方面来稳定火焰的技术,则称为复合稳焰技术。此外,还有少数研究者提出了一些比较特殊的稳焰技术。下面对这些稳焰技术进行简单介绍,关于它们的单独详细讨论可见于本书后续章节。

能够产生回流区的结构一般被称作稳焰器(flame holders)。常见的稳焰器有不同截面形状的钝体、壁面凹腔、突扩台阶及旋流器等。回流区的反向流动有利于锚定火焰根部。除回流区之外,与其相邻的低速区也具有较好的稳焰能力。回流区还能够产生"三高效应",即高浓度、高温度和高湍流度。虽然微小尺度燃烧器不一定具有高湍流度,但高浓度和高温度区还是可以形成的。稳焰器主要用来扩大火焰吹熄极限,其效果跟稳焰器本身的尺寸和形状密切相关。

热循环(heat recirculation)也称回热,是一种常用的稳焰方式。它能够利用高温燃烧产物的一部分热量来预热低温未燃反应物,提高进气温度和反应强度,因此对扩大可燃浓度极限和速度极限都有利。一般来说,微小尺度燃烧器实现热循环有三种主要方式。第一种是利用燃烧器本身的壁面热传导,包括采用具有正交热物性的壁面材料以及采用双层壁面对热循环和外壁面散热进行全面热管理。第二种是制造瑞士卷结构的螺旋形通道,通过冷热气体的逆向流动,由固体隔板进行传热。第三种是采用多孔介质燃烧器,包括多孔壁面的燃烧器,全部或部分填充多孔介质的燃烧器,以及填充低导热系数陶瓷纤维的多孔介质燃烧器。此外,多孔介质还应用于非预混燃烧器,能够同时促进燃料与氧化剂的混合和稳定火焰,主要通过多孔介质固体骨架对未燃反应物进行预热。后两种热循环方式有望实现"超焓燃烧"(或"过余焓燃烧"),即由于回热,燃烧产生的焓大于燃烧器入口处的反应物总焓。

虽然微小燃烧器的大面/容比不利于气相燃烧的火焰稳定,但其对于催化燃烧则是有利的。催化燃烧具有诸多优点,它能够降低点火所需的活化能,甚至可以在室温下点燃氢气/空气的混合物,其他燃料(丁烷和丙烷)也可以在低于 200 ℃ 的温度下被点燃。催化剂的设置一般有两种:第一种是在微细通道壁面上涂敷催化剂,既可以整个壁面涂敷催化剂,也可以分段甚至只有一小段涂敷催化剂;第二种是以多孔介质为载体,在通道内或者燃烧室中心填充催化剂。实际上,在有催化剂的情况下,均相—非均相反应之间的相互作用是非常复杂的。例如,Wang 等通过数值模拟研究了壁面催化剂对不稳定火焰的抑制效应,发现在整个进气速度范围内催化剂都能提高火焰稳定性,但是不同进气速度下的作用机制不相同,低速下非均相反应对气相燃烧起促进作用,而高速下非均相反应对气相燃烧则起削弱作用。此外,也有将催化剂应用到非预混燃烧的例子,非均相反应能够在比预混催化燃烧更狭窄的微细通道内进行。

向反应物(包括燃料和氧化剂)中添加少量的气体也能起到稳定火焰的作用,其中,燃料侧一般添加少量氢气,而氧化剂侧可以采取提高氧气浓度、甚至采用臭氧或者改变氧气的稀释剂两种方式。例如,Kang 等和 Wang 等向燃料中添加少量氢气抑制了微细通道流动反应器中 FREI 的发生。微射流火焰中添加氢气则能稳定火焰根部,提高火焰吹熄极限。对于燃烧性能不佳的氨气燃料来说,采用纯氧能显著提高其着火性能和燃烧稳定性。Yang等将空气中的氮气替换为氦气,提高了预混气的有效刘易斯数,抑制了火焰尖端分裂的发生,大大提高了贫燃氢气火焰的燃烧效率。

将以上两种或三种稳焰技术结合起来,则形成了复合稳焰技术。例如,将回流区和热循环相结合,回流区和催化剂相结合,热循环和催化剂相结合,回流区和掺氢燃烧相结合,或者采用掺氢催化燃烧,以及将掺氢气、催化剂和回流区三者相结合,还可以将掺氢气、回流区和热循环三者结合起来。由于每个因素对单一稳焰技术的影响不尽相同,所以这些因素对复合稳焰技术的综合作用就变得非常复杂,需要进行系统的研究才能获得最优的效果。

截至目前,已有许多学者对此进行了研究。为了抑制壁面的不利影响,除了涂敷催化剂,还可以对其进行钝化处理。另外,广州能源所采用各种技术在微细通道内壁面喷涂或者沉积一层功能涂层材料来强化燃烧,实现对火焰的主动调控。他们制备了耐磨性 AlCrN 涂层、化学惰性 Al_2O_3 涂层,以及 $Y_2O_3＋ZrO_2$、$ZrO_2＋Al_2O_3$ 和 $ZrO_2＋MgO$ 等复合涂层材料,试验研究了火焰淬熄距离和火焰驻定位置与涂层材料、壁面温度以及当量比之间的变化规律,揭示了三种复合材料表面晶格氧的氧化还原性能对微细通道内火焰稳定性的影响。

液体燃料具有很高的能量密度,因此,基于液体燃料燃烧的便携式发电装置在军事领域具有较好的应用前景,其中采用微喷射流火焰是一种比较合适的方式。然而,液体燃料如果雾化不良,液滴的剧烈蒸发将使火焰发生微爆现象,并释放噪声。为了获得良好的雾化性能,往往采用直流或交流电场、或双电极技术,其中圆锥形射流模式是最好的一种喷雾模式。此外,Khan 等开发的分散流注射器,在较低流量下也可以获得较好的雾化性能。由于燃烧不完全,液体燃料火焰还容易生成碳烟和一氧化碳等污染物,因此,在火焰区域设置一层或多层涂敷催化剂的金属丝网是一种常见的技术。

除了以上提到的这些微小尺度燃烧稳焰技术,还有一些比较个性化的方法,在此不再一一介绍。另外需要指出的是,本书并非关于微小尺度燃烧稳焰技术的文献综述,因此只选择了比较具有代表性的相关文献,恳请读者和同行们对此予以理解。

1.6　本章小结

本章简要介绍了微小尺度燃烧的研究背景、稳定火焰面临的重大挑战、已有研究中发现的特殊火焰现象,以及学者们提出的各种主要稳焰技术。后面几章将分别介绍笔者过去 10 年中重点研究过的几种微小尺度燃烧稳焰技术,包括:回流区稳焰技术(第 2 章),热循环稳焰技术(第 3 章　瑞士卷燃烧器;第 4 章　多孔介质预混燃烧;第 5 章　多孔介质非预混燃烧),壁面热管理稳焰技术(第 6 章),催化燃烧稳焰技术(第 7 章),燃料或氧化剂掺混燃烧稳焰技术(第 8 章),复合稳焰技术(第 9 章)。

2 回流区稳焰技术

电站锅炉、工业窑炉、航空发动机和燃气轮机中经常采用一些能产生回流区的元件来稳定火焰,例如钝体、凹腔等,它们也被称为稳焰器,能起到锚定火焰根部、提高吹熄极限的作用。近年来,广大学者们也将这些常规尺度下采用的稳焰器应用到微小尺度燃烧中,并取得了比较良好的稳焰效果。具体的回流区技术主要包括:突扩台阶、钝体(或开缝钝体)、壁面凹腔等。本章介绍笔者在钝体、开缝钝体、凹腔三个方面的工作,包括预混燃烧和非预混燃烧两种模式。

2.1 钝体稳焰技术

2.1.1 预混燃烧

1. 实验系统与方法

微型钝体燃烧器如图 2.1 所示,图 2.1(a)是燃烧器的三维结构图,图 2.1(b)为采用石英玻璃制作的燃烧器实物图。微型钝体燃烧器分为两段,第一段外表面为圆形,这是为了方便与进气管连接。第二段为平板段,即为带钝体的微细通道燃烧器,其总长度为 20 mm,通道高度为 1 mm,宽度为 8 mm。钝体是一个三棱柱,横截面是边长为 0.5 mm 的等边三角形,钝体后壁面离微细通道出口 15 mm。钝体平行于燃烧室上下盖板对称布置,即从一侧壁面贯穿到另一侧壁面。

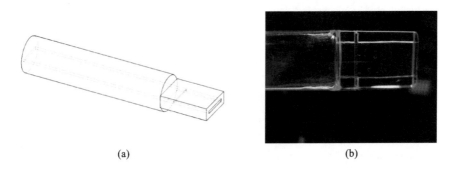

(a) (b)

图 2.1 微型钝体燃烧器

(a)三维结构图;(b)实物图

实验系统示意如图 2.2 所示,它由供气系统、点火系统、微小钝体燃烧器及其固定台架、测控系统等组成。供气系统主要由高压气瓶、减压阀、手阀、质量流量控制器、阻火器和管路等组成。点火系统由电火花点火器及其电路组成,保证实验过程中能安全、稳定地实现点火。由于出口太小,为了尽量不影响燃烧稳定性,实验中没有收集烟气进行分析。

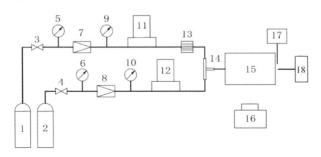

图 2.2　实验系统示意

1—甲烷罐;2—空气罐;3,4—手阀;5,6,9,10—压力表;7,8—减压阀;11,12—质量流量控制器;13—阻火器;14—气体混合器;15—微小燃烧器;16—数码摄像机;17—电火花点火器;18—热电偶

空气和氢气流量采用 ALICAT MS 系列气体质量流量控制器进行调节,测量误差小于满量程的 1%。排烟温度用直径为 0.5 mm 的 K 型热电偶进行测量,其精度为 0.75%。热电偶测量排烟温度时放置在燃烧室的出口正中间的位置,实验后对测得的温度进行了修正。实验开始后,通过调整空气和氢气的质量流量来达到设定的预混气流速和当量比。稳定后,用电子点火器点燃预混气,此时火焰在燃烧器出口燃烧。然后,逐渐减小总进气量,同时保持当量比不变,使火焰退回到燃烧器内的钝体后面燃烧。待整个燃烧器的温度场稳定后,再逐渐增大进气速度,对排烟温度进行测量,并使用数码相机对火焰进行拍照。当速度过大导致火焰被吹灭时,得到该当量比对应的吹熄极限。然后,改变当量比按照上述步骤进行下一工况的实验。

2. 实验结果与讨论

为了防止燃烧器壁面超温,也为了考察低当量比下的钝体稳焰能力,本研究只选择了三个较小的当量比,即 0.4、0.5 和 0.6。图 2.3 是 $\phi=0.5$ 时不同进气速度下的火焰图(俯视图),从此图可以直观地看到燃烧器内的氢气火焰随进气速度增大的变化规律。当 $V_{in}=15$ m/s 时,火焰被锚定在钝体后保持稳定状态,火焰呈亮红色。当进气速度达到 23 m/s 时,钝体后的火焰变得较为狭长,且此时燃烧室内气体温度更高,火焰呈亮白色。当进气速度进一步增大到 40 m/s 时,火焰开始变得不稳定,钝体后的火焰已被拉伸得很狭长(见图 2.4),燃烧室内的气体温度大幅降低,火焰呈暗红色。从图 2.4 可以看到,接近吹熄极限时,钝体后的火焰呈暗蓝色,反应比较微弱,火焰已经接近从中间断裂的状态。由此推测,火焰是因强烈的拉伸作用而被吹熄的。

实验获得了当量比为 0.4、0.5 和 0.6 时对应的微型钝体燃烧器的火焰吹熄极

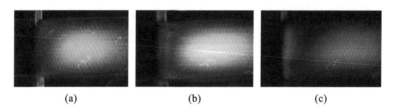

(a)　　　　　　　(b)　　　　　　　(c)

图 2.3　$\phi=0.5$ 时不同进气速度下的火焰照片(俯视图)

(a)$V_{in}=15$ m/s;(b)$V_{in}=23$ m/s;(c)$V_{in}=40$ m/s

图 2.4　$\phi=0.5$ 时接近吹熄极限的火焰照片(正视图)

限,如图 2.5 所示,具体值分别为 20 m/s、41 m/s 和 52 m/s,远大于无钝体的直通道微燃烧器的吹熄极限(分别为 3 m/s、4 m/s 和 6 m/s),由此可见,安装钝体可以极大地提高微细通道燃烧器的贫燃火焰吹熄极限。从图 2.5 还可以看出,火焰吹熄极限随当量比的增大显著增大。这主要是因为对于贫燃火焰来说,增大当量比能增加单位质量的未燃预混气中所含的燃料量,从而释放出更多的热量,进而削弱了壁面散热造成的负面影响,且当量比较大时燃烧速度也随之增大,能在较大的进气速度下维持火焰的稳定。

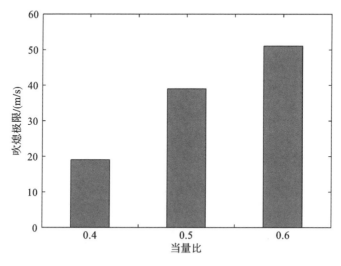

图 2.5　不同当量比对应的火焰吹熄极限

　　微型钝体燃烧器的稳焰能力主要与钝体后面形成的回流区大小有关。因此,从钝体本身来说,其形状和大小是影响回流区的关键因素。而如果从整个燃烧器来说,则固体材料热物性的影响也非常重要,因为它们会影响到燃烧器壁面的热循环和散热,从而影响火焰稳定性。

3. 钝体形状对吹熄极限的影响

(1) 几何模型。

图 2.6 为不同形状的微型钝体燃烧器的轴向纵剖面示意图。等边三角形钝体的边长和圆形、半圆形钝体的直径均为 $B_2=0.5$ mm,即 3 个钝体的阻塞比(钝体迎风面宽度/通道高度)都是0.5。钝体关于燃烧室上下壁面对称布置。燃烧器的总长 $L_0=16$ mm,壁厚 $B_3=1$ mm,通道高度 $B_1=1$ mm,圆形钝体的中心和三角形钝体以及半圆形钝体的竖壁离燃烧器入口的距离 $L_1=1$ mm。

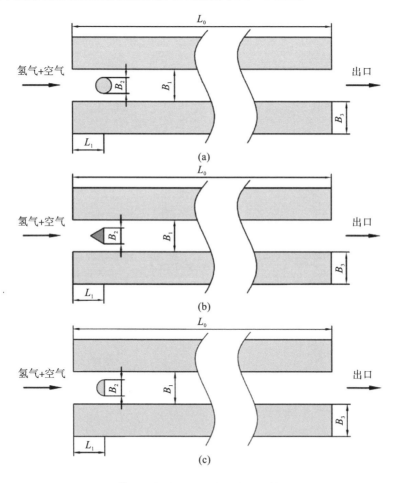

图 2.6 不同截面形状的微型钝体燃烧器的轴向纵剖面示意

(a)圆形;(b)三角形;(c)半圆形

(2) 数值模拟方法。

由于燃烧室的特征长度远大于燃烧室内分子的运动平均自由程,流体可认为是连续介质,Navier-Stokes 方程仍然适用。在微细通道燃烧器内,气体的浓度梯度比常规尺度燃烧器的要大,各组分之间的混合会得到加强。首先,采用几种不同的湍流模型对三角形钝体燃烧器进行数值模拟,将模拟获得的吹熄极限与实验测量结果进行对比,发现可实现的 k-ε(realizable k-ε)湍流模型具有更好的预测能力。因此,微型钝体燃烧器中的氢气燃烧模拟选用此湍流模型进行计算。控制方程如下。

连续性方程:

$$\frac{\partial}{\partial x}(\rho v_x) + \frac{\partial}{\partial y}(\rho v_x v_y) = 0 \tag{2.1}$$

动量守恒方程:

x 方向:

$$\frac{\partial}{\partial x}(\rho v_x v_x) + \frac{\partial}{\partial y}(\rho v_x v_y) = -\frac{\partial p}{\partial x} + \frac{\partial \tau_{xx}}{\partial x} + \frac{\partial \tau_{xy}}{\partial y} \tag{2.2}$$

y 方向:

$$\frac{\partial}{\partial x}(\rho v_y v_x) + \frac{\partial}{\partial y}(\rho v_y v_y) = -\frac{\partial p}{\partial y} + \frac{\partial \tau_{yx}}{\partial x} + \frac{\partial \tau_{yy}}{\partial y} \tag{2.3}$$

能量守恒方程:

$$\frac{\partial(\rho v_x C_p T_f)}{\partial x} + \frac{\partial(\rho v_y C_p T_f)}{\partial y} = \frac{\partial(\lambda_f \partial T_f)}{\partial x^2} + \frac{\partial(\lambda_f \partial T_f)}{\partial y^2} + \sum_i \left[\frac{\partial}{\partial x}\left(h_i \rho D_{m,i} \frac{\partial Y_i}{\partial x} \right) \right.$$
$$\left. + \frac{\partial}{\partial y}\left(h_i \rho D_{m,i} \frac{\partial Y_i}{\partial y} \right) \right] + \sum_i h_i R_i \tag{2.4}$$

组分守恒方程:

$$\frac{\partial(\rho Y_i v_x)}{\partial x} + \frac{\partial(\rho Y_i v_y)}{\partial y} = \frac{\partial}{\partial x}\left(\rho D_{m,i} \frac{\partial Y_i}{\partial x} \right) + \frac{\partial}{\partial y}\left(\rho D_{m,i} \frac{\partial Y_i}{\partial y} \right) + R_i \tag{2.5}$$

式中,Y_i 是组分 i 的质量分数,R_i 表示组分 i 的生成或消耗速率,h_i 是组分的焓值,λ_f 是流体的导热系数。

湍动能 k 和湍动能耗散率 ε 的输运方程为:

$$\frac{\partial(\rho k u_i)}{\partial x_i} = \frac{\partial}{\partial x_j}\left[\left(\mu + \frac{\mu_t}{\sigma_k} \right) \frac{\partial k}{\partial x_j} \right] + G_k - \rho \varepsilon \tag{2.6}$$

$$\frac{\partial(\rho \varepsilon u_i)}{\partial x_i} = \frac{\partial}{\partial x_j}\left[\left(\mu + \frac{\mu_t}{\sigma_k} \right) \frac{\partial k}{\partial x_j} \right] + \rho C_1 E \varepsilon - \rho C_2 \frac{\varepsilon^2}{k + \sqrt{v\varepsilon}} \tag{2.7}$$

式中,$C_1 = \max\left(0.43, \frac{\eta}{\eta + 5} \right)$,$C_2 = 1.9$,$\sigma_k = 1.0$,$\sigma_\varepsilon = 1.2$。

石英材料的密度、比热容、导热系数和法向发射率分别为 2650 kg/m³、750 J/(kg·K)、1.05 W/(m·K) 和 0.92。燃烧模型采用层流有限速率模型。考虑到链式反应中不同反应的速率相差较大,采用刚性求解器进行处理。燃烧机理采用 Li 等人提出的氢气与空气的详细反应机理,包括 13 种组分和 19 个可逆反应。

边界条件为:进口采用速度进口,预混气的当量比固定为 $\phi = 0.5$,进气温度为 300 K。出口为 1 个标准大气压的压力出口,内壁面为热耦合边界。外壁面散热考虑自然对流和辐射散热两种方式,散热量 q 基于式(2.8)进行计算。

$$q = h(T_{w,o} - T_\infty) + \varepsilon \sigma (T_{w,o}^4 - T_\infty^4) \tag{2.8}$$

式中，$h=20$ W/m²；$T_{w,o}$ 是微细通道外壁面的温度。T_∞ 为环境温度，其值取 300 K。

采取结构化网格划分，并对钝体附近的网格进行局部加密。正式计算之前对网格独立性进行了验证，发现 $\Delta x=\Delta y=20$ μm 时已足以辨别火焰结构，最终的网格总数为 171132。采用 Fluent 6.3.26 软件中的二维、双精度、稳态求解器对微燃烧室和壁面进行整体计算。

（3）结果与分析。

图 2.7 是三种不同形状钝体燃烧器的火焰吹熄极限。由图 2.7 可知，半圆形钝体燃烧器的吹熄极限最大，为 43 m/s；其次为三角形钝体燃烧器，吹熄极限为 36 m/s；圆形钝体燃烧器的吹熄极限最小，为 11 m/s。

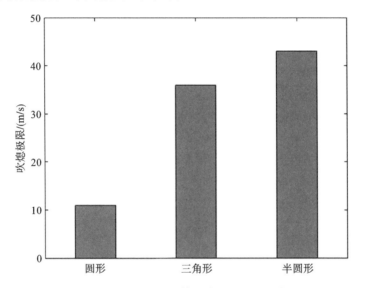

图 2.7　三种不同形状钝体燃烧器的火焰吹熄极限

为了找出三种不同形状的钝体燃烧器的火焰吹熄机理，首先对比了三个燃烧器的散热损失比，发现它们之间的差别并不显著，最大只相差 2.83%，说明钝体形状对微型钝体燃烧器的散热损失影响并不大，散热损失不是导致吹熄极限差别的主要原因。由此推测，回流区之间的差别应该是最主要的原因了。图 2.8 是三种不同形状的钝体燃烧器在接近吹熄极限时 OH 质量分数分布图。从图 2.8(a)可知，在接近吹熄极限时，圆形钝体燃烧器内的反应区仍然是一个整体，且其回流区内 OH 面积和质量分数都很小。可见对于圆形钝体燃烧器来说，火焰在较低的进气速度下就被吹熄的原因可能是回流区面积太小。然而，从图 2.8(b)和图 2.8(c)可以看到，对于三角形钝体和半圆形钝体，它们的反应区在高速下由于剪切层的强烈拉伸作用被分成两部分，其中回流区内的反应区面积要小得多，OH 浓度也相对低些。当进一步增大进气速度时，火焰将从最薄弱的部位（图 2.8 中黑色箭头所指的位置）被拉断，下游的主反应区被直接吹出燃烧器，回流区内的小火焰也将被吹灭，即火焰被全部吹熄。

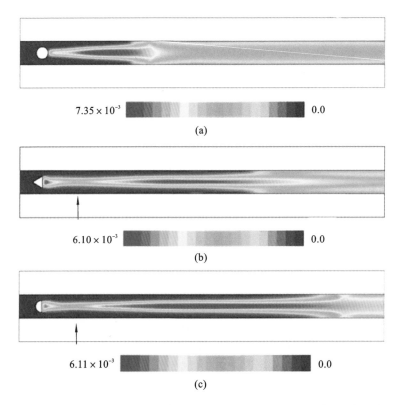

图 2.8 三种不同形状的钝体燃烧器在接近吹熄极限时的 OH 质量分数分布图

(a)圆形钝体燃烧器；(b)三角形钝体燃烧器；(c)半圆形钝体燃烧器

图 2.9 给出了 $V_{in}=10$ m/s 时三个燃烧器内钝体附近轴向速度等值线的分布图($x<0.0022$ m)。由图 2.9 可知,圆形钝体后的回流区面积和长度明显小于三角形和半圆形钝体后的回流区。由于火焰根部位于回流区内,因此,回流区面积越大,火焰的稳定性越好。同时,回流区提供了一个燃烧反应的中间组分聚集池,该池内流速较低,能延长组分的停留时间,保证反应充分进行,提高燃烧效率。因此,可以推断,圆形钝体燃烧器的吹熄极限很小是回流区太小导致的。同时,对比图2.9(b)和图 2.9(c)可以发现,三角形钝体和半圆形钝体的回流区差别很小,但半圆形钝体的稳焰能力更强。为了找出其中的原因,图 2.10 给出了 $V_{in}=10$ m/s 时三角形和半圆形钝体燃烧器内钝体附近垂直速度分量的等值线图,图中用箭头大致指出了剪切层位置。由图 2.10 可知,三角形钝体后剪切层内的速度梯度比半圆形钝体的大些。因此,三角形钝体后的火焰锋面受到更强的拉伸作用,使得其吹熄极限比半圆形钝体燃烧器的要小。

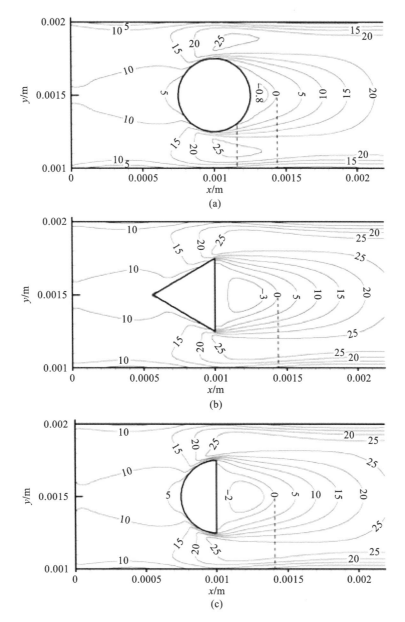

图 2.9 三种不同形状的钝体燃烧器内钝体附近的轴向速度等值线分布
(a)圆形钝体燃烧器;(b)三角形钝体燃烧器;(c)半圆形钝体燃烧器

4. 钝体阻塞比对吹熄极限的影响

(1)吹熄极限对比。

本节选取三个阻塞比,即 $\xi=0.3$、0.4 和 0.5,来研究钝体大小对微型石英钝体燃烧器的氢气火焰吹熄极限的影响。预混气当量比固定为 $\phi=0.5$。所用的数值模拟方法与上节相同,故不再赘述。图 2.11 给出了不同阻塞比的燃烧器的火焰吹熄极限,

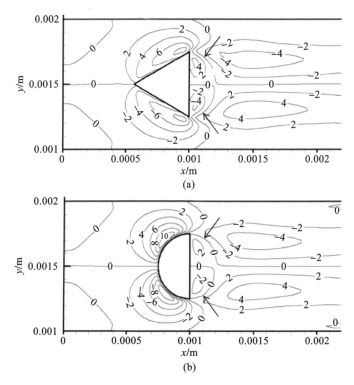

图 2.10 不同形状的钝体燃烧器内钝体附近的垂直速度分量等值线分布
(a)三角形钝体燃烧器;(b)半圆形钝体燃烧器

从图中可明显看出吹熄极限随着阻塞比的增大而增大,$\xi=0.3$、0.4 和 0.5 对应的火焰吹熄极限分别为 20 m/s、32 m/s 和 36 m/s。由此看出,钝体阻塞比不能太小,否则不能有效地扩大稳焰范围。当然,阻塞比也不能过大,否则将产生很大的流动阻力。

(2)分析与讨论。

一般认为,微型钝体燃烧的火焰稳定性主要受到流场和散热损失的影响。为此,首先对比了三种燃烧器的散热损失比,发现它们之间的差别并不显著,最大只相差 0.95%。这说明阻塞比对微型钝体燃烧器的散热损失影响并不大,散热损失不是导致吹熄极限出现差别的主要原因。由此推测,流场之间的差别(包括回流区和剪切层)应该是最主要的原因了。

图 2.12 给出了各燃烧器接近吹熄极限时的 OH 质量分数分布云图。由图 2.12可知,不同阻塞比的钝体燃烧器内的反应区在接近吹熄极限时都被拉伸得很狭长。但是,$\xi=0.3$ 的钝体燃烧器内的反应区形状与其他两个燃烧器不同,燃烧室内的反应区在接近吹熄极限时仍然为一个整体,没有被拉伸成两部分,且回流区内的 OH 质量分数很低。当进一步增大进气速度时,火焰将被整体吹出燃烧室而导致吹熄。与此相反,当 $\xi=0.4$ 和 0.5 时,其反应区在接近吹熄极限时被分成两部分。当进气速度继续增大时,火焰将在图 2.12 中黑色箭头所指的位置被拉断,上、下游两个火焰均将被吹熄。

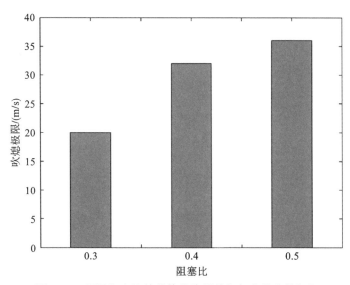

图 2.11 不同阻塞比的钝体燃烧器的氢气火焰吹熄极限

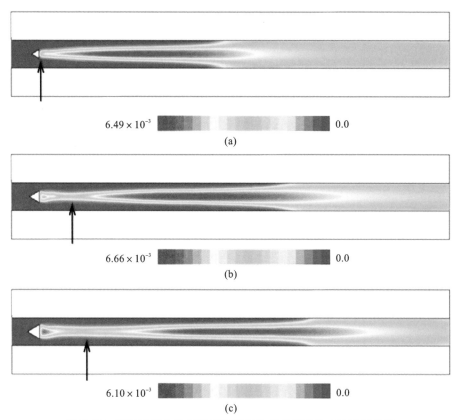

6.49×10^{-3} 0.0

(a)

6.66×10^{-3} 0.0

(b)

6.10×10^{-3} 0.0

(c)

图 2.12 不同阻塞比的燃烧器在接近吹熄极限时的 OH 质量分数

(a)$\xi = 0.3$,$V_{in} = 20$ m/s;(b)$\xi = 0.4$,$V_{in} = 32$ m/s;(c)$\xi = 0.5$,$V_{in} = 36$ m/s

　　为了证明这一点,图 2.13 给出了 $V_{in}=10$ m/s 时不同阻塞比的钝体附近 y 方向速度分量等值线($x<2.2$ mm),并用箭头标示了剪切层的位置。由图 2.13 可知,钝体后的流体剪应力随着阻塞比的增大而增强。因此,钝体后火焰受到的拉伸作用随着阻塞比的增大而增强。所以,当阻塞比较大时,火焰会先断裂成两部分,进而被吹熄。

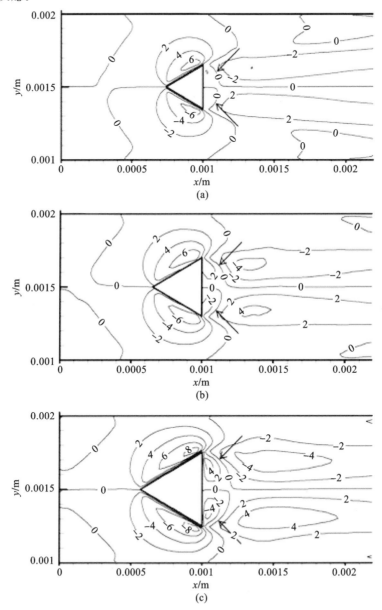

图 2.13　不同阻塞比的钝体附近的 y 方向速度分量等值线

(a)$\xi=0.3$;(b)$\xi=0.4$;(c)$\xi=0.5$

图 2.14 给出了 $V_{in}=10$ m/s 时,不同阻塞比的钝体附近的 x 方向速度分量等值线。由图 2.14 可知,回流区的长度和面积随着阻塞比的增大而变大。阻塞比 ξ =0.3 时,钝体后面形成的回流区太小,其对火焰根部的锚定能力太弱,因此,在进气速度不大时火焰就会被整体吹出燃烧器。而阻塞比 ξ=0.4 和 0.5 时,钝体后能形成足够大的回流区,较高速度下的火焰根部也能被锚定,因此,能获得较大的吹熄极限。虽然 ξ=0.5 时火焰受到的拉伸效应更强,但其回流区对火焰的稳定作用更为突出,因此,ξ=0.5 的吹熄极限还是要比 ξ=0.4 的大一些。

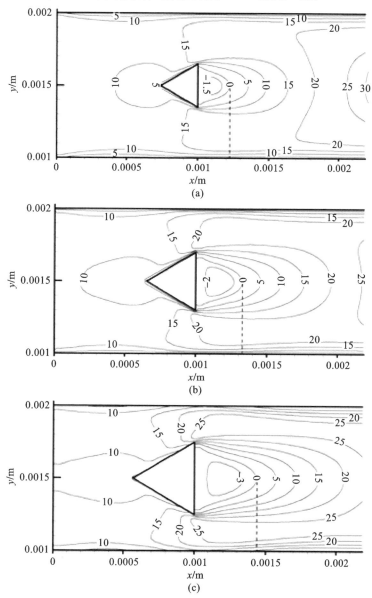

图 2.14　不同阻塞比的钝体附近的 x 方向速度分量等值线

(a)ξ=0.3;(b)ξ=0.4;(c)ξ=0.5

5. 固体材料对吹熄极限的影响

（1）吹熄极限对比。

本节通过数值模拟来研究固体材料对火焰吹熄极限的影响，具体固体材料为石英、不锈钢和碳化硅，它们的导热系数分别为 1.05 W/(m·K)、24.0 W/(m·K)和 32.8 W/(m·K)，表面发射率分别为 0.92、0.2 和 0.9。钝体阻塞比均为 $\xi=0.5$，预混气当量比固定为 $\phi=0.5$。数值模拟方法与前述相同。

图 2.15 显示了三种不同材料的钝体燃烧器的火焰吹熄极限。该图表明石英燃烧器的吹熄极限最大（36 m/s），碳化硅燃烧器的吹熄极限最小（21 m/s），而不锈钢燃烧器的吹熄极限居中（25 m/s）。由于固体材料的热物性会影响壁面热循环和散热损失，且气体的比容与温度成正比，因此，流动和传热密切耦合在一起，固体材料对火焰稳定性的影响机理比钝体形状和阻塞比复杂得多。下面从热循环效应、壁面散热损失以及回流区等多个方面对导致吹熄极限产生差别的原因进行分析。

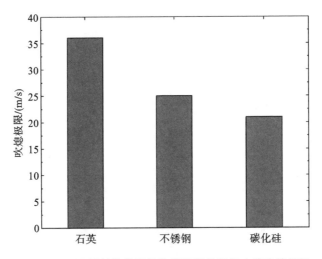

图 2.15　不同材料的微型钝体燃烧器的氢气火焰吹熄极限

（2）分析与讨论。

图 2.17 给出了 $V_{in}=15$ m/s 时三个燃烧器内钝体附近的 x 方向速度分量等值线。由图 2.17 可知，由于钝体大小相同，三个燃烧器内的回流区面积和长度基本相同，但石英燃烧器内低速区的面积明显大于其他两个燃烧器，导致这个结果的主要原因是材料的差异。由于不锈钢和碳化硅的导热系数比石英大，这使得不锈钢和碳化硅燃烧器的壁面能将更多的热量从下游高温区传递给上游低温区，从而使得这两种燃烧器的上游壁面温度明显高于石英燃烧器（温差达 600 K，见图 2.17），

且两者的外壁温分布更加均匀。这有利于上游壁面对未燃预混气进行预热(图2.18),从而导致了气体的热膨胀效应更为明显,进而造成了钝体上下两侧的流速增大,使得钝体后的低速区面积减小,稳焰效果变差。

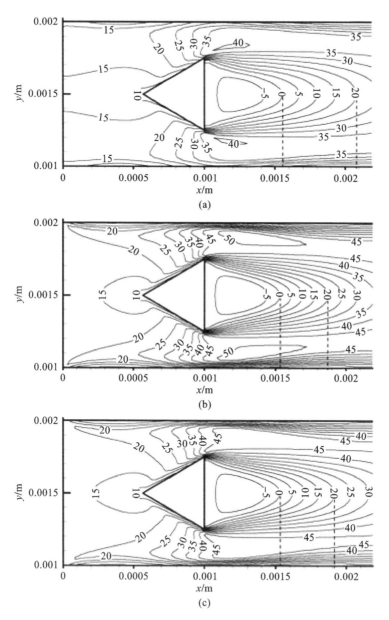

图2.16 不同材料制成的燃烧器内钝体附近的 x 方向速度分量等值线

(a)石英;(b)不锈钢;(c)碳化硅

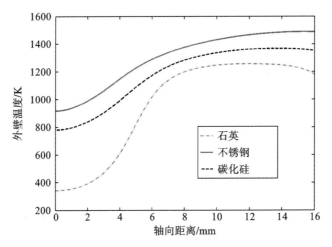

图 2.17　不同材料的微型钝体燃烧器的外壁面温度

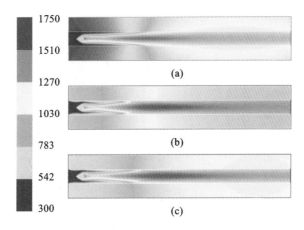

图 2.18　不同材料的微型钝体燃烧器的温度场(单位:K)

(a)石英;(b)不锈钢;(c)碳化硅

　　另一方面,壁面材料的不同也将导致外壁面的散热损失存在较大差异。根据式(2.8)可知,壁面散热损失和壁面温度水平以及发射率都有着密切关系。图2.19给出了三种燃烧器的散热损失比(包括总散热损失 Φ_{tot}、辐射散热损失比 Φ_{rad} 和对流散热损失比 Φ_{cov})。这里的散热损失比是指该项散热损失量与输入燃烧器的燃料总焓之比。从此图可以看出,碳化硅燃烧器的总散热损失比最大,为22.5%;不锈钢燃烧器的总散热损失最小,为 9.6%;而石英燃烧器的总散热损失居中,为14.0%。另外,辐射散热损失占了总散热损失中的大部分。虽然石英和碳化硅的固体外表面发射率差不多,但是碳化硅的导热系数比石英大得多,使得碳化硅燃烧器的外壁温度水平明显高于石英燃烧器(图2.17),进而使得其总散热损失比也更大。而对于不锈钢和碳化硅燃烧器,尽管两者的外壁面温度水平相差不大,但是不锈钢壁面的发射率(大约为 0.2)比碳化硅壁面要小,使得不锈钢燃烧器的总散热损失比碳化硅燃烧器要小得多,甚至比石英燃烧器的热损失比还小。

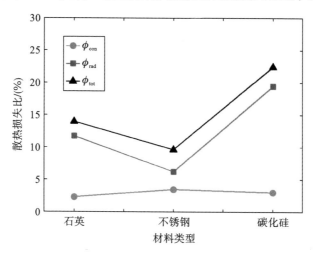

图 2.19　不同材料制成的微型钝体燃烧器的散热损失比

　　综合以上分析,可以得出以下结论。①对比石英燃烧器和不锈钢燃烧器,石英燃烧器的壁面散热损失比不锈钢的大,但是其吹熄极限反而还大。由此可知,由于石英燃烧器具有最小的导热系数,使得壁面循环效应最弱,未燃预混气受热膨胀导致的加速效应也最弱,钝体的低速区最长,火焰受到的拉伸效应最弱,从而能获得最大的火焰吹熄极限。②对比不锈钢燃烧器和碳化硅燃烧器,发现不锈钢燃烧器的低速区略短于碳化硅燃烧器,但其吹熄极限却是二者中较大的,这是因为不锈钢燃烧器具有最小的散热损失比。

2.1.2　非预混燃烧

1. 几何模型

平板型微型开缝钝体燃烧器的二维几何模型如图 2.20 所示。燃烧器长度 L_0 =16 mm,通道高度 W_0=1.1 mm,壁面厚度 W_1=0.2 mm。燃烧器入口被开缝钝体分为三个部分,氢气从钝体狭缝进入燃烧器,缝宽 W_2=0.2 mm;空气从钝体上、下两侧进入燃烧器,进气通道高度均为 W_3=0.3 mm。开缝钝体长度 L_1=2 mm,其前段隔板厚度 W_4=0.15 mm。钝体半高 W_5 取 0.25 mm、0.30 mm 和 0.35 mm 三个值,对应的阻塞比($\xi=2W_5/W_0$)分别为 0.45、0.55 和 0.64。钝体斜面与隔板的夹角 β=135°。

2. 计算方法

燃烧器内气体的克努森数(Kn)在 10^{-5} 数量级,远小于临界 Kn 数 0.001 数量级,因此 Navier-Stokes 方程仍然是适用的。采用开缝钝体后,火焰吹熄极限较大,最大雷诺数可达 4000,且燃烧器内容易产生旋流,组分之间的混合大大加强。在

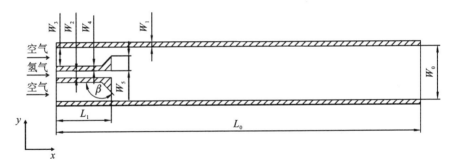

图 2.20　平板型微型开缝钝体燃烧器的二维几何模型

较低进气速度时,对层流模型和湍流模型的计算结果进行了对比,发现火焰温差不超过 2.7%,而且火焰形态和位置差别可以忽略。上节对微型钝体燃烧器内的氢气/空气预混气燃烧进行了数值模拟研究,表明采用 $k\text{-}\varepsilon$ 湍流模型最为合适,因此本节也采用此湍流模型。同时,考虑了固体壁面的导热作用,采用二维非稳态模拟,控制方程同上节,在此不再赘述。

为了表达方便,用 $V_{\text{ave,cold}}$ 代表进气速度,其意义为冷态下通道内燃料和空气充分混合后的平均流速。固定名义当量比 $\phi=0.6$。$V_{\text{ave,cold}}$ 的变化范围为 $2\sim34$ m/s,对应的空气入口流速为 $2.928\sim49.783$ m/s,氢气入口流速为 $2.215\sim37.651$ m/s,气体入口温度设置为 300 K。燃烧器出口设置为 1 个标准大气压。燃烧器内表面为热耦合面,采用无滑移边界条件,不考虑壁面反应,采用 DO 模型计算内表面之间的辐射。外壁面考虑向环境的散热损失,包含自然对流和辐射换热两种方式,散热损失的热流量根据式(2.8)计算。

对燃烧器模型进行结构化网格划分,并在计算之前进行了网格独立性验证,最终采用边长为 0.025 mm 的网格对几何模型进行网格划分,并在钝体附近区域进行了网格加密。采用 Fluent 14.0 耦合 CHEMIKIN 格式的详细化学反应机理进行数值模拟。采用刚性求解器来改善化学反应计算的稳定性和收敛性,时间步长设置为 10^{-5} s,初始进气速度为 2 m/s,通过 patch 高温区域引燃气体混合物。待燃烧稳定后,以 0.5 m/s 的间隔增加进气速度,直至获得火焰吹熄极限。

3. 不同阻塞比的开缝钝体燃烧器的稳焰性能

火焰吹熄极限定义为最大可燃的燃料与氧化剂的平均进气速度。图 2.21 给出了不同阻塞比的开缝钝体燃烧器的吹熄极限。由图 2.21 可见,火焰吹熄极限随着钝体阻塞比的增大先增加后减小,阻塞比 $\xi=0.45$、0.55、0.64 时,火焰吹熄极限分别为 17.5 m/s($V_{\text{in,air}}=25.62$ m/s,$V_{\text{in,H}_2}=19.38$ m/s)、34 m/s($V_{\text{in,air}}=49.78$ m/s,$V_{\text{in,H}_2}=37.65$ m/s)和 32 m/s($V_{\text{in,air}}=35.44$ m/s,$V_{\text{in,H}_2}=46.85$ m/s)。也就是说,中等大小阻塞比($\xi=0.55$)的开缝钝体的稳焰能力最强。

为了初步揭示火焰在微型开缝钝体燃烧器内的吹熄机理,图 2.22($\xi=0.45$)、图 2.23($\xi=0.64$)和图 2.24($\xi=0.55$)分别展示了三个阻塞比的燃烧器内的火焰

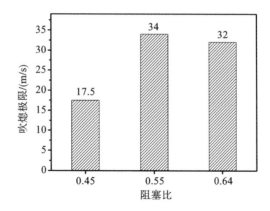

图 2.21　不同阻塞比的开缝钝体燃烧器的吹熄极限

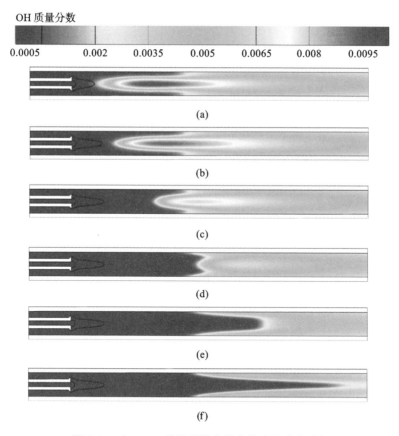

图 2.22　ξ＝0.45 的燃烧器内的火焰吹熄动态过程

(a)$t＝0$ ms;(b)$t＝3.0$ ms;(c)$t＝3.4$ ms;(d)$t＝3.6$ ms;(e)$t＝3.8$ ms;(f)$t＝4.0$ ms

吹熄动态过程,其中云图为 OH 的质量分数,红线标示了回流区范围。从图 2.22 可以看出,当 $ξ＝0.45$ 时,初始时刻($t＝0$ ms)火焰高温区呈"V"形,其根部处于回流区边缘,此时回流区已失去稳焰能力。随后($t=3$ ms),火焰根部脱离回流区,同时 OH 浓度逐渐减小,意味着反应强度逐渐降低。此后,中间反应区反应强度进一步减小,火焰温度降低,预混气来流速度大于火焰燃烧速度,火焰被快速推往下游。由于通道中心线的气体流速比壁面附近大,中心区域的火焰锋面以更快的速度被推向下游,整个火焰锋面逐渐转变为"W"形($t=3.6$ ms)和"U"形($t=3.8$ ms),并最终被吹出燃烧器。

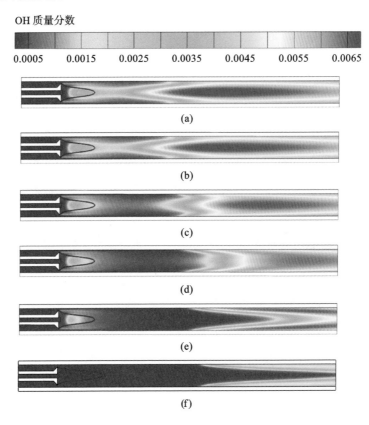

图 2.23　$\xi=0.64$ 的燃烧器内的火焰吹熄动态过程

(a)$t=0$ ms;(b)$t=1$ ms;(c)$t=3$ ms;(d)$t=5$ ms;(e)$t=9$ ms;(f)$t=12$ ms

$\xi=0.64$ 的燃烧器内的火焰吹熄动态过程如图 2.23 所示。与 $\xi=0.45$ 的情况不同,初始时刻($t=0$ ms)火焰呈现出不对称的"哑铃"形,即火焰根部锚定在钝体后边的回流区内,主反应区在远离钝体的通道下游,两者被一反应相对较弱的区域相连。随着时间的推移,中间反应较弱的"腰部"区域逐渐变细,即反应强度减弱,火焰根部和主反应区之间的距离越来越远,最终整个火焰分裂为两部分($t=3.0$ ms)。本质上,这种火焰分裂现象是由于拉伸效应导致的火焰局部熄灭,后面会对这一效应进行具体分析。最后,回流区内的微弱火焰将提前熄灭,而下游火焰则逐渐被吹出燃烧器。

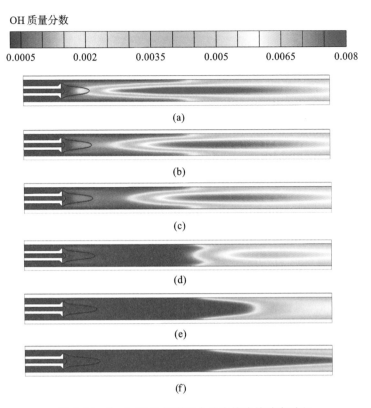

图 2.24　ξ＝0.55 的燃烧器内的火焰吹熄动态过程
(a)t＝0 ms;(b)t＝2.0 ms;(c)t＝2.2 ms;(d)t＝2.6 ms;(e)t＝2.8 ms;(f)t＝3.2 ms

ξ＝0.55 的燃烧器内的火焰吹熄动态如图 2.24 所示。整体上,其吹熄过程与 ξ＝0.45 的燃烧器类似,属于火焰整体被吹出燃烧器。略有不同的是,初始时刻(t＝0 ms)ξ＝0.55 的火焰根部仍处于回流区内,但相比于 ξ＝0.64 的火焰根部更为微弱。此后,火焰前锋被拉长,反应区向下游移动,回流区内残存微弱的反应很快熄灭。火焰整体被预混气来流推向下游,并最终被吹出燃烧器。

(1) ξ＝0.55 的吹熄极限高于 ξ＝0.45 的机理分析。

图 2.25 给出了 ξ＝0.45 和 ξ＝0.55 的燃烧器在 $V_{ave,cold}$＝17.5 m/s(ξ＝0.45 的燃烧器的吹熄极限)时钝体附近的 OH 质量分数云图,其中红线标注了回流区范围。从图 2.25 中可以看出,ξ＝0.55 时的回流区比 ξ＝0.45 时略长,但其反向轴向速度较大的区域面积远大于 ξ＝0.45 的燃烧器(可参考－10 m/s 速度等值线所包围的面积)。此外,ξ＝0.55 时回流区内的最大反向速度为 16.2 m/s(绝对值),也远大于 ξ＝0.45 时对应的 10.4 m/s。因此,ξ＝0.55 时的回流强度比 ξ＝0.45 时大很多,对火焰根部的锚定能力更强。

此外,对 ξ＝0.45 和 ξ＝0.55 时钝体附近的湍动能(云图)和当量比(等值线)进行比较,如图 2.26 所示。从湍动能云图可以看出,ξ＝0.55 时,钝体下游湍动能

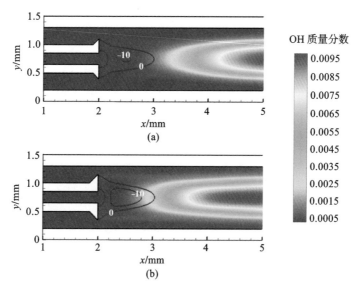

图 2.25 钝体附近的 OH 质量分数云图和回流区

(a)$\xi=0.45$;(b)$\xi=0.55$

明显较大,即气体的湍流脉动更强烈,有利于氢气与空气的混合。从当量比等值线也可以看出,$\xi=0.55$ 时相同当量比等值线的位置更靠近上游,证明氢气与空气的混合更加迅速,着火位置更靠近上游,火焰根部更容易锚定在回流区内,从而有利于火焰的稳定。

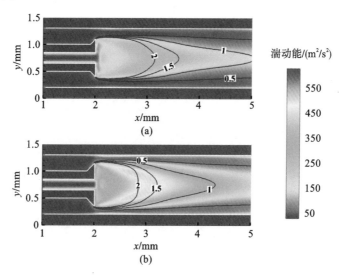

图 2.26 钝体附近的湍动能和当量比

(a)$\xi=0.45$;(b)$\xi=0.55$

通道不同轴向位置处沿垂直方向的当量比分布曲线如图 2.27 所示。从图 2.27 中可以看出,通道上游截面的组分分布很不均匀,通道中心与上下侧具有较大的浓度梯度。但是,$\xi=0.55$ 的当量比曲线相对平缓,说明钝体阻塞比较大时气体混合得更快。在 $x<9$ mm 的区域内,$\xi=0.55$ 的燃烧器内气体混合程度总是优于 $\xi=0.45$ 的燃烧器。在 $x=9$ mm 的位置,$\xi=0.45$ 和 $\xi=0.55$ 的当量比分布曲线基本重合,气体混合达到相似的均匀程度。

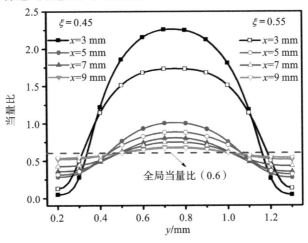

图 2.27 通道不同轴向位置处沿垂直方向的当量比分布曲线

(2) $\xi=0.55$ 时的吹熄极限高于 $\xi=0.64$ 的机理分析。

图 2.28 给出了阻塞比 $\xi=0.55$ 和 $\xi=0.64$ 的燃烧器在 $V_{ave,cold}=32$ m/s($\xi=0.64$ 的燃烧器的吹熄极限)时钝体附近的速度场和流线图。注意到,阻塞比 $\xi=0.64$ 时,由于钝体上下两侧的流通截面更窄,流体加速效应比 $\xi=0.55$ 时更显著。具体来说,$\xi=0.55$ 和 $\xi=0.64$ 时,气体通过钝体与壁面间缝隙的速度分别达到 101.51 m/s 和 154.96 m/s。此外,气体经过钝体与壁面之间的狭缝后,受壁面反弹和回流区卷吸作用,流动方向发生偏转。从图 2.28 中白色椭圆包围的两条流线可以看出,$\xi=0.64$ 时气体偏转更加显著,中间两条流线之间的夹角更大,意味着气流对火焰中部的夹断作用更强烈。

为了定量分析流场对火焰的拉伸效应,图 2.29(a)给出了 $\xi=0.55$ 和 $\xi=0.64$ 时沿燃烧器中心线的应变率分布曲线。流体应变率的计算见式(2.9)。

$$\varepsilon_{xy} = \frac{1}{2}\left(\frac{\partial v_x}{\partial y} + \frac{\partial v_y}{\partial x}\right) \tag{2.9}$$

式中,v_x、v_y 分别为流体在 x 和 y 方向上的速度分量。由图 2.29(a)可见,$\xi=0.64$ 时燃烧器中心线上气体应变率相对更大,即火焰受到的拉伸效应更显著,而拉伸效应会降低燃烧反应速率。如图 2.29(b)所示,$\xi=0.64$ 的燃烧器内火焰中部反应强度突然降低,这显然对火焰稳定性是不利的。当进气速度增大后,火焰受到的拉伸作用进一步增大,导致局部熄火,发生火焰分裂并最终使火焰被吹熄。

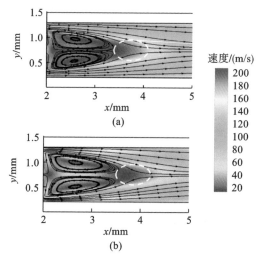

图 2.28   钝体附近的速度场和流线图

(a)$\xi = 0.55$;(b)$\xi = 0.64$

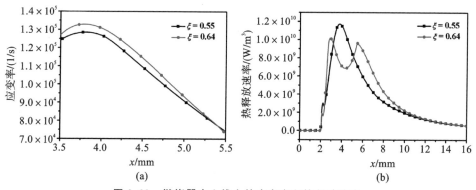

图 2.29   燃烧器中心线上的应变率和热释放速率

(a)燃烧器中心线的应变率;(b)燃烧器中心线的热释放速率

2.2   凹腔稳焰技术

笔者对间距为 4 mm,宽度为 20 mm 的平板型窄通道内甲烷/空气的预混燃烧进行了实验研究,发现火焰不能稳定,个别工况下发生振荡,其余大多数工况下火焰以倾斜状态被吹出燃烧器。为此,加工了壁面带凹腔的平板型窄通道燃烧器,对其稳燃性能进行了系统的实验研究和数值模拟分析。

2.2.1   火焰稳定性的实验研究

1. 燃烧器结构

带凹腔的微细通道燃烧器由石英玻璃加工而成,微小凹腔燃烧器的结构示意如图 2.30 所示。总长 $L_0 = 70$ mm,壁厚 $W_3 = 3$ mm。通道宽度和上下壁面的间距分别为 $W_0 = 20$ mm 和 $W_1 = 4$ mm。凹腔深度和长度分别为 $W_2 = 1.5$ mm 和 $L_2 = 4.5$ mm,其竖壁面与燃烧器入口的距离 $L_1 = 10$ mm,斜面与水平面的夹角 θ 为 45°。实验系统与方法与上节类似,在此不再赘述。

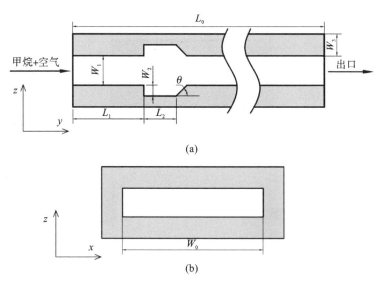

图 2.30　微小凹腔燃烧器的结构示意(坐标原点位于通道中心)
(a)沿流动方向的纵剖面图;(b)垂直于流动方向的纵剖面图

2. 火焰稳定性

实验观察表明,大部分工况下微小凹腔燃烧器内的火焰都能稳定在凹腔内燃烧。图 2.31 给出了 $\phi = 1.0$ 时不同进气速度时的稳定火焰照片。从图 2.31 中可知,火焰锋面随着进气速度的增大而拉伸变长。此外,当进气速度较小时,火焰侧边与水平壁面的夹角较大(见图 2.31(a))。随着进气速度的增大,该夹角减小(见图 2.31(b))。当进气速度进一步增大到 1.5 m/s 时,火焰锋面变得有点弯曲,但火焰依然保持稳定(见图 2.31(c))。当进气速度接近吹熄极限($V_{in} = 1.75$ m/s)时,由 yz 平面可知此时火焰只被一侧的凹腔所锚定(见图 2.32(a));火焰锋面在 xy 平面方向呈现出褶皱且以一定的频率脉动(见图 2.32(b))。当进气速度进一步加大到 1.8 m/s 时,火焰被吹出燃烧室,在出口处燃烧(见图 2.33)。

图 2.34 显示了不同当量比时微小凹腔燃烧器内甲烷火焰的稳焰范围。由此图可知,火焰吹熄极限随着当量比的增大先增大后减小,最大值出现在 $\phi = 1.1$。具体来说,$\phi = 0.7$、0.8、0.9、1.0、1.1、1.2 和 1.3 对应的吹熄极限分别为 0.45 m/s、0.8 m/s、1.35 m/s、1.75 m/s、1.95 m/s、1.40 m/s 和 0.85 m/s,而相同当量比对应的层流燃烧速度分别为 0.18 m/s、0.25 m/s、0.34 m/s、0.36 m/s、0.37 m/s、0.33 m/s 和 0.26 m/s。由此可知,不同当量比的吹熄极限是相应燃烧速度的数倍

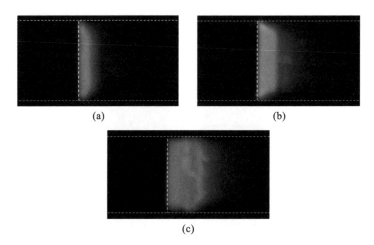

图 2.31　不同进气速度时微小凹腔燃烧器内的稳定火焰

(a)$V_{in}=0.5$ m/s;(b)$V_{in}=1.0$ m/s;(c)$V_{in}=1.5$ m/s

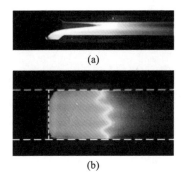

**图 2.32　接近吹焰极限时微小凹腔燃烧
器内的脉动火焰**

(a)yz 平面;(b)xy 平面

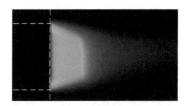

图 2.33　火焰位于燃烧器出口处

以上,可见凹腔起到了很好的稳焰效果。另外,微小凹腔燃烧器的回火极限随当量
比的变化不大。

2.2.2　稳焰机理的数值分析

通过三维数值模拟分析了微小凹腔燃烧器的稳焰机理和火焰吹熄机理,除复
现火焰吹熄过程时使用了非稳态模型外,其他工况均采用稳态模型进行计算。采
用包含 18 个组分和 58 个基元反应的 C_1 燃烧机理来计算甲烷的燃烧化学反应,基
元反应速率的计算采用层流有限速率模型。考虑到链式反应中不同反应的速率相
差较大,选择刚性求解器进行计算。采用均匀的速度进口边界条件,进气温度为
300 K,出口采用出流边界条件。燃烧器的外壁面散热考虑自然对流和辐射散热两
种方式。采取结构化网格划分,并进行局部加密,对网格独立性进行了验证,最终

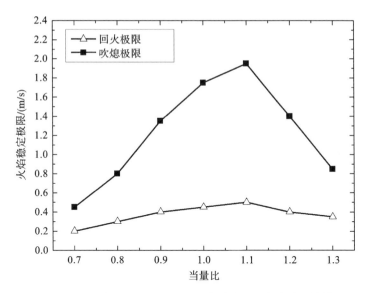

图 2.34　不同当量比时微小凹腔燃烧器内甲烷火焰的稳焰范围

采用 $\Delta x = \Delta y = \Delta z = 200~\mu m$ 的网格尺寸，总网格数为 1576960。使用 Fluent 6.3.26 三维、双精度求解器对微细通道及其壁面进行整体计算。为了评估所用模型的准确性，首先比较了由数值模拟和实验得到的不同当量比的吹熄极限，最大相对误差为 7.14%。此外还比较了由实验和数值模拟得到的 $\phi = 0.9$ 时不同进气速度下的排烟温度，最大相对误差为 3.54%。上述结果表明所用模型是比较准确可靠的。

1. 火焰锋面的定义

Najm 等指出 HCO 与热释放率有紧密的关系，Kedia 等也指出用 HCO 质量分数（Y_{HCO}）来表示甲烷火焰的锋面是合适的。因此，本节使用 2% 的 Y_{HCO} 等值线来定量表示火焰锋面。图 2.35 是长深比 $\xi = 3, \phi = 0.9, V_{in} = 0.5~m/s$ 时 2% 的 Y_{HCO} 等值线（深蓝色实线）和甲烷的反应速率等值线（红色虚线）叠合图，它们都已被各自的最大值标准化。由图 2.35 可知，Y_{HCO} 与甲烷的反应速率紧密相关。另外，由图 2.36 可知，在 Y_{HCO} 大于 2% 的范围（红色虚线之间）内甲烷的质量分数急剧减小到 0，温度也急剧升高。这表明使用 2% 的 Y_{HCO} 等值线来表示火焰锋面是合理的。此外，为了便于定量地对结果进行讨论，定义火焰锋面在 y 方向的最远点与火焰根部之间的距离（图 2.35 中两黑色虚线之间的垂直距离）为火焰高度，图 2.36 中两条 2% 的 Y_{HCO} 红色虚线之间的距离为火焰厚度。

2. 回流区和低速区的影响

图 2.37 为不同进气速度下的燃烧器沿中心向轴向（$x = 0$）的纵剖面的速度场。由图 2.37 可以看到，在进气速度较小时，凹腔内基本没有形成回流区，火焰靠低速区锚定。当进气速度较大时，凹腔内形成了明显的回流区，此时火焰由回流区和低速区共同锚定。

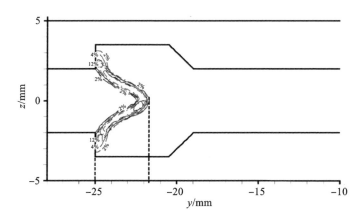

图 2.35　$\phi=0.9$，$V_{in}=0.5$ m/s 时，火焰锋面附近沿轴线的温度、甲烷和
　　　　HCO（放大了 10^4 倍）的质量分数分布曲线

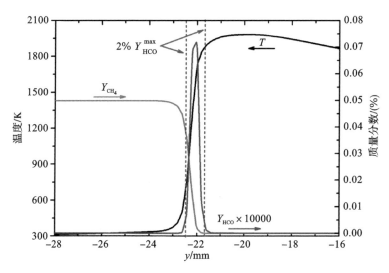

图 2.36　$\phi=0.9$，$V_{in}=0.5$ m/s 时，火焰锋面附近中央位置的温度、甲烷和 HCO 的
　　　　质量分数曲线

3. 气固耦合传热的影响

由燃烧学知识可知，提高燃料入口温度，可以增大燃烧反应速度，缩短着火延迟时间，这对于燃料的完全燃烧和火焰稳定都是有利的。在微小凹腔燃烧器内，对燃料的预热有两种方式，一种是通过固体壁面将下游热量传递到上游壁面从而对气体来流进行预热（即壁面的热循环效应），另一种是由火焰锋面直接对其附近的未燃预混气加热。图 2.38 是 $V_{in}=0.5$ m/s 时不同当量比下中心纵剖面内的温度

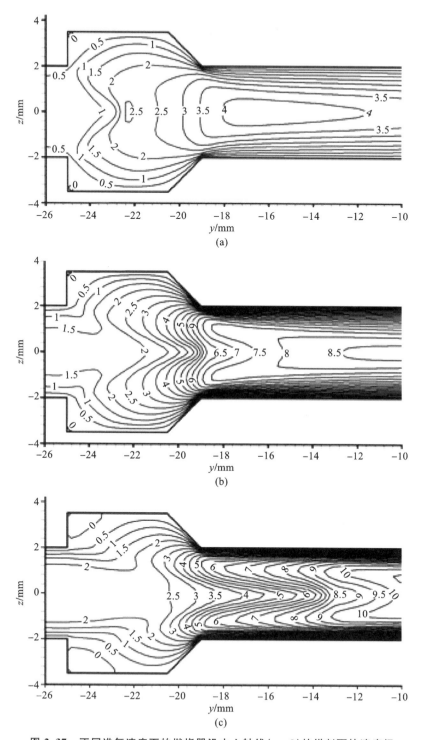

图 2.37　不同进气速度下的燃烧器沿中心轴线($x=0$)的纵剖面的速度场

(a)$V_{in}=0.5$ m/s;(b)$V_{in}=1.0$ m/s;(c)$V_{in}=1.7$ m/s

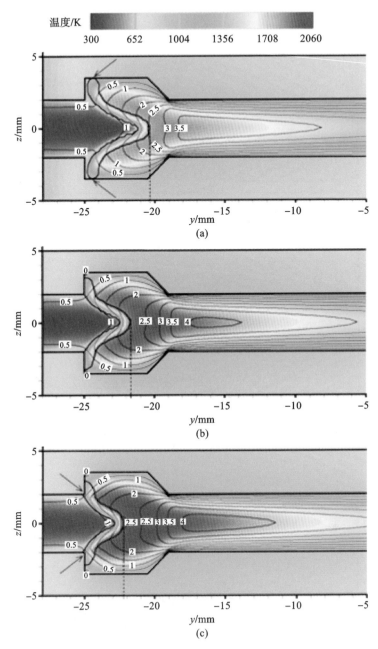

**图 2.38   不同当量比下中心(x=0)纵剖面的温度场、2%的 Y_{HCO} 等值线和速度
等值线的叠合图**

(a)$\phi=0.8$;(b)$\phi=0.9$;(c)$\phi=1.0$

场、2%的 Y_{HCO} 等值线和速度等值线的叠合图。由此图可知,当量比越大($\phi \leqslant 1.0$),
燃烧释放的能量越多,凹腔内的温度就越高。一方面可以提高燃烧速度,使得火焰

锋面向上游移动,与来流气体达到新的平衡,从而使得火焰锋面可以更好地对上游未燃预混气预热。另一方面,当量比增大会使得通过上游壁面的热循环效应增强,表现为上游内壁面温度升高(见图 2.39(a)),更好地对未燃预混气进行加热。因而,凹腔入口截面的气体温度会随着当量比的增大而升高(见图 2.39(b)),具体来说,$\phi=0.8$、0.9 和 1.0 时凹腔入口截面的未燃预混气平均温度分别为 470.59 K、522.13 K 和 555.02 K。

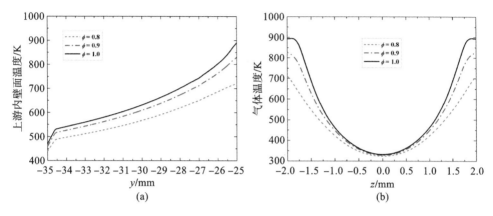

图 2.39 不同当量比下温度分布曲线

(a)沿燃烧器中心轴线的上游内壁面温度分布曲线;(b)凹腔入口截面处($y=-25$ mm)的气体温度分布曲线

此外,由图 2.38 还可知,火焰高度随着当量比的增大而缩短。具体来说,火焰高度由 $\phi=0.8$ 时的 4.7 mm 减小到 $\phi=1.0$ 时的 2.8 mm。通过计算发现,$\phi=0.8$、0.9 和 1.0 时中心线处火焰锋面的厚度分别为 0.84 mm、0.76 mm 和 0.58 mm,即火焰锋面的厚度随着当量比的增大而变薄。此外,随着当量比的增大,火焰锋面的曲率减小,且温度梯度急剧增大。

总之,进气速度相同时,不同当量比下凹腔内的回流区和低速区相差不大。但是当量比增大能提高燃烧反应速率和温度,且其对未燃预混气的预热作用明显增强。由此可知,不同当量比时吹熄极限差异较大的主要原因为预热作用和燃烧反应速率。

4. 优先扩散的影响

图 2.40 是不同长深比($\xi=L_2/W_2$)下沿燃烧器中心纵剖面的局部当量比与入口当量比差值($\phi_{local}-\phi$)的分布图。由图 2.40 可知,凹腔内部分区域的当量比比入口当量比大。Barlow 等指出优先扩散的主要动力是二维流动。另外,Katta 等指出较大的速度梯度能增强优先扩散效应;凹腔能增强流动的二维效应和速度梯度,使得凹腔内出现了局部当量比较高的区域,这有利于燃料在凹腔内的燃烧。此外,从图 2.40 还可知,由于凹腔内的速度梯度随着长深比的减小而增大,使得凹腔内局部当量比较大区域所占比例随长深比的减小而增大。

总结以上分析可以得出:①凹腔能提供回流区和低速区,为燃烧反应提供自由基聚集池,延长反应物停留时间,提高火焰稳定性和燃烧效率;②凹腔能增强对未燃

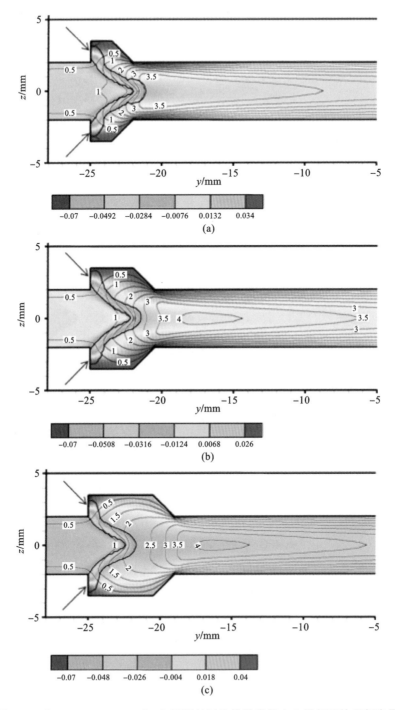

图 2.40 $\phi=0.9$, $V_{\text{in}}=0.5$ m/s 时, 不同长深比的燃烧器中心纵剖面的局部当量
比与入口当量比差值 $(\phi_{\text{local}}-\phi)$ 的分布

(a)$\xi=1$; (b)$\xi=2$; (c)$\xi=3$

燃料的预热作用,增大燃烧反应速率,缩短燃料着火延迟时间,有利于燃料的着火;③凹腔内较高的局部当量比也易于点火和稳定火焰。

2.2.3　火焰吹熄机理的数值分析

为了讨论微小凹腔燃烧器的火焰吹熄机理,图 2.41 给出了 $\phi=1.0, V_{in}=1.7$ m/s 时,沿燃烧器中心轴线的纵剖面速度场、OH 质量分数云图和温度场。由图 2.41(a)可知,凹腔的角落处存在明显的回流区,但是比低速区小得多,这说明火焰的锚定主要还是靠凹腔内的低速区。这种条件下流速较大,造成了燃料的停留时间减短,从而使得凹腔内的反应变弱(见图 2.41(b))。另外,凹腔内的气体温度较进气速度较小时有所降低(见图 2.41(c))。

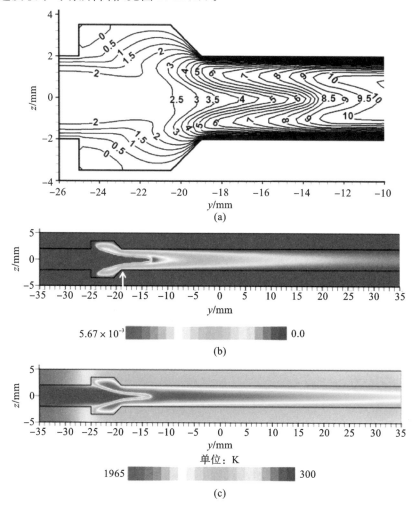

图 2.41　$\phi=1.0, V_{in}=1.7$ m/s 时,沿燃烧器中心轴线的纵剖面速度场、OH 质量分数云图和温度场

(a)速度场;(b)OH 质量分数云图;(c)温度场

　　另外,与$V_{in}=0.5$ m/s相比,$V_{in}=1.7$ m/s时的反应区因受到较大的剪应力而变得很狭长,特别是凹腔的倾斜壁面与下游壁面的拐点处应变率较大,见图2.42。与此同时,拐点处的热流(高温烟气向壁面传热)也较大,达到了14400 W/m²,比下游壁面处的热流高,这表明拐点处的散热损失最大,见图2.43。因此,当进一步增大进气速度时,拐点处较大的剪应力和散热损失将使火焰锋面在此处发生断裂而被吹熄。

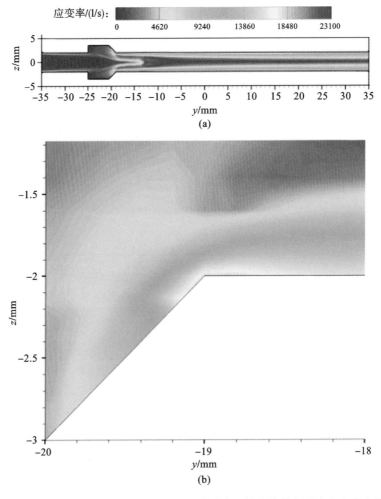

图2.42　$\phi=1.0$,$V_{in}=1.7$ m/s时,沿燃烧器中心轴线的纵剖面应变率分布图
(a)完整图;(b)局部图

　　图2.44和图2.45为火焰吹熄过程中,不同时刻对应的OH质量分数云图和温度场。从这两张图可以看出,当火焰锋面在拐点处断裂后,凹腔内的反应区会因热损失而熄灭,见图2.44(b)和图2.44(c)。与此同时,凹腔内气体的温度降低,见图2.45(b)和图2.45(c)。之后,火焰只被一侧的凹腔锚定,火焰锋面变成一倾斜

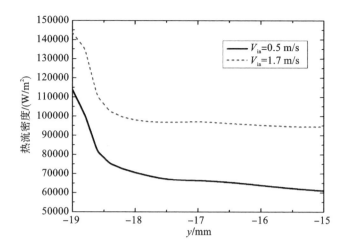

图 2.43 $\phi = 1.0$ 时,不同进气速度时靠近凹腔出口的下游内壁面热流密度分布

状,见图 2.44(d)和图 2.44(e),这与实验观测到的形状类似。此时燃烧室内的高温区也为此形状,见图 2.45(d)和图 2.45(e)。然后,火焰锋面在另一侧凹腔的拐点处断裂,见图 2.44(f)和图 2.45(f)。而直通道内的火焰很难稳定,这就使得下游通道内的火焰会被来流气体吹出燃烧室,见图 2.44(g)、图 2.44(h)和图 2.45(g)、图 2.45(h),即火焰发生吹熄。

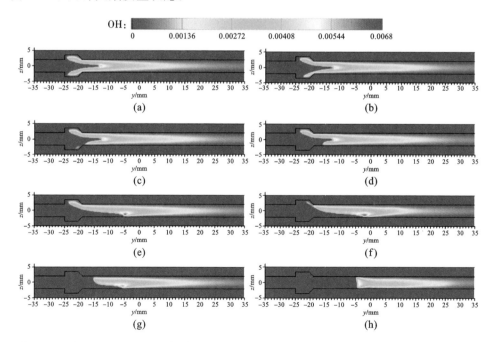

图 2.44 $\phi = 1.0$，$V_{in} = 1.8$ m/s 时,不同时刻沿燃烧器中心轴线的纵剖面 OH 质量分数云图

(a)$t = 0$ s;(b)$t = 3.170 \times 10^{-3}$ s;(c)$t = 4.260 \times 10^{-3}$ s;(d)$t = 5.310 \times 10^{-3}$ s;(e)$t = 7.430 \times 10^{-3}$ s;(f)$t = 1.262 \times 10^{-2}$ s;(g)$t = 1.574 \times 10^{-2}$ s;(h)$t = 2.419 \times 10^{-2}$ s

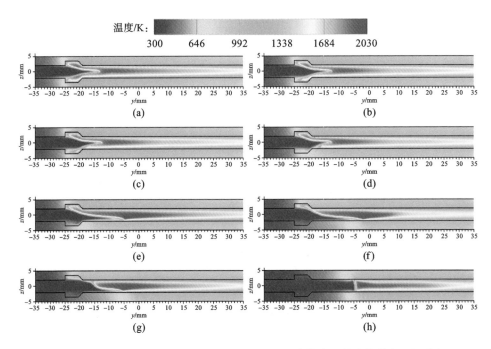

图 2.45　$\phi=1.0$，$V_{in}=1.8$ m/s 时，不同时刻沿燃烧器中心轴线的纵剖面温度场

(a)$t=0$ s；(b)$t=3.170\times10^{-3}$ s；(c)$t=4.260\times10^{-3}$ s；(d)$t=5.310\times10^{-3}$ s；(e)$t=7.430\times10^{-3}$ s；(f)$t=$1.262\times10^{-2}$ s；(g)$t=1.574\times10^{-2}$ s；(h)$t=2.419\times10^{-2}$ s

2.2.4　导热系数对火焰吹熄极限的影响

本节将凹腔的长深比固定为 3，研究了壁面材料的导热系数 λ 对微小凹腔燃烧器内甲烷的火焰吹熄极限的影响。为此，选用了 7 个导热系数值，分别为 0.1 W/(m·K)、0.5 W/(m·K)、1.05 W/(m·K)、20 W/(m·K)、50 W/(m·K)、100 W/(m·K)和 200 W/(m·K)，对应的材料分别为绝热材料、玻璃钢、石英、不锈钢、碳化硅、铝合金和铜。

1. 不同导热系数燃烧器的吹熄极限

图 2.46 为不同导热系数的燃烧器在 $\phi=0.8$、0.9 和 1.0 时甲烷的火焰吹熄极限，可以看出甲烷火焰的吹熄极限是对应的火焰燃烧速度的数倍。从图 2.46 还可看到，当导热系数相同时，火焰吹熄极限随着当量比的增大而增大；而当当量比一定时，火焰吹熄极限随着导热系数的增大先减小后增大。接下来选取 λ=0.5 W/(m·K)、1.05 W/(m·K)和 50 W/(m·K)这 3 种情况来详细讨论凹腔燃烧器的火焰吹熄极限出现非单调变化的原因。

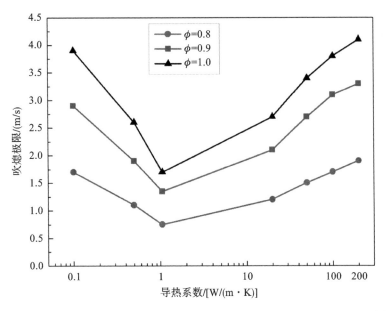

图 2.46　$\phi=0.8$、0.9 和 1.0 时，凹腔燃烧器的火焰吹熄极限随壁面导热系数的变化

2. 讨论与分析

1）流场的作用

图 2.47 给出了 $\phi=1.0$、$V_{in}=1.5$ m/s 时三个不同导热系数的燃烧器内的速度场与火焰锋面的叠加图。由图 2.47 可知，凹腔内的回流区很小。因此，火焰根部主要是被凹腔内的低速区锚定。然而，三个不同导热系数的燃烧器内低速区的差别不大，这是因为燃烧器内的流场在此时主要受凹腔的形状和大小影响。因此，可以推断火焰吹熄极限主要由燃烧器内的传热过程、化学反应和它们之间的相互作用决定。

2）热循环对来流气体的预热作用

图 2.48 为 $\phi=1.0$、$V_{in}=1.5$ m/s 时，不同导热系数燃烧器上游内壁面温度和上游内壁面附近（$z=1.975$ mm）的气体温度分布。由图 2.48(a)可知，导热系数较大（$\lambda=50$ W/(m·K)）的燃烧器上游内壁面在较短的距离内快速上升到较高温度水平，而导热系数较小（$\lambda=1.05$ W/(m·K)）的燃烧器内壁面温度上升速度较慢，最终在凹腔入口处达到和 $\lambda=50$ W/(m·K)工况相近的温度水平。另外，对于导热系数更小（$\lambda=0.5$ W/(m·K)）的燃烧器，上游内壁面温度也一直在逐渐上升，但其上升速度比 $\lambda=1.05$ W/(m·K)工况更快，这样就使得前半段壁面的温度相对较低，而后半段壁面温度急剧上升，并在凹腔入口处远高于 $\lambda=1.05$ W/(m·K)和 50 W/(m·K)两个燃烧器。这主要是因为 $\lambda=0.5$ W/(m·K)时燃烧器的壁面能在凹腔附近积聚更多的热量。此外，图 2.48(b)表明凹腔内壁面附近的气体温

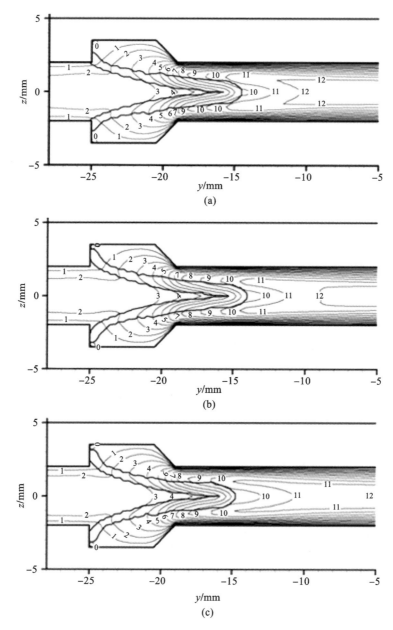

图 2.47　$\phi=1.0$、$V_{in}=1.5$ m/s 时，不同导热系数燃烧器内的速度场和火焰锋面叠加图

(a)$\lambda=0.5$W/(m・K)；(b)$\lambda=1.05$W/(m・K)；(c)$\lambda=50.0$W/(m・K)

度与内壁面的温度分布一致。

　　壁面热循环对未燃气体混合物有明显的预热作用，使得部分化学反应在凹腔之前就已经发生。图 2.49 给出了 $\phi=1.0$，$V_{in}=1.5$ m/s 时，不同导热系数燃烧器

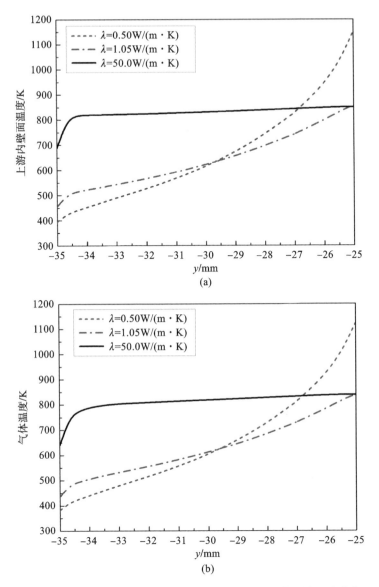

图 2.48　$\phi=1.0$, $V_{in}=1.5$ m/s 时,不同导热系数燃烧器的温度分布

(a)上游内壁面温度分布;(b)上游内壁面附近($z=1.975$ mm)的气体温度分布

上游内壁面附近($z=1.975$ mm)的三个初始化学反应的反应速率分布。由图 2.49 可见,三个初始化学反应的反应速率随着导热系数的增大是先减小后增大的,即较小和较大导热系数的燃烧器对气体来流有更好的预热作用,导热系数适中($\lambda=1.05$ W/(m·K))的燃烧器对气体来流的预热效果最差,且 $\lambda=0.5$ W/(m·K)时燃烧器的反应速率明显高于其他两个导热系数的燃烧器。

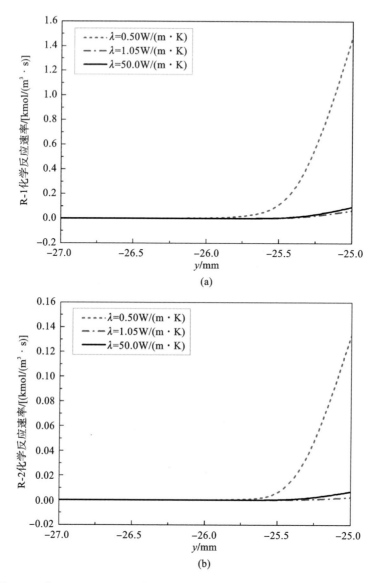

图 2.49 $\phi = 1.0, V_{in} = 1.5$ m/s 时,不同导热系数燃烧器上游内壁面附近 ($z =$ 1.975 mm)的三个初始化学反应的化学反应速率

(a)反应 R-1:$H + CH_4 = CH_3 + H_2$;(b)反应 R-2:$O + CH_4 = OH + CH_3$;(c)反应 R-3:$OH + CH_4 = CH_3 + H_2O$

图 2.50 给出了 $\phi = 1.0, V_{in} = 1.5$ m/s 时,三个不同导热系数的燃烧器凹腔入口截面处的气体温度分布。由图 2.55 可知,在内壁面附近的区域,$\lambda = 0.5$ W/(m·K)时的气体温度最高,而 $\lambda = 1.05$ W/(m·K)时的气体温度最低。然而,由于 $\lambda = 50$ W/(m·K)的燃烧器上游内壁面温度在短距离内就迅速上升的较高水平(图 2.48),使得其有效预热长度和预热时间是最长的,这有利于对燃烧室中央附近的气体进行预热。因此,$\lambda = 50$ W/(m·K)时燃烧室中央附近的气体温度最高,

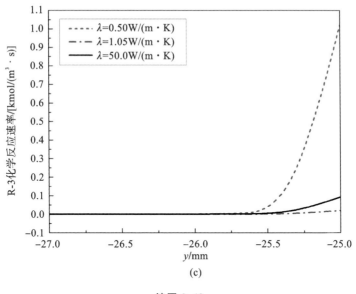

(c)

续图 2.49

$\lambda=1.05$ W/(m·K)时燃烧室中央附近的气体温度最低。这一凹腔入口截面的气体温度分布特性对火焰根部和火焰顶部的反应速率有显著的影响。

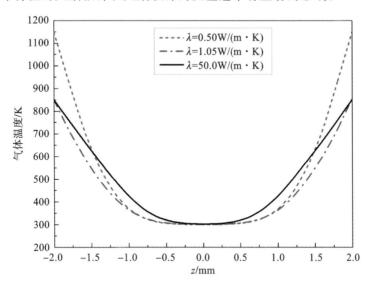

图 2.50 $\phi=1.0$, $V_{in}=1.5$ m/s 时,不同导热系数的燃烧器凹腔入口截面处(y $=25.0$ mm,-2.0 mm$\leqslant z\leqslant 2.0$ mm)的气体温度分布

3）热循环对火焰根部的影响

为了比较火焰根部的反应强度,图 2.51(a)给出了 $\phi=1.0$, $V_{in}=1.5$ m/s 时,不同导热系数的燃烧器凹腔竖壁面附近($y=-24.975$ mm)的化学反应 R-4

（H＋CH₂O═HCO＋H₂）的反应速率和 HCO 的质量分数分布。此图表明热释放速率随着导热系数的增大是先减小后增大的。R-4 反应较剧烈时，HCO 质量分布也较高，见图 2.51(b)。此外，图 2.51(b)表明火焰根部随着导热系数的增大先向凹腔底部移动、再向燃烧室中央移动，且 $\lambda=0.5$ W/(m·K)时的火焰根部最靠

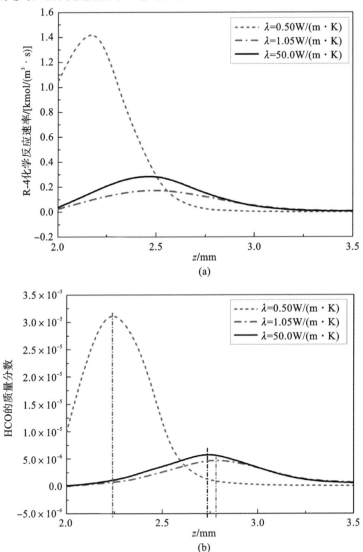

图 2.51 $\phi=1.0,V_{in}=1.5$ m/s 时，不同导热系数的燃烧器凹腔竖壁面附近($y=-24.975$ mm)的化学反应

(a)R-4 反应速率分布；(b)HCO 的质量分数分布

近燃烧室中央。这是因为层流燃烧速度随着未燃气体温度的升高而增大。通过计算可知，$\lambda=0.5$ W/(m·K)、1.05 W/(m·K)和 50 W/(m·K)时的火焰根部离燃烧室中轴线的距离分别为 2.24 mm、2.78 mm 和 2.74 mm。换句话说，对应的上

下两个火焰根部的距离分别为 4.48 mm、5.56 mm 和 5.48 mm。因此,较好的热循环作用使得火焰根部附近的化学反应强度较强,这有利于火焰根部的锚定。

4) 热循环对火焰顶部的影响

较好的预热作用会缩短未燃气体的着火延迟时间,从而使得化学反应在更上游的位置先发生(见图 2.52(a)),火焰顶部随着导热系数的增大先向下游移动、后向上游移动(见图 2.52(b))。具体来说,$\lambda = 0.5$ W/(m・K)、1.05 W/(m・K) 和 50 W/(m・K) 时的火焰顶部与火焰根部的距离(即火焰高度)分别为 9.96 mm、10.43 mm 和 9.72 mm。

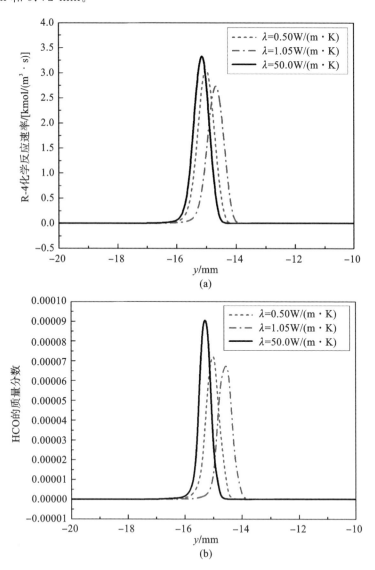

图 2.52　$\phi = 1.0$，$V_{in} = 1.5$ m/s 时,不同导热系数的燃烧器中心轴线上的化学反应

(a)R-4 反应速率分布;(b)HCO 的质量分数分布

基于以上讨论,根据火焰根部和火焰顶部的具体位置画出 $\lambda = 0.5$ W/(m·K)、1.05 W/(m·K)和 50 W/(m·K)的燃烧器内火焰锋面的示意图,如图 2.53 所示。由图 2.53 可知,火焰锋面与拐点(凹腔倾斜壁面与下游内壁面的交点)的距离在 $\lambda = 1.05$ W/(m·K)时是最短的,接下来依次是 $\lambda = 0.5$ W/(m·K)和 50 W/(m·K)的燃烧器。根据上节对火焰吹熄机理的分析,可以得出火焰锋面越靠近拐点处越容易被拉断,从而使得火焰更早被吹熄。因此,$\lambda = 50$ W/(m·K)时燃烧器的吹熄极限最大,而 $\lambda = 1.05$ W/(m·K)的燃烧器的吹熄极限最小。至此,火焰吹熄极限随壁面导热系数的增大呈现非单调变化规律得到了解释。

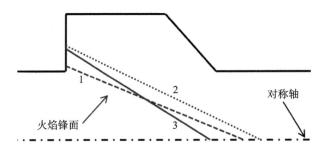

图 2.53　$\phi = 1.0$, $V_{in} = 1.5$ m/s 时,不同导热系数的燃烧器内的火焰锋面示意
1—$\lambda = 0.5$ W/(m·K);2—$\lambda = 1.05$ W/(m·K);3—$\lambda = 50$ W/(m·K)

2.3　本章小结

本章通过实验和数值模拟研究了带钝体、带开缝钝体以及带凹腔的平板型微细通道燃烧器内氢气和甲烷两种燃料与空气预混燃烧和非预混燃烧时火焰的稳定性,并从回流区、热循环效应、壁面散热、拉伸效应和优先扩散效应等多方面进行了理论分析。主要结论如下。

(1) 即使在当量比较低的工况下,钝体也能显著提高微细通道燃烧器内氢气/空气预混气火焰的吹熄极限,其稳焰能力与钝体形状和相对大小(阻塞比)密切相关。截面为圆形的钝体以及阻塞比较小的钝体,由于钝体后方形成的回流区面积太小,火焰在较高进气速度就被吹熄,稳焰能力较弱。而阻塞比较大的三角形和半圆形钝体,钝体后能形成较大的回流区和低速区,在较高进气速度下也能锚定火焰根部,最终是由于剪切层的拉伸作用导致火焰分裂而被吹熄。半圆形钝体燃烧器内火焰受到的拉伸效应相对于三角形钝体来说较弱,能获得更大的吹熄极限。

(2) 对于安装开缝钝体的平板型微细通道燃烧器来说,在中等大小的阻塞比时氢气/空气的非预混燃烧能获得最大的火焰吹熄极限,分析表明,此时钝体后具有较强的湍流强度促进燃料与空气混合,以形成较大的回流区锚定火焰根部,拉伸效应也不是太强,具有最好的火焰稳定综合条件。

（3）带壁面凹腔的微细通道燃烧器在中、低进气速度下能获得稳定、对称的甲烷/空气预混火焰。进气速度较高时，火焰锋面变为波纹状，发生脉动，最终一侧火焰从凹腔拐点处断裂、吹熄，然后另外一侧也发生类似现象，火焰全部被吹出燃烧器。分析表明，凹腔内能形成回流区和低速区，同时能提高局部当量比，这些条件有利于锚定火焰根部。而凹腔拐弯处火焰受强烈拉伸效应和散热损失的双重影响，发生局部熄火，使得火焰发生断裂和吹熄。在各种效应的综合作用下，中等偏低壁面导热系数的凹腔燃烧器能获得更大的火焰吹熄极限。

3　瑞士卷燃烧器

通过热热循环实现火焰稳定,是一种常见的微小尺度稳焰方法。瑞士卷燃烧器由 Lloyd 和 Weinberg 首次提出,其螺旋形流道结构能将燃烧产物的一部分热量传递给未燃预混气,对反应物进行预热,以达到稳定火焰、扩大可燃范围的目的。Ronney 等较早地将瑞士卷结构应用于微小尺度燃烧,发现低于常规贫燃极限的预混气体也可以在其中维持燃烧,并且指出燃烧器内的流动状态、壁面热导率以及壁面之间的辐射换热等因素对燃烧状态有较大影响。Kim 等对不同尺寸和不同材料的微型瑞士卷燃烧器的燃烧特性进行了实验研究,发现在较广的当量比范围和进气速度范围内火焰可以稳定,但随着热损失的增加,可燃范围变窄。Vijayan 等研究了陶瓷材料制成的瑞士卷燃烧器中丙烷/空气预混火焰的动力学特性。Zhong 等设计了三种类型的双螺旋通道的预混型瑞士卷燃烧器,通过设置中间隔热层,大大提高了燃烧稳定性,显著地扩展了熄火极限。此外,也有很多学者对微型瑞士燃烧器中的燃烧特性进行数值模拟和热力学分析。为了进一步提升微型瑞士卷的火焰稳定性,还有研究者提出了一些组合稳焰技术。例如,Fan 等提出了一种带钝体稳焰器的微型瑞士卷燃烧器,火焰吹熄极限得到明显扩展。也有学者在瑞士卷燃烧器中心区域填充负载催化剂的多孔介质,大大地拓宽了可燃极限。

以上研究中提到的瑞士卷燃烧器大多是针对预混燃烧,在化学恰当比附近的预混气容易发生回火同时,在较小当量比条件下容易发生熄火。为此,笔者开创性设计了针对非预混燃烧的微型瑞士卷燃烧器,在中心区域形成对冲扩散火焰。先后加工了一大一小两个燃烧器,对甲烷/空气的非预混燃烧进行了实验研究,结果表明该燃烧器可以在非常低的当量比和非常小的燃料流量下运行。本章对这些工作进行介绍。

3.1　非预混火焰特性的实验研究

3.1.1　燃烧器结构

微型瑞士卷燃烧器的主体部分采用不锈钢材料(SUS316),通过数控机床一体技术加工而成,盖板为透明石英玻璃材料,便于实验中从上方直接观察火焰表观结构。笔者首先加工了一个尺寸为 70 mm×70 mm×20 mm 的大燃烧器,如图 3.1 所示。考虑该燃烧器可以作为商用热电片的热源,随后又加工了一个尺寸为 40

mm×40 mm×14 mm 的小燃烧器,如图 3.2 所示(这两个燃烧器是在不同时间做的实验)。为了适用于非预混燃烧,这些燃烧器均包含一个空气通道和一个燃料(甲烷)通道,两股流体到了燃烧器中心呈对向流,喷口(甲烷通道与空气通道在燃烧器中心区域的出口)两侧各有一个入口张角为 90°的燃烧室(分别称作第一和第二燃烧室),以及一个燃烧产物通道。空气和甲烷通道与燃烧产物通道相间隔布置,且甲烷和空气的流动方向分别与燃烧产物的流动方向相反,以达到热循环的目的。通道间的隔板厚度均为 2 mm。燃烧产物最终在燃烧器的两个出口排出。

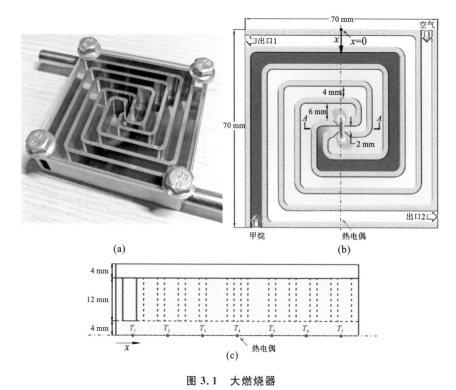

图 3.1 大燃烧器

(a)实物图;(b)水平截面示意图;(c)纵剖面示意图

需要指出的是,小燃烧器和大燃烧器之间存在差别。首先是通道宽度,大燃烧器的通道宽度为 4 mm,而小燃烧器的通道宽度为 3 mm。为了在燃烧器中心处构建两个燃烧室,通道在靠近中心处时均缩小到 2 mm。其次是底板和盖板的厚度,大燃烧器均为 4 mm,而小燃烧器的底板厚度只有 2 mm,石英盖板厚度仍然为 4 mm(为了增加其强度)。此外,小燃烧器的通道深度只有 8 mm,而大燃烧器则有 12 mm。最后,两个燃烧器在组装方法方面也不一样,从图 3.1 可以看出,大燃烧器的石英盖板和本体通过四个螺栓直接连接起来;从图 3.2 可以看出,小燃烧器采用两个不锈钢夹板和四根螺栓将盖板与主体紧密联结,为了减少燃烧器与不锈钢

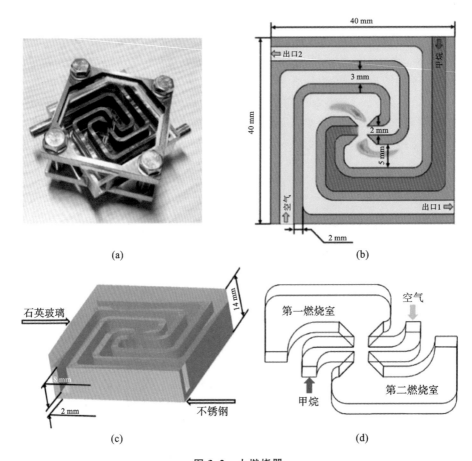

图 3.2　小燃烧器

(a)装配图；(b)水平截面示意图；(c)3D 效果图；(d)燃烧室局部图

夹板之间的传热，在不锈钢夹板与主体底部、石英盖板的连接处放置陶瓷纤维垫片（导热系数 0.1 W/(m·K)，厚度 2 mm）。表 3.1 为两个燃烧器的主要尺寸数据。

表 3.1　两个燃烧器的主要尺寸数据

尺寸/mm	大 燃 烧 器	小 燃 烧 器
总长度	70	40
总宽度	70	40
总高度	20	14
通道宽度	4	3
通道深度	12	8
隔板厚度	2	2
底板厚度	4	2
盖板厚度	4	4

3.1.2 实验方法

实验系统示意如图 3.3 所示。空气和甲烷(纯度 99.99％)分别从高压气瓶中流出,经过质量流量计(满量程精度的 0.2％±实际读数的 0.8％)后进入燃烧器。因为小燃烧器的通道宽度接近甲烷的淬熄直径,冷态下直接在燃烧器出口处点火后,火焰不能往上游(即燃烧器内部)传播。因此,点火前先用丁烷喷枪对燃烧器的不锈钢底板加热 2 分钟,然后在排气出口点燃预混气,火焰将逆向传播到燃烧室。实验中采用红外热像仪(精度为±2％)从垂直方向测量石英盖板的温度分布,利用 K 型热电偶(精度±1％)测量两个排气温度,并用热电偶辅助校准红外热像仪的发射率。借助一个平面镜,使用数码相机从水平方向拍摄火焰照片。当排气温度和红外热像仪的示数稳定后,即认为燃烧达到稳定状态。每个工况测量结束后,调整甲烷和空气的流量进行下一个工况实验。

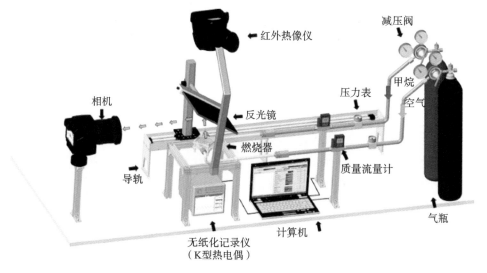

图 3.3　实验系统示意

3.1.3 甲烷/空气非预混燃烧的火焰特性

1. 大燃烧器的火焰模式和燃烧极限

通过改变流量和当量比,观察到几种不同的火焰模式,如图 3.4 所示(白线代表壁面边缘)。当甲烷流量 $Q_F = 0.05$ L/min,当量比 $\phi = 1.0$ 时,形成了一个短而薄的平面火焰,它位于两个喷口之间,略微靠近燃料侧(见图 3.4(a))。保持当量比不变,当增大甲烷和空气的流量时,火焰向两个燃烧室内拉长,末端像透平叶片形状,中间仍然连在一起,但此时略微偏向空气侧(见图 3.4(b))。当流量继续增大一倍后,火焰中心处被拉断,同时两端显著延长,其末端已经超出了燃烧室的出口

（见图 3.4(c)）。此外，虽然是俯视照片，但仍可看出火焰具备明显的三维特征。继续增大流量时，一侧的火焰将被吹熄（见图 3.4(d)），这也反映了内部流场和浓度场的不对称性，以及火焰与壁面之间复杂的传热过程。当量比较小时，即使在低流量下，火焰也是分裂为两部分，不能形成平面火焰（见图 3.4(e)），且随着流量的增大，火焰体积变大，颜色变白。

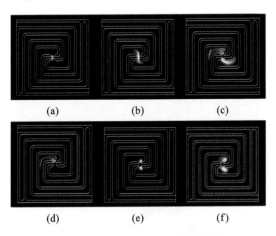

图 3.4 不同条件下的火焰俯视图

(a)$Q_F=0.05$ L/min,$\phi=1.0$;(b)$Q_F=0.101$ L/min,$\phi=1.0$;(c)$Q_F=0.202$ L/min,$\phi=1.0$;
(d)$Q_F=0.317$ L/min,$\phi=1.0$;(e)$Q_F=0.043$ L/min,$\phi=0.4$;(f)$Q_F=0.058$ L/min,$\phi=0.4$

由于瑞士卷燃烧器的结构复杂，不便于详细观察，只能从与水平面成 30°角的侧上方拍摄了相同甲烷流量（$Q_F=0.058$ L/min）、不同当量比时，两个喷口之间的局部火焰照片（且仅仅是上方的火焰），如图 3.5 所示。从图 3.5 中可以看出，火焰锋面是弯曲的，而且随着当量比从 1.0 减小到 0.5，火焰锋面的倾角越来越大，从几乎垂直变成了近似水平。图 3.5 左侧给出了 A—A 剖面（见图 3.1(b)）的甲烷和空气的流线示意图，对倾斜弯曲火焰锋面的形成做了初步推断，主要是因为喷口处的甲烷向上方流动，具体理由在后面对小燃烧器的数值模拟时再进行了深入分析。

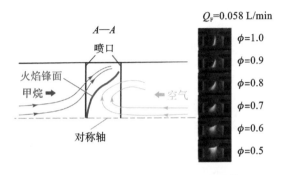

图 3.5 两个喷口之间的局部火焰照片

不同当量比对应的燃料流量极限如图 3.6 所示，值得指出的是，本燃烧器的最低可燃当量比为 0.236(图中未显示)。除可燃上限(吹熄)和下限(熄火)外,还给出了分裂极限,即火焰发生分裂时对应的最低燃料流量。首先,从图 3.6 中可以看出,分裂极限随着当量比的增大几乎呈线性增大。实际上,这个分裂极限也可以看作是传统意义上对冲扩散火焰的上限,它是由较大流率时的拉伸效应导致的。其次,还可以看出,可燃上限的变化规律与分裂极限类似,只不过在数值上比后者大很多,这是由于燃烧室内可以形成回流区,火焰分裂后仍然能够在更高流量下被锚定。当量比越大,燃烧速度和火焰温度也越大,因此对应的可燃上限也越大。最后,在当量比从 1.0 下降到 0.5 的过程中,可燃下限虽然变化不大,但却是单调减小的,这与预混燃烧的规律不同;当量比从 0.5 继续减小到 0.4 和 0.3 时,可燃下限先增大、然后再次减小,猜测是由于火焰的位置和形状的变化,导致其与流场及壁面之间的热相互作用等方面发生变化。

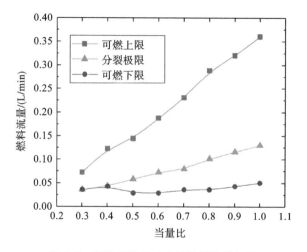

图 3.6　不同当量比对应的燃料流量极限

2. 小燃烧器的火焰模式和燃烧极限

1) 名义当量比对表观火焰结构的影响

图 3.7 为甲烷流量(F_M)固定为 0.05 L/min 时,通过增加空气流量(F_A)来改变名义当量比(ϕ)所观察到的火焰结构。从图 3.7 中可以看到,当 ϕ 从 1.0 降到 0.5时,所有火焰都处于分裂状态,这与大燃烧器的结果略有不同,主要有两个方面的原因:一是拉伸效应过强;二是壁面散热过大(如果用丁烷喷枪在燃烧器底面加热,火焰将连成一体,也能证明这一点)。此外,从图 3.7 还可以观察到,当 $\phi=1.0$ 和 0.9 时,两个火焰的分布较为对称,且第一燃烧室的火焰下侧有清晰的锋面。当 ϕ 从 0.9 减小到 0.8 时,火焰亮度明显降低,且第二燃烧室的火焰延长。当 ϕ 由 0.8 减小到 0.7 时,两个火焰反而都往喷口靠近。当 ϕ 从 0.7 继续下降到 0.6 和 0.5 时,火焰结构没有明显变化,但第一燃烧室的火焰亮度逐渐降低,而第二燃烧室的火焰亮度增加。

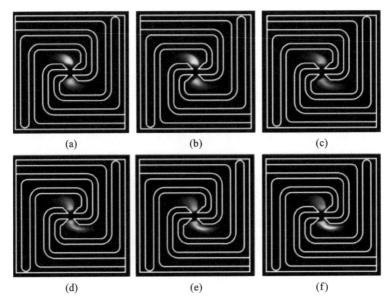

图 3.7　$F_M = 0.05$ L/min 时不同名义当量比的火焰结构

(a)$\phi = 1.0$;(b)$\phi = 0.9$;(c)$\phi = 0.8$;(d)$\phi = 0.7$;(e)$\phi = 0.6$;(f)$\phi = 0.5$

2）甲烷流量对表观火焰结构的影响

图 3.8 给出了 $\phi = 0.8$ 时,不同甲烷流量对应的火焰结构。从图 3.8 可看到,当 $F_M = 0.04$ L/min 时,只有第一燃烧室存在火焰。当 $F_M = 0.06 \sim 0.12$ L/min 时,两个燃烧室中均有火焰,且随着甲烷流量的增加,火焰亮度也逐渐增加,表明燃烧越来越剧烈,火焰温度也越来越高。当 $F_M = 0.14$ L/min 时,两个火焰的长度缩短,且第一燃烧室中的火焰远离喷口,两个火焰的前锋均为明显的凹形曲面。当 $F_M = 0.16$ L/min 时,两个燃烧室中的火焰呈明显不对称状,第一燃烧室的火焰重新回到喷口,且反应区变大,而第二燃烧室的反应区变小。这些变化表明,甲烷流量对火焰结构有显著的影响,火焰具有复杂的三维特征。

3）振荡火焰

当名义当量比 $\phi = 0.8$,甲烷流量 $F_M = 0.145$ L/min 时,火焰出现振荡,并且释放出较大的噪音。图 3.9 给出了火焰振荡的一个周期,可以看到,首先,第一燃烧室内的火焰略微远离喷口,第二燃烧室的火焰凹面略微靠近喷口。紧接着,第一燃烧室内的火焰继续远离喷口,第二燃烧室内的火焰略微向出口处移动。最后,火焰又恢复到图 3.9(a)的状态。但当甲烷入口流量 $F_M > 0.145$ L/min 时,火焰却稳定下来,并呈现出明显不对称形状,如图 3.8(g)所示,猜测这是内部流场的变化对甲烷与空气的混合状态以及散热损失影响所导致的。

4）火焰被吹熄动态过程

以名义当量比 $\phi = 0.8$ 为例,观察火焰被吹熄的动态过程,如图 3.10 所示。当甲烷流量 F_M 从图 3.8(g)的 0.16 L/min 继续增加至 0.18 L/min 时,最初第一燃

图 3.8 $\phi=0.8$ 时不同甲烷流量对应的火焰结构

(a)$F_M=0.040$ L/min;(b)$F_M=0.060$ L/min;(c)$F_M=0.080$ L/min;(d)$F_M=0.100$ L/min;
(e)$F_M=0.120$ L/min;(f)$F_M=0.140$ L/min;(g)$F_M=0.160$ L/min

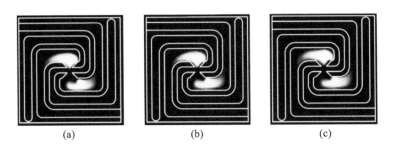

图 3.9 火焰振荡的一个周期

烧室的火焰没有明显变化,而第二燃烧室的小火焰尾部延长,如图 3.10(a)所示。经过一段时间后,第二燃烧室的火焰开始出现振荡,且振荡频率随时间增加而增加,直至被吹熄(见图3.10(b))。第二燃烧室的火焰熄灭一段时间后,第一燃烧室的火焰也开始出现振荡,且振荡频率随时间的增加而增加,最后也被吹熄(见图3.10(c))。结合 $F_M=0.04$ L/min 时出现单个火焰和 $F_M=0.18$ L/min 时发生火焰振荡和吹熄现象,可以发现第一燃烧室的火焰比第二燃烧室的火焰更为稳定,猜测是由两个燃烧室中的流场和浓度场的差异导致的。

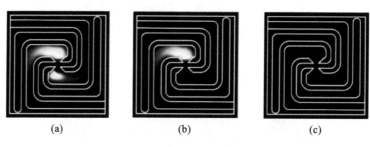

(a)   (b)   (c)

图 3.10   火焰吹熄过程

5)火焰模式分布图谱

基于系统的实验观察,得到了不同工况下的火焰模式,绘制了如图 3.11 所示的火焰模式分布图谱,其中横坐标为甲烷入口流量,纵坐标为名义当量比。可以看出,不同工况下总共存在 6 种火焰模式,分别为单个火焰、较对称的双子火焰、振荡火焰、明显不对称的双子火焰、熄火极限(可燃流量下限)和吹熄极限(可燃流量上限)。总体而言,火焰可以稳定于较低名义当量比($\phi=0.4$)和较小甲烷入口流量($F_M=0.02$ L/min)工况,可见该微型瑞士卷燃烧器具有较好的火焰稳定性。但是与大燃烧器相比,小燃烧器最低可燃当量比有所增大(大燃烧器为 $\phi=0.236$),这是因为燃烧器尺寸缩小后,壁面散热损失增大了。图 3.11 还表明,当 $\phi<0.7$ 时,随着当量比的增大,熄火极限也有所增加,但当 $\phi\geq0.7$ 时,熄火极限保持不变。同时,随着当量比的增大,吹熄极限也增加,且当 ϕ 由 0.7 增加到 0.8 时,吹熄极限显著增大。此外,单个火焰只出现在 $\phi\geq0.8$ 时甲烷流量较低($F_M\leq0.045$ L/min)的工况,而明显不对称的双子火焰则出现在 $\phi\geq0.8$ 时甲烷流量较大的工况。值得注意的是,当 $\phi=0.8$ 和 0.9 时,随着甲烷流量的增加,在由较对称的双子火焰向明显不对称的双子火焰的转变过程中,出现了振荡火焰(超过 10 分钟无法稳定)。

3. 小燃烧器盖板表面温度和排烟温度的变化

1)名义当量比的影响

图 3.12 给出了甲烷入口流量 $F_M=0.05$ L/min 时不同名义当量比 ϕ 的石英盖板红外热成像图。从图 3.12 中可以看出,盖板表面最高温度(T_h)对应的位置始终位于第二燃烧室。当 $\phi=1.0$ 和 0.9 时,盖板表面的温度分布较为对称。当 $\phi\leq0.8$ 时,盖板的表面温度分布呈现出较为明显的不对称性,对应第二燃烧室位置的温度明显更高。

图 3.13 为甲烷入口流量 $F_M=0.05$ L/min 时,盖板表面最高温度 T_h 与平均温度 T_{avg} 以及排烟温度 T_{out1} 和 T_{out2} 随名义当量比 ϕ 的变化曲线。从图 3.13 中可

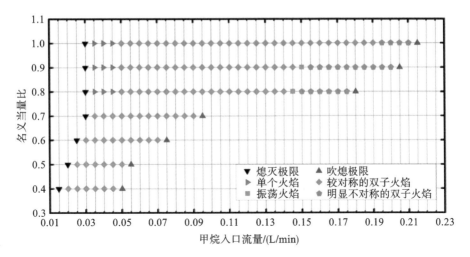

图 3.11 火焰模式分布图谱

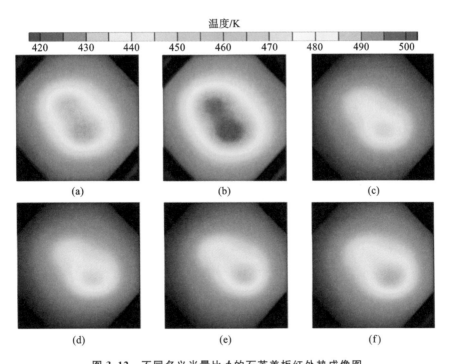

图 3.12 不同名义当量比 ϕ 的石英盖板红外热成像图

(a)$\phi=1.0$;(b)$\phi=0.9$;(c)$\phi=0.8$;(d)$\phi=0.7$;(e)$\phi=0.6$;(f)$\phi=0.5$

以看出,在甲烷入口流量相同时,盖板表面的最高温度与平均温度以及排烟温度均呈现出非单调变化规律。具体来说,它们均在 $\phi=0.9$ 时取得最大值,而 $\phi=0.8$ 时取得最小值。结合图 3.7(b)与图 3.7(c)可以看出,当 ϕ 从 0.9 减小到 0.8 时,火焰的水平结构变化却并不明显,由此推测燃烧器内的流场在竖直方向上发生显著变化,甲烷与空气的混合受到较大影响,导致火焰结构在竖直方向发生改变。下文中将通过数值模拟对此推测进行验证和分析。

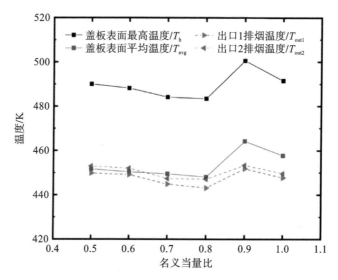

图 3.13 盖板表面最高温度 T_h 与平均温度 T_{avg} 以及排烟温度 T_{out1} 与 T_{out2} 随名义当量比的变化曲线

2) 甲烷入口流量的影响

图 3.14 给出了 $\phi=0.8$ 时,不同甲烷入口流量(F_m)的石英盖板红外热成像图。从图 3.14 中可以看出,当 $F_M=0.04$ L/min 时,盖板表面最高温度对应的位置位于第

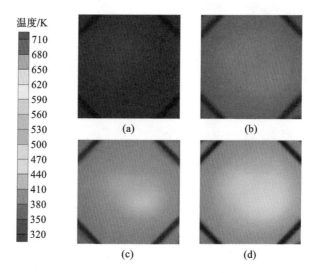

图 3.14 $\phi=0.8$ 时,不同甲烷入口流量的石英盖板红外热成像图

(a)$F_M=0.040$ L/min;(b)$F_M=0.060$ L/min;(c)$F_M=0.080$ L/min;(d)$F_M=0.100$ L/min;
(e)$F_M=0.120$ L/min;(f)$F_M=0.140$ L/min;(g)$F_M=0.160$ L/min

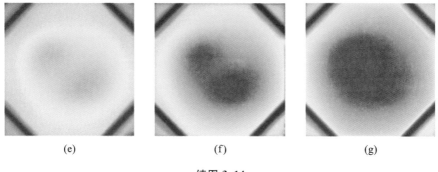

(e)   (f)   (g)

续图 3.14

一燃烧室;当 $F_M = 0.06 \sim 0.14$ L/min 时,盖板表面最高温度对应的位置位于第二燃烧室;当 $F_M = 0.16$ L/min 时,盖板表面最高温度对应的位置再次位于第一燃烧室。结合图 3.8 所示的火焰照片,不难推测这是由于火焰的位置和结构变化所引起的。

图 3.15 为 $\phi = 0.8$ 时石英盖板表面最高温度 T_h 与平均温度 T_{avg} 以及排烟温度 T_{out1} 和 T_{out2} 随甲烷入口流量的变化曲线。从图 3.15 中可以看到,温度几乎呈线性增大,不难推测这是燃料供给量增大导致燃烧热释放量急剧增多的结果。值得注意的是,当甲烷入口流量 $F_M = 0.04$ L/min 时,出口 1 的排烟温度 T_{out1} 明显高于出口 2 的排烟温度 T_{out2}。当 $F_M = 0.06 \sim 0.14$ L/min 时,T_{out2} 略微大于 T_{out1},但相差不大。当 $F_M = 0.16$ L/min 时,T_{out1} 再次高于 T_{out2}。结合图 3.8 分析,随着 F_M 的增大,两个燃烧室中火焰结构产生变化,使得两个燃烧室中的热释放存在差异,进而对排烟温度产生直接影响。

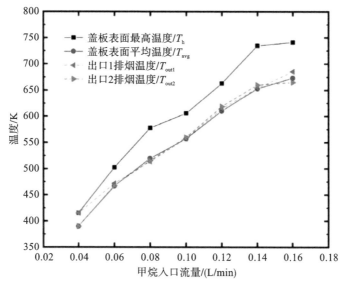

图 3.15 $\phi = 0.8$ 时,盖板表面的最高温度 T_h 与平均温度 T_{avg} 以及排烟温度 T_{out1} 和 T_{out2} 随甲烷入口流量的变化曲线

3.2 三维火焰结构的数值模拟

由于实验存在局限性,火焰在竖直方向的结构不能被全面观测到。因此,本节采用数值模拟深入研究甲烷流量 $F_M = 0.05$ L/min 时,名义当量比对火焰三维结构的影响。

3.2.1 计算方法及验证

忽略不锈钢夹板和螺栓的影响,仅对燃烧器本身进行建模和仿真。网格系统由 ANSYS ICEM 生成,图 3.16 给出了水平截面($z = 0.02$ mm)和三维模型的网格系统图。因为燃烧器内部流道复杂,如采用结构化网格则需要确保足够的网格质量,流道弯曲处的网格数量大幅增加,计算负荷也相应增加。因此,先对二维平面划分非结构化网格,随后沿高度方向(z 方向)进行拉伸,得到三维模型的网格系统。其中,在二维平面的非结构化网格系统中,燃烧器内部流道的网格尺寸小于固体壁面的网格尺寸。此外,考虑到甲烷和空气喷口位置以及两个燃烧室中的气体流动较为复杂,将这些区域的网格进行精细化处理。另外,对气体流道靠近上下壁面的边界层也进行加密处理。

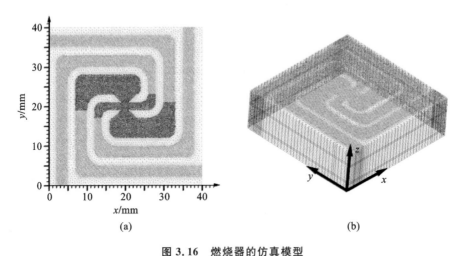

图 3.16 燃烧器的仿真模型

(a)水平截面的网格系统;(b)三维模型的网格系统

鉴于燃烧器内流道的特征尺度远大于气体分子的平均自由程,估算得到的克努森数(Kn)小于 0.001,因此可以将气体视为连续介质,Navier-Strokes 方程仍然适用。在 $F_M = 0.05$ L/min 时,甲烷入口处的雷诺数 Re 约为 9.8,而 $\phi = 1.0$、0.9、0.8、0.7、0.6 和 0.5 时对应的空气入口 Re 分别为 92、102、115、132、153 和 184。尽管本研究中空气和甲烷入口处的 Re 较小,但数值模拟结果表明,层流模型无法成功再现实验观察到的火焰形状。因此,选择标准 k-ε 湍流模型进行数值模拟,数值模拟采用三维稳态模型,气体的控制方程如下。

(1) 连续性方程:

$$\frac{\partial}{\partial x}(\rho v_x) + \frac{\partial}{\partial y}(\rho v_y) + \frac{\partial}{\partial z}(\rho v_z) = 0 \qquad (3.1)$$

式中,ρ 为气体的密度;v_x,v_y,v_z 为分别为 x,y,z 方向的速度分量。

(2) 动量方程:

$$\frac{\partial(\rho v_x v_x)}{\partial x} + \frac{\partial(\rho v_x v_y)}{\partial y} + \frac{\partial(\rho v_x v_z)}{\partial z} = -\frac{\partial p}{\partial x} + \frac{\partial \tau_{xx}}{\partial x} + \frac{\partial \tau_{xy}}{\partial y} + \frac{\partial \tau_{xz}}{\partial z} \qquad (3.2)$$

$$\frac{\partial(\rho v_y v_x)}{\partial x} + \frac{\partial(\rho v_y v_y)}{\partial y} + \frac{\partial(\rho v_y v_z)}{\partial z} = -\frac{\partial p}{\partial y} + \frac{\partial \tau_{yx}}{\partial x} + \frac{\partial \tau_{yy}}{\partial y} + \frac{\partial \tau_{yz}}{\partial z} \qquad (3.3)$$

$$\frac{\partial(\rho v_z v_x)}{\partial x} + \frac{\partial(\rho v_z v_y)}{\partial y} + \frac{\partial(\rho v_z v_z)}{\partial z} = -\frac{\partial p}{\partial z} + \frac{\partial \tau_{zx}}{\partial x} + \frac{\partial \tau_{zy}}{\partial y} + \frac{\partial \tau_{zz}}{\partial z} - \rho g_z \quad (3.4)$$

式中,p 为气体的压力;τ 为黏性应力。值得注意的是,在 z 方向考虑了重力的影响。

(3) 能量守恒方程:

$$\begin{aligned}
\frac{\partial(\rho v_x h)}{\partial x} + \frac{\partial(\rho v_y h)}{\partial y} + \frac{\partial(\rho v_z h)}{\partial z} = & \frac{\partial(k_f \partial T)}{\partial x^2} + \frac{\partial(k_f \partial T)}{\partial y^2} + \frac{\partial(k_f \partial T)}{\partial z^2} \\
& + \sum_i \left[\frac{\partial}{\partial x}\left(h_i \rho D_{i,m} \frac{\partial Y_j}{\partial x} \right) + \frac{\partial}{\partial y}\left(h_i \rho D_{i,m} \frac{\partial Y_i}{\partial y} \right) \right. \\
& \left. + \frac{\partial}{\partial z}\left(h_i \rho D_{i,m} \frac{\partial Y_i}{\partial z} \right) \right] + \sum_i h_i R_i
\end{aligned}$$

$$(3.5)$$

式中,k_f,T,h 分别表示气体的导热系数、温度和比焓;h_i,Y_i,R_i 分别为组分 i 的比焓、质量分数和通过化学反应的消耗或生成速率;$D_{i,m}$ 为组分 i 的扩散系数,由式 (3.6) 计算。

$$D_{i,m} = \frac{1 - X_i}{\displaystyle\sum_{i \neq k}^{n} (X_k / D_{ik})} \qquad (3.6)$$

式中,X_i 为组分 i 的摩尔分数;D_{ik} 为组分 k 中组分 i 的扩散系数。

(4) 组分方程:

$$\begin{aligned}
& \frac{\partial(\rho Y_i)}{\partial t} + \frac{\partial(\rho Y_i v_x)}{\partial x} + \frac{\partial(\rho Y_i v_y)}{\partial y} + \frac{\partial(\rho Y_i v_s)}{\partial z} \\
& = \frac{\partial}{\partial x}\left(\rho D_{i,m} \frac{\partial Y_i}{\partial x} \right) + \frac{\partial}{\partial y}\left(\rho D_{i,m} \frac{\partial Y_i}{\partial y} \right) + \frac{\partial}{\partial z}\left(\rho D_{i,m} \frac{\partial Y_i}{\partial z} \right) + R_i
\end{aligned} \qquad (3.7)$$

对于微小尺度燃烧而言,固体的导热对燃烧特性的影响不可忽略。因此在本研究的计算中考虑固体的导热,固体的三维稳态导热方程如下。

$$\frac{\partial(\lambda_s \partial T)}{\partial x^2} + \frac{\partial(\lambda_s \partial T)}{\partial y^2} + \frac{\partial(\lambda_s \partial T)}{\partial z^2} = 0 \qquad (3.8)$$

式中,λ_s 为固体的导热系数。

采用二阶迎风格式对控制方程进行离散求解,并运用 SIMPLE 算法耦合压力和速度,选择离散坐标(DO)模型计算内壁之间的辐射换热。由于燃烧器内流动的 Re 数较小,所以选择适用于湍流脉动较小、化学反应相对缓慢的层流有限速率模型计算反应速率。同时,采用包含 18 个组分和 58 个基元反应的 C_1 燃烧机理来计算化学反应,并选择刚性求解器。此外,也考虑重力的影响。

边界条件设置如下:甲烷和空气的入口均采用速度入口边界条件,入口温度为 300 K;两个排气出口设置为压力出口。燃烧器外壁面的散热考虑自然对流和辐射换热,其中自然对流换热系数为 20 W/(m² · K),石英和不锈钢的外表面发射率分别为 0.92 和 0.65。

首先,选取三套不同节点数量(497408,766616,1000960)的网格系统,对 $F_M=$ 0.05 L/min,$\phi=0.9$ 的工况进行数值模拟,并将盖板表面 $x=20$ mm 处沿 y 方向的壁温分布与实验测量结果进行比较,如图 3.17(a)所示。由图 3.17(a)可见,三者的误差较小,最终选择网格数量为 766616 的模型进行计算。接着,对计算模型的精度进行实验验证。为此,计算了 $F_M=0.05$ L/min 时不同名义当量比的 6 个工况,将计算和实验得到的盖板表面最高温度进行比较,如图 3.17(b)所示。可以看到,计算结果的变化规律与实验相同,最大相对误差为 0.68%。因此,本研究采用的计算模型与方法具有较高的预测精度。

3.2.2 结果与讨论

1. 火焰三维结构

采用 ANSYS 后处理软件 CFD-Post 中的 Volume Rendering 工具,将透明石英盖板和不锈钢壁面的透明度调整至 100% 并保留其轮廓线。在此基础上,设定 OH 质量分数最大值的 10% 为下限,沿负 z 方向(与实验中相机的观察视线保持一致)绘制出甲烷入口流量 $F_M=0.05$ L/min 时不同名义当量比 ϕ 的 OH 质量分数云图(垂直视图),如图 3.18 所示。其中,OH 的分布和浓度通常用于标识甲烷燃烧主反应区的位置和反应强度,对比图 3.7 所示的火焰照片,可以发现计算得到的主反应区的水平结构与实验观察到的火焰水平结构非常相似。这也进一步证明选择的计算模型和计算方法是可靠的。

图 3.19 给出了 $F_M=0.05$ L/min 时,不同名义当量比下沿 $-x$ 方向得到的 OH 质量分数云图(侧视图)。从图 3.19 中可以清晰地看出两个燃烧室内的反应区在竖直方向(z 方向)的分布(图中的黑色虚线标示出燃烧器中的隔板位置,用于确定反应区的相对位置)。当 $\phi=1.0$ 和 0.9 时,两个燃烧室内的反应区在竖直方向分布较为对称。当 $\phi\leqslant0.8$ 时,两个燃烧室内的反应区在竖直方向分布明显不对称,且下半区域($z\leqslant6$ mm)的 OH 质量分数减小。反应区的结构变化表明火焰结构在竖直方向也有明显变化。结合图 3.17(b)的壁温测试结果,可知 $F_M=0.05$ L/min 时,$\phi=1.0,0.9,0.8$ 和 0.6 这四个工况就能反映燃烧性能的非单调变化规律,所以下文选择这四个工况进行深入研究。

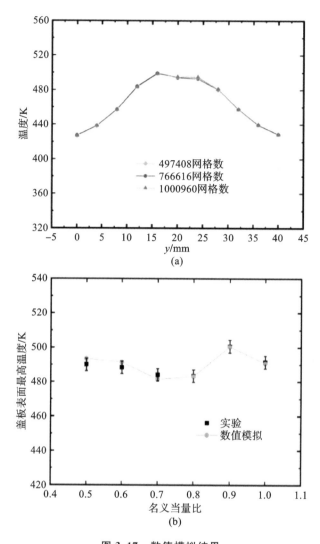

图 3.17　数值模拟结果

(a)网格独立性验证;(b)实验验证

2. 竖直方向甲烷流动的不对称性

首先研究燃烧器内部流场的变化,图 3.20 展示了燃烧器中心区域甲烷与空气的三维流线。可以看到,甲烷从靠近石英盖板的下部位置和不锈钢底板的上部位置流入两个燃烧室,而且随着名义当量比的减小,甲烷在竖直方向的流动发生变化。

为了更为直观地观察甲烷与空气在喷口位置的流动,图 3.21 给出了喷口中心竖直截面($y=20$ mm)甲烷与空气的二维流线。可以看到,名义当量比 $\phi=1.0$ 和 0.9 时,甲烷在竖直方向的流动较为对称,因此图 3.19(a)和图 3.19(b)所示的反应

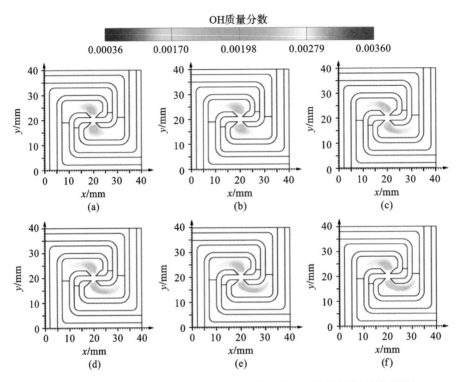

图 3.18 $F_M = 0.05$ L/min 时不同名义当量比的 OH 质量分数（垂直视图）

(a)$\phi = 1.0$；(b)$\phi = 0.9$；(c)$\phi = 0.8$；(d)$\phi = 0.7$；(e)$\phi = 0.6$；(f)$\phi = 0.5$

区分布在竖直方向也较为对称。如图 3.21(c)所示，名义当量比 $\phi = 0.8$ 时，甲烷在竖直方向的流动呈现出不对称性，喷口处上半区域（$z > 6$ mm）的甲烷流量增加，下半区域（$z \leqslant 6$ mm）的甲烷供给量减少。结合图 3.19(c)可以看出，由于下半区域的甲烷供给量减少，导致下半区域的反应强度减弱。如图 3.21(d)所示，当 $\phi = 0.6$ 时，甲烷在竖直方向的不对称性更加显著，下半区域（$z \leqslant 6$ mm）的甲烷流量明显减少。结合图 3.19(e)可以看出，下半区域的反应强度也明显减弱。

图 3.22 给出燃烧器中心区域水平面（$z = 9$ mm）的甲烷流线图。可以看到 $\phi = 1.0$ 和 0.9 时，甲烷在喷口中心位置（$x = 20$ mm）分散地流入两个燃烧室中。$\phi = 0.8$ 和 0.6 时，由于甲烷在竖直方向的不对称流动，即上半区域的甲烷流量增加，导致在喷口位置 x 方向的甲烷速度也随之增加。因此，甲烷不在喷口中心分散地流入两个燃烧室中。特别是 $\phi = 0.6$ 时，甲烷贴近两个燃烧室的壁面（图中紫色实线所示）流动更加明显。因此反应区的水平分布更加贴近空气喷口。这很好地解释了第 3.1.3 节中 $\phi < 0.8$ 时，火焰在水平方向更加贴近喷口位置的原因。

综上所述，随着名义当量比 ϕ 的变化，甲烷在竖直方向流动的不对称性是导致火焰竖直结构产生变化的主要原因。同时，竖直方向上甲烷的不对称流动也会影响甲烷在水平方向的流动，这会导致火焰的水平结构产生差异。

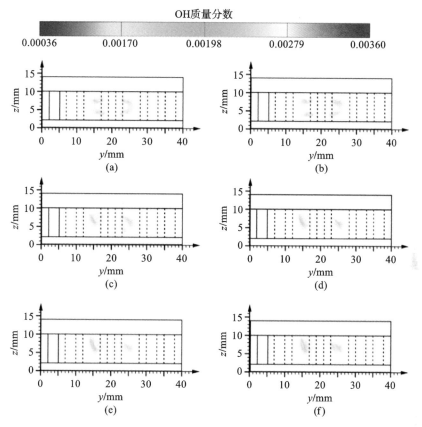

图 3.19 $F_M = 0.05$ L/min 时不同名义当量比的 OH 质量分数云图(侧视图)

(a)$\phi = 1.0$;(b)$\phi = 0.9$;(c)$\phi = 0.8$;(d)$\phi = 0.7$;(e)$\phi = 0.6$;(f)$\phi = 0.5$

3. 浮升力对竖直方向甲烷流动和火焰结构的影响

最初推测甲烷在竖直方向呈现明显不对称流动是由石英盖板与不锈钢底板之间的温差引起的浮升力效应导致的。为了验证该猜测,选取 $F_M = 0.05$ L/min,$\phi = 0.8$ 的工况,将盖板材料更换为不锈钢重新进行了数值模拟。图 3.23(a)与图 3.24(a)分别展示了采用不锈钢盖板计算得到的 OH 质量分数侧视云图和喷口中心截面($y = 20$ mm)的二维流线图。可以看到,反应区的分布与甲烷的流动在竖直方向依然存在不对称性,一方面证明盖板与底板的材料差异不是造成不对称流场的真正原因;另一方面也证明了即使采用不锈钢盖板,在某些条件下浮升力也能发挥重要作用,自然对流仍能在燃烧器内的上部区域产生。具体而言,因为外壁面的热量损失,在通道中近壁气体的温度必然低于通道中心位置的气体温度。在燃烧器的下半区域,由于近壁气体的密度较大,自然对流无法产生。然而,在燃烧器的上半区域情况相反,即自然对流可以在上部区域形成。由于甲烷的密度与空气的密度相差较大,密度差引起的浮升力效应导致喷口处上半区域主要为密度较小的甲烷,而下半区域主要为密度较大的空气。

甲烷质量分数

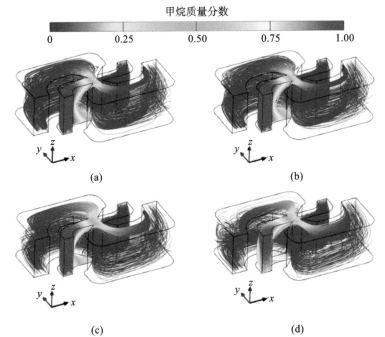

图 3.20 燃烧器中心区域甲烷与空气的三维流线

$(a)\phi=1.0;(b)\phi=0.9;(c)\phi=0.8;(d)\phi=0.6$

甲烷质量分数

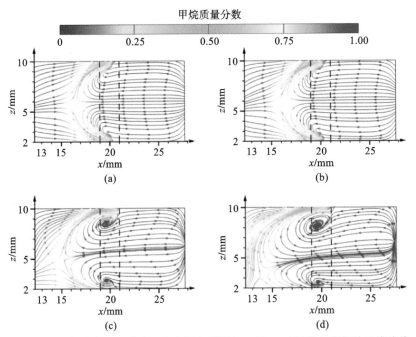

图 3.21 燃烧器中心区域喷口中心竖直截面($y=20$ mm)甲烷与空气的二维流线

$(a)\phi=1.0,y=20$ mm;$(b)\phi=0.9,y=20$ mm;$(c)\phi=0.8,y=20$ mm;$(d)\phi=0.6,y=20$ mm

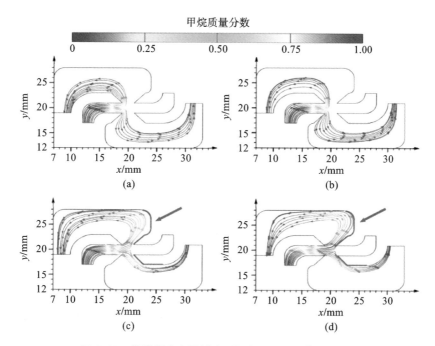

图 3.22 燃烧器中心区域水平面($z=9$ mm)的甲烷流线

(a)$\phi=1.0,z=9$ mm;(b)$\phi=0.9,z=9$ mm;(c)$\phi=0.8,z=9$ mm;(d)$\phi=0.6,z=9$ mm

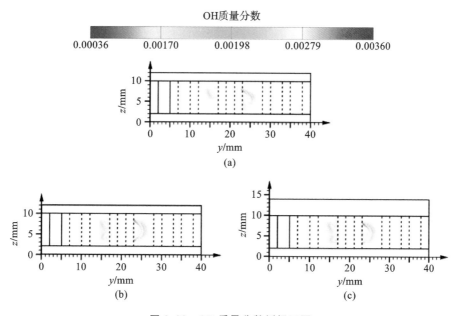

图 3.23 OH 质量分数侧视云图

(a)不锈钢盖板(考虑重力);(b)不锈钢盖板(不考虑重力);(c)石英盖板(不考虑重力)

(a)$\phi=0.8,g=9.8$ m/s²;(b)$\phi=0.8,g=0$;(c)$\phi=0.8,g=0$

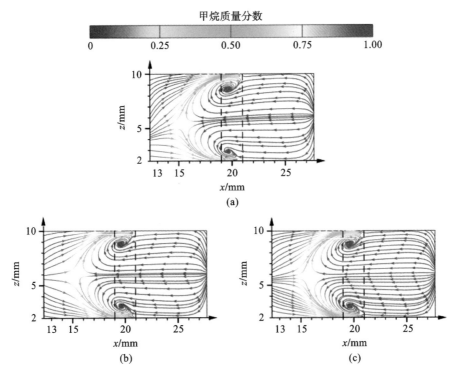

图 3.24　喷口中心截面($y=20$ mm)的甲烷二维流线

(a)不锈钢盖板(考虑重力);(b)不锈钢盖板(不考虑重力);(c)石英盖板(不考虑重力)

(a)$\phi=0.8,g=9.8$ m/s^2;(b)$\phi=0.8,g=0$;(c)$\phi=0.8,g=0$

　　为了证明上述分析,在不考虑重力(即忽略浮升力效应)的情况下分别对采用石英盖板和不锈钢盖板的燃烧器进行了数值模拟。图 3.23(b)与图 3.24(b)分别显示了在不考虑重力情况下采用不锈钢盖板计算得到的 OH 质量分数侧视云图和喷口中心截面($y=20$ mm)的甲烷二维流线图。结果发现,反应区的分布和甲烷的流动在竖直方向是对称的。图 3.23(c)与图 3.24(c)分别显示了在不考虑重力情况下采用石英盖板计算得到的 OH 质量分数侧视云图和喷口中心截面($y=20$ mm)的甲烷二维流线图,发现反应区的分布和甲烷的流动在竖直方向也是对称的。由此证明,微型瑞士卷燃烧器中甲烷的流动和火焰结构在竖直方向的不对称性是由浮升力决定的,燃烧器中存在复杂的混合对流(强制对流+自然对流)。

4. 名义当量比对燃烧特性的影响

　　名义当量比对微型瑞士卷燃烧器中非预混燃烧反应的影响体现在燃烧效率 η 和单位时间的燃烧总反应热 Q。单位时间的燃烧总反应热 Q 通过对单位时间内燃烧器中所有化学反应释放的热量进行积分求和得到。燃烧效率 η 的定义如式(3.9)所示。

$$\eta = \frac{m_1}{m_a} \times 100\% \qquad (3.9)$$

式中，m_1 为燃烧器内参与反应的甲烷质量；m_a 为输入燃烧器甲烷的总质量。

图 3.25 显示了 $F_M = 0.05$ L/min 时，不同名义当量比条件下的燃烧总反应热 Q 和燃烧效率 η。从图 3.25 可知，随着名义当量比的减小，燃烧总反应热 Q、燃烧效率 η、盖板表面的最高温度 T_h 与平均温度 T_{avg} 以及燃烧器出口的排烟温度 T_{out1} 与 T_{out2} 有着相同的变化规律。具体而言，在名义当量比 $\phi = 0.9$ 时取得最大值，在 $\phi = 0.8$ 时取得最小值。在输入燃烧器的总甲烷质量 m_a 恒定的情况下，燃烧效率 η 上升表明参与反应的甲烷质量增加，总反应热 Q 增加。以此类推，η 下降，Q 减少。由此可见，燃烧效率 η 决定了燃烧总反应热 Q，而 Q 对 T_h、T_{avg}、T_{out1}、T_{out2} 有直接影响。

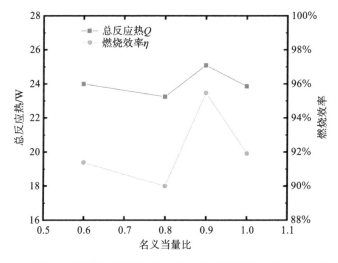

图 3.25 不同名义当量比的燃烧总反应热 Q 和燃烧效率 $\eta(F_M = 0.05$ L/min)

甲烷入口流量 $F_M = 0.05$ L/min，名义当量比 ϕ 从 1.0 减小至 0.9 时，两个燃烧室的甲烷流动和火焰结构在竖直方向上较为对称，图 3.26 给出了上半区域($z \geqslant$ 6 mm)的中间水平截面($z = 8$ mm)的热释放速率云图以及水平速度 v_{xy}(x 方向与 y 方向速度的矢量和)等值线图。其中，热释放速率由每个体网格中的反应热除以网格体积的数值进行积分而得到。可以看到当 ϕ 从 1.0 减小至 0.9 时，由于空气入口流量的增加，两个燃烧室中的水平速度均略微增大，进而使得热释放的区域增大。而热释放区域的增大表示名义当量比 $\phi = 0.9$ 时燃烧更充分，因此燃烧效率 η 上升，燃烧总反应热 Q 增加。

甲烷入口流量 $F_M = 0.05$ L/min，名义当量比 ϕ 从 0.9 减小至 0.8 时，由于浮升力的作用，甲烷在竖直方向的不对称流动导致上半区域($z \geqslant 6$ mm)的甲烷流量增加，x 方向的速度 v_x 也随之增加。图 3.27 给出了 $\phi = 0.9$ 和 0.8 时，靠近石英盖板底面位置($z = 9$ mm)水平面内的甲烷质量分数云图和 x 方向速度 v_x 等值线图，可以看出，当 ϕ 从 0.9 减小至 0.8 时，v_x 的滞止点不再位于喷口中心，而是更加贴

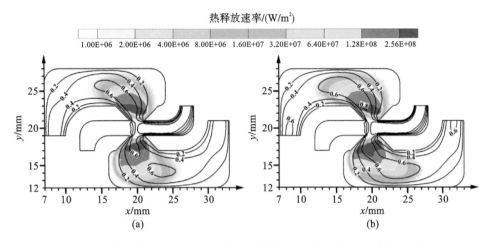

图 3.26　水平截面($z=8$ mm)内的热释放速率云图以及水平速度等值线图
(a)$\phi=1.0$;(b)$\phi=0.9$

进空气喷口,进而使得甲烷不在喷口中心分散地流入两个燃烧室中,两个燃烧室内甲烷与空气的混合变差,较多的甲烷没有参与燃烧反应而是分布在燃烧室的壁面附近(图中紫色实线所示),导致燃烧效率 η 下降,燃烧总反应热 Q 减少。

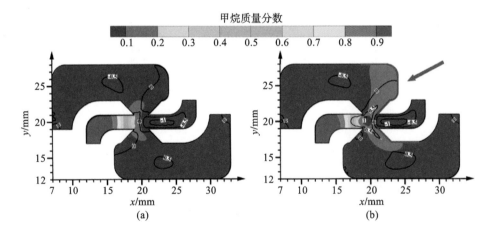

图 3.27　水平截面($z=9$ mm)内的甲烷质量分数云图和 x 方向速度等值线图
(a)$\phi=0.9$;(b)$\phi=0.8$

当名义当量比 ϕ 从 0.8 减小至 0.6 时,由于浮升力的作用,上半区域与下半区域的甲烷流量差别更显著,流入两个燃烧室的甲烷主要分布在上半区域($z\geqslant6$ mm)。图 3.28 给出了 $\phi=0.8$ 和 $\phi=0.6$ 时,$x=20$ mm 平面内两个燃烧室的速度矢量 v_{yz}(y 方向速度和 z 方向速度矢量和)以及 OH 质量分数最大值 10% 的轮廓。其中,箭头颜色表示该速度的大小,右侧为第一燃烧室,左侧为第二燃烧室。当名义当量比 ϕ 从 0.8 下降至 0.6 时,由图 3.28(b)和图 3.28(d)中可以看出,在第一燃烧室内,甲烷流速沿 z 轴正方向增大,尤其是在 $z\geqslant6$ mm 的区域,导致该区域流向燃烧反应区的甲烷减少。与此同时,从图 3.28(a)和图 3.28(c)中可以看出,15 $\leqslant y \leqslant$ 19 mm,$z \geqslant$ 6 mm 的区域内,沿 z 轴负方向的速度明显增大,导致该位置流向燃烧反应区的甲烷增加。

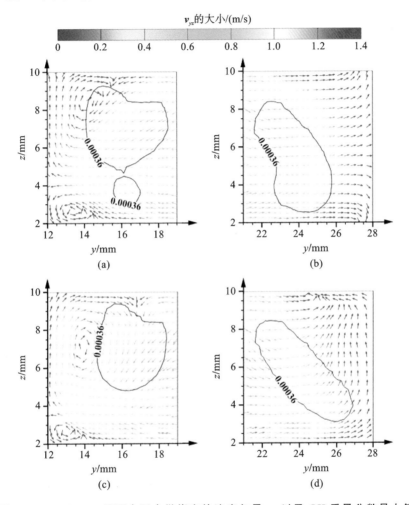

图 3.28 $x=20$ mm 平面内两个燃烧室的速度矢量 v_{yz} 以及 OH 质量分数最大值 10% 的轮廓

(a)$\phi=0.8$,$x=20$ mm(第一燃烧室);(b)$\phi=0.8$,$x=20$ mm(第二燃烧室);(c)$\phi=0.6$,$x=20$ mm(第一燃烧室);(d)$\phi=0.6$,$x=20$ mm(第二燃烧室)

为了定量分析,图 3.29 分别给出了 $\phi=0.8$ 和 0.6 时燃烧器内第一和第二燃烧室的燃烧效率,即第一和第二燃烧室内参与反应的甲烷质量占输入燃烧器甲烷总质量的百分比 η_1 和 η_2。可以看到,名义当量比 ϕ 从 0.8 减小至 0.6 时,第二燃烧室内参与反应的甲烷质量增加;第一燃烧室内参与反应的甲烷质量减少。整体计算表明,相较于 $\phi=0.8$,$\phi=0.6$ 时整个燃烧器内参与反应的甲烷质量增加了 1.44%,因此整个燃烧器内燃烧效率 η 整体上升,燃烧总反应热 Q 增加。

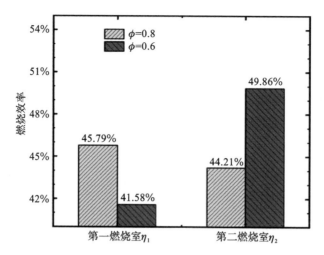

图 3.29   第一燃烧室的燃烧效率 η_1 和第二燃烧室的燃烧效率 η_2

5. 热循环效应分析

图 3.30 给出了甲烷入口流量 $F_M = 0.05$ L/min 时,不同名义当量比条件下的单位时间热循环量 Q_r(即未燃气体获得的热量)与中心区域喷口处未燃气体的平均温度 T_r 的关系。其中,热循环量通过中心区域喷口处未燃气体的焓值减去燃烧器入口处气体的焓值得到。可以看到,随着名义当量比 ϕ 的减小,Q_r 和 T_r 与燃烧效率 η 和燃烧总反应热 Q 的非单调变化规律相同,不同的是,Q_r 在 $\phi = 0.6$ 时取得最大值。

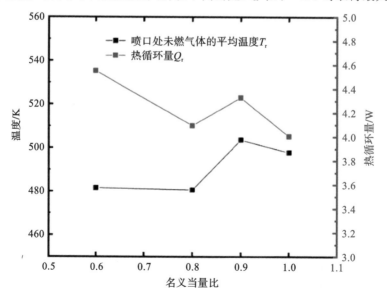

图 3.30   不同名义当量比条件的单位时间热循环量 Q_r 与中心区域喷口处未燃气体的平均温度 T_r 的关系

由图 3.25 可知,相比于燃烧总反应热取得最大值的工况($\phi=0.9$),$\phi=0.6$ 时的燃烧总反应热虽然较之小了 1.08 W,但 $\phi=0.6$ 时的空气的入口流量最大,因此空气入口流速、两个燃烧室以及排气通道内烟气的流速也是最大的。整体而言,$\phi=0.6$ 时燃烧器内固体分隔壁与未燃气体和烟气的对流换热系数均达到最大值,使得未燃气体获得的热量显著增加。然而,由于单位时间内输入系统的空气质量也增加,所以 $\phi=0.6$ 时中心区域喷口处未燃气体的平均温度 T_r 仍低于 $\phi=0.9$ 时的工况。

6. 通道高度对火焰三维结构和燃烧特性的影响

由传热学可知,自然对流的强弱和垂直方向的温度梯度密切相关。为此,选取 4 个更小的通道高度(分别为 7.5 mm、7.0 mm、6.5 mm 和 6 mm),通过数值模拟进一步研究不同通道高度的燃烧器中浮升力效应的强弱及其对火焰结构的影响。

1) 甲烷进气速度相同时通道高度对火焰结构和燃烧特性的影响

首先,研究名义当量比 $\phi=0.8$,甲烷进气速度 V_m 与原燃烧器(即通道高度 $H_2=8.0$ mm)保持一致时,通道高度 H_2 对甲烷流动和火焰结构的影响。图 3.31 和图 3.32 分别给出了 $H_2=7.5$ mm、7.0 mm、6.5 mm 和 6.0 mm 时喷口中心竖直截面($y=20$ mm)甲烷与空气的二维流线和沿负 x 方向的 OH 质量分数侧视云图。从图 3.31(a)和图 3.31(b)可以看到,在浮升力的作用下,甲烷的流动在竖直方向上是不对称的,下半区域的甲烷流量较少。因此,图 3.32(a)和图 3.32(b)所示的两个燃烧室内的反应区在竖直方向分布明显不对称,且下半区域的 OH 质量分数较小,表明下半区域的反应强度较弱。当 $H_2=6.5$ mm 时,从图 3.31(c)和图 3.32(c)可以看到浮升力的作用减弱,下半区域的甲烷流量增加,因此两个燃烧室内下半区域的 OH 质量分数增加,表明下半区域的反应强度增加。当 $H_2=6$ mm 时,从图 3.31(d)和图 3.32(d)可以看到浮升力的作用进一步减弱,甲烷在竖直方向的流动较为对称,因此两个燃烧室内的反应区在竖直方向的分布也较为对称。

总体而言,当名义当量比 $\phi=0.8$、且甲烷进气速度 V_m 保持不变时,随着通道高度 H_2 的减小,浮升力的作用减弱,下半区域的甲烷流量增加,甲烷的流动在竖直方向变得越来越对称,进而使得两个燃烧室内下半区域的 OH 质量分数增加,火焰结构在竖直方向的分布变得越来越对称。

图 3.33 展示了 $\phi=0.8$,甲烷进气速度 V_m 保持不变,通道高度 H_2 分别为 7.5 mm、7 mm、6.5 mm 和 6 mm 时的燃烧效率 η。可以看到随着 H_2 的减小,η 增加且相比于原型燃烧器($H_2=8$ mm)有明显的提升,尤其是当 $H_2=6$ mm 时燃烧效率 η 提升了 7.99%。由此表明以降低通道高度 H_2 来减弱浮升力作用,进而提升燃烧效率 η 的方案具有可行性。

图 3.34 给出名义当量比 $\phi=0.8$,甲烷进气速度 V_m 保持不变时,通道高度 H_2 分别为 7.5 mm、7 mm、6.5 mm 和 6 mm 时的燃烧总反应热 Q、盖板表面的最高温

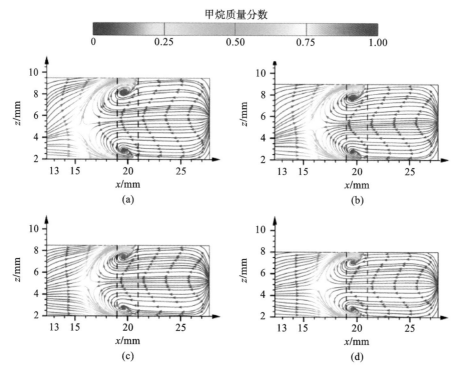

图 3.31　不同通道高度的燃烧器喷口中心竖直截面($y=20$ mm)甲烷与空气的二维
流线($\phi=0.8,V_\text{m}$ 保持不变)

(a)$H_2=7.5$ mm;(b)$H_2=7.0$ mm;(c)$H_2=6.5$ mm;(d)$H_2=6.0$ mm

度 T_h 与平均温度 T_avg。结合图 3.33 可以看到,随着 H_2 的减小,燃烧效率 η 虽然会增加,但 Q、T_h 与 T_avg 却单调递减。不难解释,这是由于在 V_m 保持不变时,通道的高度 H_2 减小导致甲烷入口位置的垂直截面面积减小,甲烷的入口流量 F_M 减少,即单位时间内输入燃烧器的甲烷质量减少。因此即使燃烧效率上升,但燃烧器内参与反应的甲烷质量减少,Q、T_h 与 T_avg 随着 H_2 的减小呈现出单调递减的变化趋势。

2)甲烷入口流量相同时通道高度对火焰结构和燃烧特性的影响

为了更好地对比通道高度对燃烧特性的影响,进一步研究名义当量比 $\phi=0.8$、甲烷入口流量保持不变($F_\text{M}=0.05$ L/min)时,通道高度 H_2 对甲烷流动和火焰结构的影响。图 3.35 和图 3.36 分别给出了通道高度 H_2 为 7.5 mm、7.0 mm、6.5 mm 和 6.0 mm 时燃烧器喷口中心竖直截面($y=20$ mm)甲烷与空气的二维流线和沿负 x 方向的 OH 质量分数侧视云图。从图 3.35(a)和图 3.36(b)可以看到,在浮升力的作用下甲烷的流动在竖直方向依旧不对称,下半区域的甲烷流量较少。因此,图 3.36(a)和图 3.36(b)所示的两个燃烧室内的主反应区在竖直方向分布明显

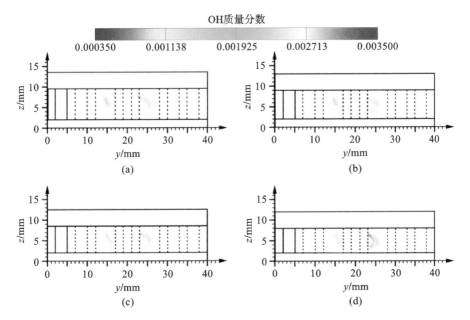

图 3.32　不同通道高度的燃烧器内沿负 x 方向 OH 质量分数侧视云图($\phi=0.8,V_{m}$ 保持不变)

(a)$H_{2}=7.5$ mm;(b)$H_{2}=7.0$ mm;(c)$H_{2}=6.5$ mm;(d)$H_{2}=6.0$ mm

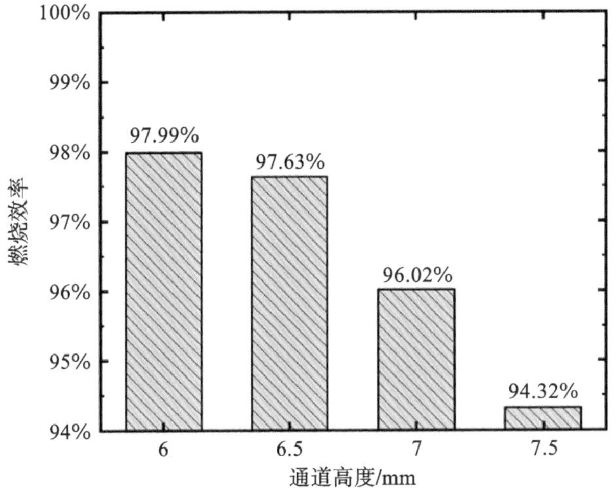

图 3.33　不同通道高度的燃烧效率($\phi=0.8,V_{m}$ 保持不变)

不对称,且下半区域的 OH 质量分数较小,表明下半区域的反应强度较弱。但当 $H_{2}=6.5$ mm 和 6.0 mm 时,从图 3.35(c)和图 3.35(d)可以看到浮升力的作用减弱,甲烷在竖直方向的流动较为对称。因此,两个燃烧室内的反应区在竖直方向的分布较为对称,如图 3.36(c)和图 3.36(d)所示。

　　图 3.37 给出名义当量比 $\phi=0.8,F_{M}=0.05$ L/min,通道高度 H_{2} 分别为

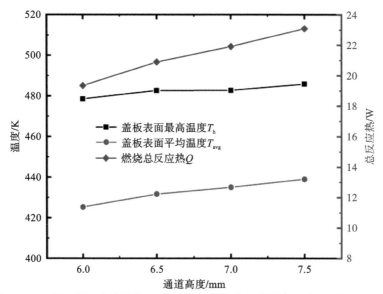

图3.34　不同通道高度的燃烧总反应热 Q、盖板表面的最高温度 T_h 与平均温度 T_{avg}（$\phi = 0.8$，V_m 保持不变）

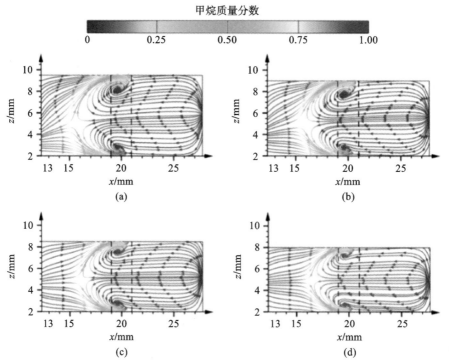

图3.35　不同通道高度的燃烧器喷口中心竖直截面（$y = 20$ mm）甲烷与空气的二维流线（$\phi = 0.8$，$F_M = 0.05$ L/min）

（a）$H_2 = 7.5$ mm；（b）$H_2 = 7.0$ mm；（c）$H_2 = 6.5$ mm；（d）$H_2 = 6.0$ mm

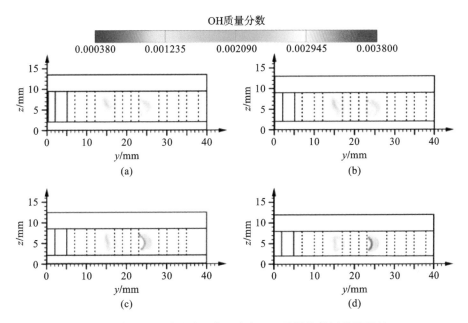

图 3.36 不同通道高度的燃烧器内沿负 x 方向 OH 质量分数侧视云图($\phi=0.8, F_\mathrm{M}=0.05$ L/min)

(a)$\phi=0.8, H_2=7.5$ mm;(b)$\phi=0.8, H_2=7.0$ mm;(c)$\phi=0.8, H_2=6.5$ mm;(d)$\phi=0.8, H_2=6.0$ mm

7.5 mm、7 mm、6.5 mm 和 6 mm 时的燃烧效率 η。当 $H_2 \geqslant 6.5$ mm 时,随着 H_2 的减小,η 明显增加,当 $H_2=6.5$ mm 时,η 取得最大值 99.05%。但当 H_2 继续减小至 6 mm 时,η 又下降至 98.43%。

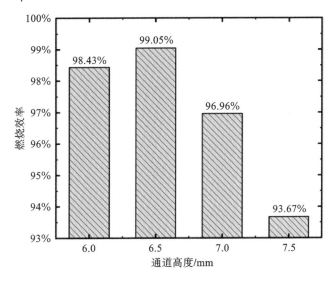

图 3.37 不同通道高度的燃烧效率 η($\phi=0.8, F_\mathrm{M}=0.05$ L/min)

图 3.38 给出名义当量比 $\phi=0.8$，$F_M=0.05$ L/min，通道高度 H_2 分别为 7.5 mm、7 mm、6.5 mm 和 6 mm 时的燃烧总反应热 Q、盖板表面的最高温度 T_h 与平均温度 T_{avg} 的关系。可以看到，随着 H_2 的减小，Q、T_h、T_{avg} 与燃烧效率 η 的变化规律一致，均在 $H_2=6.5$ mm 时取得最大值。进而证明单位时间输入燃烧器内甲烷质量相同的情况下，当 $H_2=6.5$ mm 时燃烧器的燃烧性能最为优异。

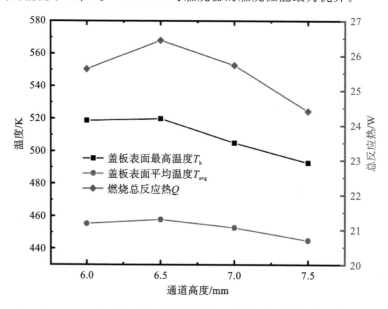

图 3.38　不同通道高度的燃烧总反应热 Q、盖板表面的最高温度 T_h 与平均温度 T_{avg} 的关系（$\phi=0.8$，$F_M=0.05$ L/min）

观察图 3.36(d)，可以看到名义当量比 $\phi=0.8$，$F_M=0.05$ L/min 时，相比于通道高度 $H_2=6.5$ mm，当 $H_2=6$ mm 时局部的 OH 质量分数最大，表明局部的反应强度更强烈，但是燃烧效率 η 却有所下降。图 3.39 分别给出通道高度 $H_2=6.5$ mm 和 6 mm 时，燃烧器中心区域水平截面（$z=6$ mm）处的热释放速率云图以及水平速度（V_{xy}）等值线图，从该图中可以看出，由于 ϕ 和 F_M 保持不变，H_2 减小，通道的垂直截面面积减小，使得甲烷的入口流速 V_m 与空气的入口流速 V_{air} 增加，因此两个燃烧室内的 V_{xy} 增加。尤其在第二燃烧室中，由于 V_{xy} 的增加，甲烷的驻留时间变短，一部分甲烷没有来得及参与反应就流出第二燃烧室，导致第二燃烧室中（25 mm$\leqslant x \leqslant 29$ mm）的主反应区减弱。因此，总体计算可得燃烧器内参与反应的甲烷质量减小，燃烧效率 η 下降。

总而言之，名义当量比 $\phi=0.8$，$F_M=0.05$ L/min 保持不变时，减小通道高度 H_2 能够减弱浮升力的作用，使得甲烷的流动和主反应区在竖直方向较为对称，但是 H_2 减小到一定程度（$H_2=6$ mm）时，甲烷的入口流速 V_m 与空气的入口流速 V_{air} 显著增加，进而引起两个燃烧室内的 V_{xy} 增加，甲烷的驻留时间变短，导致第二燃烧室内的反应强度减弱。因此当 $H_2=6.5$ mm 时，燃烧器的燃烧性能最好。

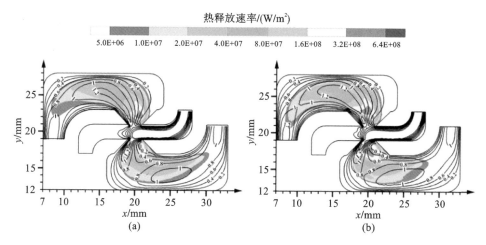

图 3.39　通道高度 $H_2 = 6.5$ mm 和 6 mm 时，燃烧器中心区域水平截面($z = 6$ mm)处的热
释放速率云图以及水平速度 V_{xy} 等值线图($\phi = 0.8, F_M = 0.05$ L/min)

(a)$\phi = 0.8, H_2 = 6.5$ mm；(b)$\phi = 0.8, H_2 = 6.0$ mm

3.3　本章小结

本章对不同尺寸的两个微型瑞士卷燃烧器内甲烷/空气的非预混燃烧进行了
实验研究，通过数值模拟揭示了火焰的三维结构，并讨论了浮升力对火焰结构的影
响。主要结论如下。

（1）实验观察到 7 种火焰模式，即平面火焰、单个火焰、较对称的双子火焰、振
荡火焰、明显不对称的双子火焰、熄火和吹熄，其中，平面火焰只出现在大燃烧器
中。分别以甲烷入口流量和名义当量比作为横坐标和纵坐标，给出了燃烧器的火
焰模式分布谱。

（2）通过系统的实验得到了两个燃烧器的可燃极限。其中，大、小燃烧器的最
小可燃名义当量比分别为 0.236 和 0.4，而最低可燃甲烷入口流量分别为 0.025
L/min 和 0.02 L/min，表明大燃烧器的可燃当量比下限更低，而小燃烧器的可燃
甲烷流量下限更小。

（3）通过数值模拟发现了火焰结构在竖直方向的不对称性，并揭示了浮升力
对于火焰结构的重要作用，且随着通道高度的减小，浮升力效应越来越弱，在通道
高度为 6.5 mm 时浮升力几乎消失。

4 多孔介质预混燃烧

多孔介质燃烧由于固体骨架的热循环效应,能够显著拓宽预混气的贫燃极限,因此在许多领域具有重要的应用价值。近年来,部分学者对多孔介质内燃烧过程进行了孔隙尺度数值模拟研究,揭示出了更多的细节。然而,常规尺度的均质多孔介质燃烧器中,在其他条件给定的情况下,火焰往往只能在某个速度或流量下维持驻定,而在其他速度下火焰则会往下游或上游传播,因此也被称为"过滤燃烧"。为了实现更广的稳焰范围,需要采用两段式多孔介质燃烧器或者渐扩式通道截面。

近年来,多孔介质燃烧技术也被广泛应用于稳定微小尺度燃烧器中的火焰,包括预混燃烧和非预混燃烧。常用的多孔介质材料(例如碳化硅、金属丝网等)导热系数较高,导致稳定燃烧的进气速度范围很窄,需要采用其他特殊的形式,例如部分填充、表面燃烧或与其他稳焰器相结合,才能拓宽稳定燃烧的进气速度范围。此外,也有学者采用导热系数非常低的陶瓷纤维构建多孔介质,实现了较宽进气速度范围内的驻定火焰。对于非预混燃烧来说,多孔介质还能促进燃料与氧化剂的混合,提高点火性能、火焰稳定性和燃烧效率。

本章介绍在全部填充陶瓷纤维的微细石英管内甲烷/空气预混燃烧和部分填充金属丝网的微细石英管内丁烷/空气预混燃烧的特性。并在此基础上提出了一种具有凸形多孔区域的微细通道燃烧器,通过流场重构获得了更宽的稳燃范围。

4.1 全部填充陶瓷纤维的微细通道内预混燃烧的火焰稳定性

4.1.1 实验方法

选择质轻、柔软、耐高温的陶瓷纤维作为多孔介质,如图 4.1(a)所示。陶瓷纤维直径为 $3\sim5~\mu m$,导热系数常温下为 $0.03~W/(m \cdot K)$,$1000~℃$时约为 $0.16~W/(m \cdot K)$,密度约为 $2600~kg/m^3$,比热容约为 $850~kJ/(kg \cdot K)$。将陶瓷纤维分别填入内径 d 为 $4~mm$、$5~mm$、$6~mm$ 的石英管(壁厚为 $1~mm$、长度为 $200~mm$)中。通过电子天平称重控制填入的陶瓷纤维重量,最后获得多孔介质孔隙率为 0.92。填充后的效果如图 4.1(b)所示,石英管内径为 $5~mm$,旁边置有一角硬币作为参照。

采用的 Alicat 公司制造的质量流量控制器来调节预混气体的流速和当量比。控制甲烷流量的控制器量程为 $0.005\sim1.0~SLM$;控制空气流量的控制器量程为

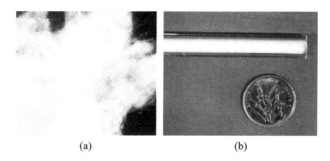

图 4.1　耐高温陶瓷纤维及填充陶瓷纤维的石英管

0.015～3.0 SLM。流量控制器通过数据线与电脑相连,使用电脑控制。控制器的读数精度为 0.8%,满量程时的精度为 0.2%。利用丁烷喷枪产生的火焰(外焰温度高达 1200 ℃)对燃烧器管壁外的固定位置处加热 1 分钟,将管内的预混气体点燃。数码相机固定在通道前方,与通道平行,用以拍摄火焰形状及其动态过程。

4.1.2　实验结果

实验发现在合适的条件下火焰可以长时间保持稳定,称之为"驻定火焰"。图 4.2 为当量比 $\phi=0.9$ 时,不同内径的石英管内驻定火焰的照片。可以看到,随着进气速度的改变,火焰所处的位置不变,但发光区域随着进气速度的增加而增大。同时,当进气速度与当量比都相同时,发光区域随着内径的减小而变小。

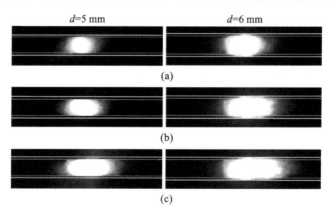

图 4.2　不同内径的石英管内的驻定火焰

(a)$\phi=0.9,V_{in}=0.16$ m/s;(b)$\phi=0.9,V_{in}=0.20$ m/s;(c)$\phi=0.9,V_{in}=0.24$ m/s

图 4.3 展示了 $d=5$ mm,$V_{in}=0.18$ m/s 时不同当量比下的驻定火焰形态。由图 4.3 可见,当量比 $\phi=0.8$ 时,火焰发出的光偏红色,随着当量比逐渐增加到 1.0 时,火焰亮度逐渐增加,发出耀眼的白光。在这个过程中,火焰所处的位置并未发生改变,同时,火焰长度略微变短。实验表明,对于驻定火焰而言,当进气速度固定

时,当量比的改变可以使火焰温度、亮度发生变化,但对火焰长度及驻定位置并不
产生明显影响。

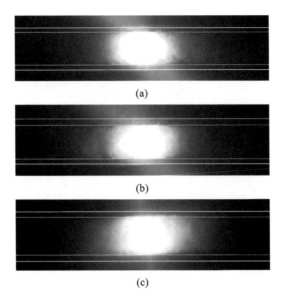

图 4.3　不同当量比下的驻定火焰形态($d=5$ mm,$V_{in}=0.18$ m/s)

(a)$\phi=0.8$;(b)$\phi=0.9$;(c)$\phi=1.0$

　　此外,在进气速度较大时,火焰不能驻定而向下游传播。图 4.4 展示了当量比
$\phi=0.9$、进气速度 $V_{in}=0.6$ m/s 时,火焰在不同直径的石英管中向下游传播的照
片。由图 4.4 可见,随着时间的推移,火焰逐渐向着下游缓慢移动。此外,当内径
增加时,火焰变得更长,亮度也明显增大。

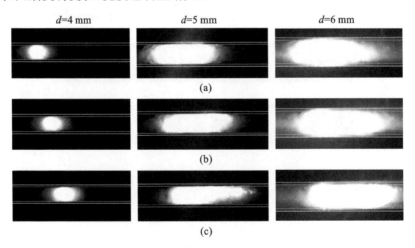

图 4.4　较高当量比下不同内径的石英管内向下游传播的火焰($\phi=0.9$,$V_{in}=0.6$ m/s)

(a)$t=0$ s;(b)$t=5$ s;(c)$t=15$ s

在当量比较小时,火焰也会向下游传播。然而,此时出现了另外一种特殊的现象。图 4.5 为 $\phi=0.7$,$V_{in}=0.4$ m/s 时,向下游传播的火焰形态变化。初始时,火焰发出较为明亮的光芒;在 $t=15$ s 时刻,火焰亮度变暗,同时火焰长度缩小,此时火焰边缘开始变得不规则。这是因为当量比降低后,燃料释放的热量减少,火焰逐渐萎缩,同时较高的进气速度也使得流场的不稳定性加强,火焰形态在向下游传播过程中无法保持稳定的状态。最终,火焰萎缩为一个很小的"火焰球",持续地向着下游传播,直至被吹出燃烧器。该现象可能是由于陶瓷纤维极低的导热系数所引起:当火焰在传播的过程中逐渐缩小,直至完全"浸没"于多孔介质之中时,由于多孔介质导热系数极低,燃烧过程中的"球形"火焰对外的热损失变小,"火焰球"得以持续存在。另一方面,来流的气体速度高于燃烧速度,因此,"火焰球"持续地向着下游移动。

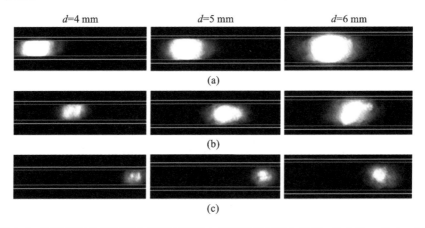

图 4.5 较低当量比下不同内径的石英管内向下游传播的火焰($\phi=0.7$,$V_{in}=0.4$ m/s)

(a)$t=0$ s;(b)$t=15$ s;(c)$t=30$ s

图 4.6 展示了三个石英管燃烧器中火焰传播速度 V_p 随当量比 ϕ 的变化趋势,其中进气速度固定为 0.40 m/s。从该图中可以观察到,V_p 均随着当量比的增加而减小。当量比较小时,火焰传播速度变化幅度较大。例如,当 $d=5$ mm 时,随着当量比 ϕ 从 0.6 增至 0.7,V_p 从 1.11 mm/s 快速降至 0.42 mm/s。当量比 ϕ 进一步增加至 1.0 时,火焰则以极低的速度(0.0074 mm/s)向下游传播。横向比较不难发现,火焰波的传播速度受通道内径的影响也较大,当 $d=4$ mm,$\phi=0.6$ 时,V_p 上升至 2.93 mm/s。总的说来,燃烧波向下游的传播速度与当量比和内径的大小成反比。

随着进气速度的增大,流体流经复杂的孔隙时,流体动力学不稳定性增加,导致火焰在向下游传播的过程中出现一些不稳定现象。例如,实验中观察到了火焰分裂现象。图 4.7 展示了 $d=5$ mm,$\phi=0.9$,$V_{in}=0.38$ m/s 时,向下游传播的火焰分裂现象。为了更好地捕捉燃烧波分裂的动态过程,此过程使用相机的录像功能进行拍摄,因此该图的清晰度较其他照片略有降低。图 4.7(a)给出了初始时刻火焰的状态(燃烧器旁边固定一把钢尺,用以对比参照),此时火焰发光区域长约

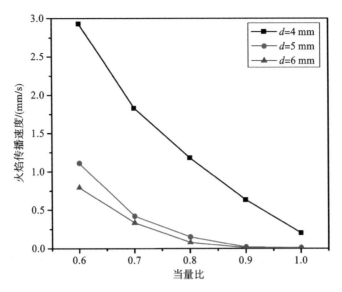

图 4.6　燃烧波向下游传播速度趋势图($V_{in} = 0.4$ m/s)

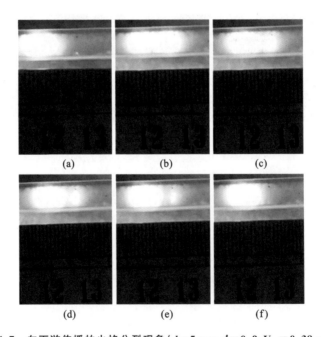

图 4.7　向下游传播的火焰分裂现象($d = 5$ mm, $\phi = 0.9$, $V_{in} = 0.38$ m/s)

9 mm。随着火焰向下游移动,火焰发光区域拉长至 14 mm,同时尾部出现亮斑(图 4.7(b))。然后,尾部亮斑与火焰主体有分离的趋势,亮斑区域长度约为 3 mm(图 4.7(c))。在图 4.7(d)中,火焰尾部加速分离,同时亮度以及发光区域逐渐变小。至图 4.7(e)时刻,尾部火焰几乎与火焰主体完全分离,并且趋于熄灭。最后(图 4.7(f)),尾部分裂的火焰完全熄灭,而上游部分的火焰主体仍然继续向下游传播。

整个过程中,火焰前锋在 2 分 06 秒的时间内,向下游移动了 5 mm,移动速度大约为 0.04 mm/s。

图 4.8 展示了当量比 ϕ 不变,进气速度增至 0.70 m/s 时的火焰分裂状况。从该图可以观察到,相较于 $V_{in}=0.38$ m/s 时的工况,此时尾部火焰的分裂现象更加明显,同时火焰变得更长。从上述实验可以总结出,当进气速度增加时,火焰产生分裂的原因如下:流速的增加会使流场的不稳定性增强,在不同的局部地区上,燃烧速度与气体流速之间的相对大小不同;在燃烧区域,气体由于热膨胀,速度加快;燃烧区域下游的气体流速较上游的高,此时,燃烧波的尾部向下游的传播速度高于燃烧波的前端向下游传播速度,火焰则产生分裂;当分裂点靠近初始火焰的尾部时,由于上游大火焰的存在,脱离后的尾部小火焰得不到充分的燃料和氧化剂供应,加上通道壁面散热太强,最终会在向下游的传播过程中熄灭。

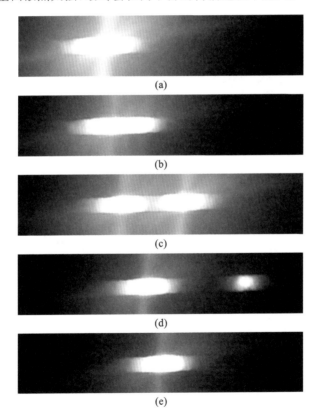

图 4.8   向下游传播的火焰分裂现象 ($\phi=0.9, V_{in}=0.70$ m/s)
(a)$t=0$ s;(b)$t=10$ s;(c)$t=18$ s;(d)$t=23$ s;(e)$t=25$ s

除了上述的火焰分裂现象,实验中还观察到火焰"分裂—合并"现象。图 4.9 展示了 $\phi=1.0, V_{in}=0.52$ m/s 时的动态火焰过程。由图 4.9 可见,火焰首先分裂成为两段,此时分裂点靠近火焰前端,上游火焰的长度较短、下游火焰的长度较长。

随着时间的推移,上游火焰区域和亮度逐渐变小,同时两段火焰向中间互相靠拢,最后重新合并成一个整体。分析认为产生上述现象的原因如下:上游燃烧区域相对较小,产热量较少,而通道壁面的散热较高,从而使得上游火焰在两端和壁面处发生淬熄,火焰变小,此时燃烧速度降低,上游火焰快速地向下游传播;由于上游火焰不能完全消耗燃料和氧气,下游火焰得以维持,当上游的小火焰与下游的大火焰靠近至某一程度时,下游火焰受到了来自上游较强烈的预热效果,会向上游持续传播,两段火焰最终合并为一体,如图 4.9(c)所示。

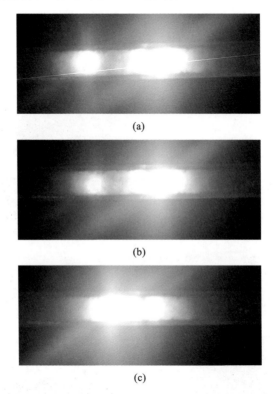

图 4.9　火焰向下游传播过程中发生的"分裂—合并"现象($\phi=1.0, V_{in}=0.52$ m/s)

(a)火焰出现分裂;(b)上游火焰变小;(c)两段火焰合并

　　基于系统的实验观察,获得了不同内径的石英管内的火焰传播模式分布图,如图 4.10 所示。根据燃烧情形的不同,图中划分为三大区域:熄火区域、向下游传播燃烧波区域以及驻定燃烧波区域。

　　(1)驻定火焰。在内径 d 为 5 mm 或者 6 mm 的石英管内,当混合燃料的当量比 ϕ 大于 0.7,同时进气速度较低时,可以观察到火焰驻定于通道中。当量比进一步地增加时,驻定火焰所对应的进气速度上下限范围逐渐拓宽。例如,$d=5$ mm 的石英管内,$\phi=0.8$ 时,驻定火焰所对应的进气速度 V_{in} 范围为 $0.16\sim0.20$ m/s;随着当量比增至 $\phi=0.9$ 时,对应的进气速度范围拓宽至 $0.14\sim0.22$ m/s。由于通道中气体的来流速度相对较低,流动为层流流动,此时流场较为稳定;另一方面,较低的气体来流速度易于与燃烧速度相互平衡,这些都为驻定火焰的形成提供了条件。此外,较高的当量比则使得燃烧释放的热量更为充足,弥补了强烈的散热损失对燃烧稳定性的不利影响。这些因素促进了驻定火焰的形成。当通道内径增大时,驻定火焰的进气速度范围也随之增大。例如,当 $\phi=0.9$ 时,$d=5$ mm 的石英管内驻定火焰所对应的进气速度范围为 $0.14\sim0.22$ m/s;而 $d=6$ mm 的石英管内驻定火焰所对应的进气速度范围增至 $0.12\sim0.26$ m/s。

（2）向下游传播的火焰。当进一步提高进气速度或者降低当量比时,火焰向下游移动。这是因为进气速度增加至大于燃烧速度时,会打破两个速度之间的平衡,同时也会加剧多孔介质中的流场不稳定性。此外,在较低当量比的情况下,燃烧速度减小,也不利于火焰的稳定。最终造成气体流速高于燃烧速度,燃烧波向下游进行传播。值得注意的是,当石英管内径减小至 4 mm 时,火焰无法驻定于管道内。

（3）熄火区域。在非常低的进气速度下,由于预混气流量太小,燃烧产热不足以维持化学反应稳定地进行,同时介观尺度下管壁散热较为强烈,容易导致火焰熄灭。显然,随着当量比的减小,发生熄火的临界速度也会增大。

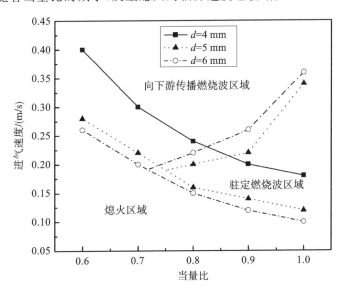

图 4.10　火焰传播模式分布图

4.1.3　稳焰机理分析

1. 数值模拟方法

燃烧器的尺寸（毫米级别）远大于分子平均自由程,克努森数远小于0.001,因此在模拟中,传统的 Navier-Stokes 方程仍然适用。计算表明,基于孔径的雷诺数小于 100,属于层流流动。而本研究中,多孔纤维的渗透率较高,对气流阻碍较小,因此，可将流动模型设定为层流流动。基于表征体元法建立的控制方程组如下。

质量守恒方程：

$$\frac{\partial}{\partial t}(\varepsilon\rho_g) + \frac{\partial}{\partial x}(\varepsilon\rho_g u) + \frac{1}{r}\frac{\partial}{\partial r}(\varepsilon\rho_g rv) = 0 \tag{4.1}$$

式中，ε 为多孔介质的孔隙率；ρ_g 是气体的密度；u 和 v 分别是气体的轴向与径向速度；t 为时间；x 为轴向坐标；r 为径向坐标。

动量守恒方程：

$$\frac{\partial}{\partial t}(\varepsilon\rho_g u) + \frac{\partial}{\partial x}(\varepsilon\rho_g uu) + \frac{1}{r}\frac{\partial}{\partial r}(\varepsilon\rho_g ruv)$$
$$= -\varepsilon\frac{\partial p}{x} + \frac{\partial}{\partial x}\left(\mu\frac{\partial u}{\partial x}\right) + \frac{1}{r}\frac{\partial}{\partial r}\left(\mu r\frac{\partial u}{\partial r}\right) + S_1 \tag{4.2}$$

$$\frac{\partial}{\partial t}(\varepsilon\rho_g v) + \frac{\partial}{\partial x}(\varepsilon\rho_g uv) + \frac{1}{r}\frac{\partial}{\partial r}(\varepsilon\rho_g rvv)$$
$$= -\varepsilon\frac{\partial p}{\partial r} + \frac{\partial}{\partial x}\left(\mu\frac{\partial v}{\partial x}\right) + \frac{1}{r}\frac{\partial}{\partial r}\left(\mu r\frac{\partial v}{\partial r}\right) + S_2 \tag{4.3}$$

式中，p 是流体静压力；μ 是动力黏度。式中最后一项 S 为源项，它包含流体流经多孔介质时受到的黏性阻力与惯性阻力。假设陶瓷纤维均匀填充于通道内，并假定为各向同性多孔介质。动量方程中的两个源项可以表示为式（4.4）和式（4.5）的形式

$$S_1 = -\left(u\frac{\mu}{a} + \frac{1}{2}C\rho_g \mid u \mid u\right) \tag{4.4}$$

$$S_2 = -\left(v\frac{\mu}{a} + \frac{1}{2}C\rho_g \mid v \mid v\right) \tag{4.5}$$

等式右边括号中，第一项代表黏性阻力，其中 a 代表多孔介质的渗透率；第二项代表惯性阻力，其中 C 代表惯性阻力因子。a 与 C 可以从厄贡方程中导出，具体计算如式（4.6）和式（4.7）所示。

$$a = \frac{D_p^2}{150}\frac{\varepsilon^3}{(1-\varepsilon)^2} \tag{4.6}$$

$$C = \frac{3.5}{D_p}\frac{(1-\varepsilon)}{\varepsilon^3} \tag{4.7}$$

式中，D_p 为多孔介质中孔隙的平均尺寸。

组分守恒方程：

$$\phi\rho_g\frac{\partial Y_i}{\partial t} + \nabla\cdot(\phi\rho_g uY_i) = \nabla\cdot(\phi\rho_g D_{im}\nabla Y_i) + \varepsilon\omega_i W_i \tag{4.8}$$

式中，Y_i、W_i 和 ω_i 分别是第 i 种组分的质量分数、分子量和产生率；D_{im} 为扩散系数，其表达式如下。

$$D_{im} = \frac{1-X_i}{\sum\limits_{j\neq i}^{N}(X_j/D_{ij})} \tag{4.9}$$

式中，D_{ij} 是第 i、j 两种组分之间的二元扩散系数；X_i 与 X_j 分别是第 i 与 j 种组分的摩尔分数。

模拟中为了考虑陶瓷纤维（即多孔介质的固体骨架）与气体之间的换热，采用了双温度能量方程。其中，固相温度为 T_s，气相温度为 T_g。具体方程如下。

气相温度方程：

$$\frac{\partial}{\partial t}(\varepsilon\rho_g C_g T_g) + \frac{\partial}{\partial x}(\varepsilon\rho_g C_g T_g u) + \frac{1}{r}\frac{\partial}{\partial r}(\varepsilon\rho_g C_T T_g r v)$$

$$= \frac{\partial}{\partial x}\left(\varepsilon\lambda_g \frac{\partial T_g}{\partial x}\right) + \frac{1}{r}\frac{\partial}{\partial r}\left(\varepsilon\lambda_g \frac{\partial(rT_g)}{\partial x}\right) + h_v(T_s - T_g) - \varepsilon\sum_i\omega_i W_i h_i$$

$$(4.10)$$

固相温度方程：

$$\frac{\partial}{\partial t}((1-\varepsilon)\rho_s c_s T_s) = \frac{\partial}{\partial x}\left(\lambda_{s\text{-eff}} \frac{\partial T_s}{\partial x}\right) + \frac{1}{r}\frac{\partial}{\partial r}\left(\lambda_{s\text{-eff}} \frac{\partial(rT_s)}{\partial r}\right) + h_v(T_g - T_s)$$

$$(4.11)$$

式中，ρ_s、c_s、T_s 分别是陶瓷纤维的密度、比热容和温度；$\lambda_{s\text{-eff}}$ 是陶瓷纤维的有效导热系数，具体表达式如下。

$$\lambda_{s\text{-eff}} = (1-\varepsilon)\lambda_s + \lambda_{rad} \qquad (4.12)$$

式中，λ_s 代表陶瓷纤维的真实导热系数；λ_{rad} 代表辐射的等效导热系数，具体表达式如下。

$$\lambda_{rad} = 16\sigma k l_0 \frac{T_s^3}{3} \qquad (4.13)$$

式中，σ 是 Stephan-Boltzmann 常数；k 是纤维的外表面发射率；l_0 是光子传播的特征长度。

由于在微小尺度燃烧中，通过壁面的预热与散热损失对火焰稳定性有重要影响，因此固体壁面的导热方程也须要进行耦合计算。

固体壁面能量方程：

$$\frac{\partial}{\partial t}(\rho_w c_w T_w) = \frac{\partial}{\partial x}\left(\lambda_w \frac{\partial T_w}{\partial x}\right) + \frac{1}{r}\frac{\partial}{\partial r}\left(\lambda_w \frac{\partial(rT_w)}{\partial r}\right) \qquad (4.14)$$

式中，T_w 为壁面温度；ρ_w、c_w 和 λ_w 分别代表壁面石英材料的密度、比热容和导热系数。

关于燃烧反应机理，研究发现采用单步反应机理不能很好地再现实验结果，而采用详细反应机理进行非稳态计算耗时太长。因此，折中采用甲烷-空气的两步反应机理，具体如下。

$$CH_4 + \frac{3}{2}O_2 \longrightarrow CO + 2H_2O \qquad (4.15)$$

$$CO + \frac{1}{2}O_2 \longleftrightarrow CO_2 \qquad (4.16)$$

式（4.15）与式（4.16）中的化学反应速率常数计算如下。

$$k_{(15)} = 2.8 \times 10^9 \exp\left(-\frac{48.4}{RT}\right) [CH_4]^{-0.3} [O_2]^{1.3} \tag{4.17}$$

$$k_{(16)\text{-}f} = 10^{14.6} \exp\left(-\frac{40}{RT}\right) [CO]^{1.0} [H_2O]^{0.5} [O_2]^{0.25} \tag{4.18}$$

$$k_{(16)\text{-}r} = 5 \times 10^{14.6} \exp\left(-\frac{40}{RT}\right) [CO]^{1.0} \tag{4.19}$$

此处，$k_{(16)\text{-}f}$ 和 $k_{(16)\text{-}r}$ 分别表示式(4.16)的正向与逆向反应速率。

2. 燃烧器传热机理分析

在微细通道的多孔介质燃烧过程中，不同介质(气体、通道壁面、多孔纤维)中热量的传输相互耦合，十分复杂。因此，首先针对内径 $d=5$ mm 的石英管来进行数值分析，研究微细尺度下多孔介质燃烧的特征。从实验结果可知，燃烧波能在较高当量比与较低进气速度的条件下保持驻定。当进气速度较低时，流体动力学的不稳定性较弱，此时，燃烧的热稳定性是影响火焰驻定的主要因素。下面通过分析驻定火焰内的热传输情况，来研究火焰驻定机理。

图 4.11 给出了 $\phi=0.9$，$V_{in}=0.2$ m/s 时，通道中心线与近壁面处气体和多孔介质之间的温差。从图 4.11 可以看出，在通道中心线上，火焰上游区域多孔纤维对未燃预混气体预热，而火焰下游区域，气体对多孔纤维传热。在近壁面处的上游区域，气体温度高于多孔介质温度，这表明通道的内壁面对上游区域的预混气进行了预热。在近壁面的下游区域，由于多孔纤维具有较强的热惯性，因此会出现多孔介质对气体传热的现象。综合说来，靠近固体壁面处的气体—多孔纤维传热，与中心轴线上的趋势是完全相反的。

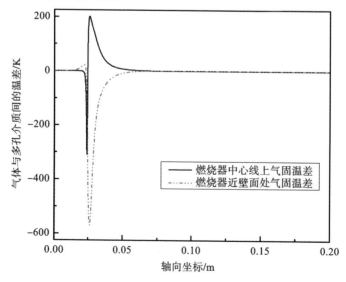

图 4.11　通道中心线与近壁面处气体与多孔介质之间的温差($\phi=0.9$，V_{in} $=0.2$ m/s，$t=20$ s)

由上述分析可知,通道壁面对未燃预混气存在预热效果。图 4.12 给出了介观通道内多孔介质燃烧时的热量传递机理。在燃烧过程中,气体将一部分热量带走,同时,高温气体分别与多孔介质、固体壁面进行着对流换热。热量分别通过多孔介质以及通道壁面往上游与下游传递,其中,向上游传播的热量对未燃气体有双重预热作用,即多孔介质和固体壁面分别与未燃预混气进行换热。这种双重预热效果,更加有利于介观通道内火焰的稳定燃烧。

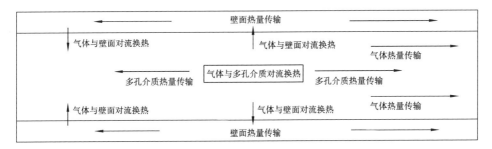

图 4.12 介观通道内多孔介质燃烧时的热量传递机理

为了定量地研究不同热量传递方式的作用,采取对通道进行切片的方法来予以分析。以 $\phi=0.9$,$V_{in}=0.2$ m/s 为参考工况,选取同时包含多孔介质温度最高点与壁面温度最高点的单元体作为分析对象,在驻定火焰的模拟结果中,壁面温度最高点与多孔介质温度最高点位于同一轴向坐标处,单元体的厚度设置为 0.2 mm。如图 4.13 所示,将该单元体的通道壁面与多孔介质区域分离开,分别进行传热分析,其中切片多孔介质表示不包含气体的多孔介质区域,为固体区域。

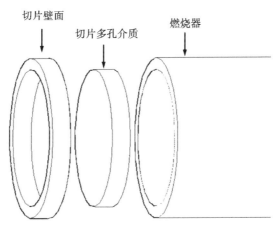

图 4.13 切片结构示意图

图 4.14 展示了通过积分计算所得的切片壁面与切片多孔介质的热流图。对于切片壁面,气体通过与内壁面对流换热,向固体壁面传输了 0.273 W 的热量,固体壁面向上游传播热量 0.079 W,向下游传播热量 0.138 W,对外散热 0.056 W。

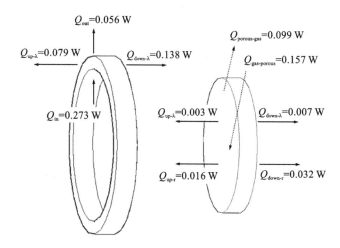

图 4.14　切片壁面与切片多孔介质的热流图

对于多孔介质切片,高温气体对多孔介质传热 0.157 W;靠近壁面处,多孔介质对气体传热 0.099 W。在多孔介质内部,向上游传播的热量中,通过导热传输 0.003 W,辐射传输 0.016 W;向下游传播的热量之中,导热传输 0.007 W,辐射传输 0.032 W。从以上数据可以看出,多孔介质内部传输的热量主要依赖孔隙间的热辐射完成,而依靠固体骨架导热所传输的热量相对较小,这是因为在高温状态下,陶瓷纤维的导热系数低至 0.16 W/(m·K),而热辐射传输量则与温度的 4 次方之差成正比,燃烧区域中的多孔介质温度较高,通常接近火焰温度,因此孔隙间的热辐射换热量较大。

横向比较燃烧器壁面与多孔介质之间的热量传输,不难发现,高温气体对壁面的对流换热量高于同一轴向区间内气体对多孔介质的对流换热量;同时,固体壁面向上下游传输的热量远高于多孔介质向上下游所传输的热量。这是由于壁面的导热系数(1.05 W/(m·K))远高于陶瓷纤维的导热系数。从热量传输数据上可以很清晰地看出,壁面热量传输在燃烧过程中占有极重要的地位。预混气体会受到来自燃烧器壁面与多孔纤维的双重预热效果与低速稳定的流场影响,使得火焰能够在较大的进气速度范围内驻定在通道内。

由以上分析可知,凡是对传热过程有重要影响的参数都将对火焰稳定性带来较大影响。图 4.15(a)给出了陶瓷纤维的导热系数 λ_s 变化前后燃烧波的稳定状态分布图。从该图可以非常清楚地看到,当 λ_s 增大到 1.5 W/(m·K)时,驻定火焰出现的范围显著地缩小了,即火焰稳定性发生了恶化。模拟中还发现,如果多孔纤维的导热系数过大时(例如 $\lambda_s=20$ W/(m·K)),火焰在低进气速度或者低当量比条件下容易发生熄火。这可能是因为随着 λ_s 的增加,通过多孔纤维传输的热量也随之加快,从而降低了火焰温度,不利于火焰稳定。

图 4.15(b)展示了不同孔隙率 ε 下,燃烧波的稳定状态分布图。总体来看,孔

隙率减小后,火焰的稳定性变弱,驻定火焰所对应的进气速度范围变小。这个现象可以从火焰的热平衡来进行分析。孔隙率减小意味着陶瓷纤维占据的比例增大,更多的多孔介质固体骨架参与到热传递之中。一方面,未燃气体受到的预热增加;另一方面,高温区向下游传递的热量也会增加,高温区火焰的散热加强,火焰的稳定性减弱。因此,随着孔隙率的减小,驻定火焰的稳定范围减小。

图 4.15(c)展示了不同壁面导热系数 λ_w 下,燃烧波的稳定状态分布图。从图 4.15(c)中可以观察到,随着壁面导热系数的增高,不同的燃烧波所处区域的速度

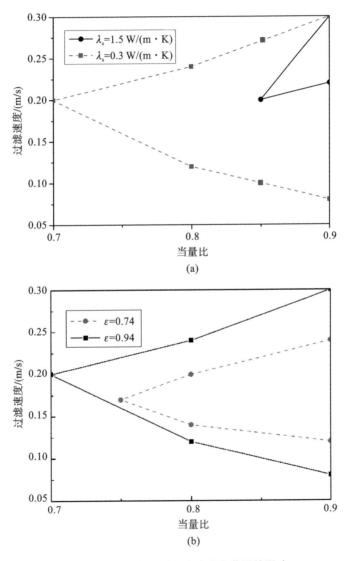

图 4.15　不同参数对燃烧波驻定范围的影响

(a)纤维导热系数;(b)孔隙率;(c)壁面导热系数

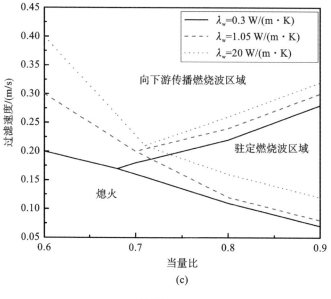

续图 4.15

下限均有所提高,其中,驻定火焰稳定区域的速度上限也明显提高。同时,驻定火焰所处工况的最低当量比也随着壁面导热系数的增大而增大。简单来说,当壁面导热系数增大时,燃烧产生的热量可以更快速地通过固体壁面向其上游以及下游进行传播,因此,在低速时更容易熄火,此时需要提供更多的燃料以及加大进气速度才能够维持火焰稳定;而由于更强的壁面回热使得火焰速度增大,高速下火焰更稳定。综合起来,形成了如图 4.15(c)所示的变化规律。

4.1.4   小结

(1)实验观察到三种火焰传播模式:①驻定火焰;②向下游传播的火焰;③熄火区域。当燃烧器内径 $d=6$ mm 与 5 mm 时,可观察到驻定火焰以及向下游传播的火焰。当进气速度较低且当量比较高时($\phi > 0.7$),火焰可以驻定于管内;当进气速度增加或当量比降低时($\phi \leqslant 0.7$),火焰则向着下游传播。驻定火焰稳定的进气速度范围随着通道内径的缩小而缩小。当内径 $d=4$ mm 时,通道内无法形成驻定火焰,火焰均向下游传播。当量比不变时,驻定火焰的长度随着内径或者进气速度的减小而减小。对于向下游传播的火焰,随着通道内径的减小,火焰的传播速度加快。

(2)在进气速度较高的情况下,火焰会出现分裂现象。分裂现象的产生可能是燃烧波局部区域气体流速与燃烧速度相对大小产生变化所引起的。当气体流速增加时,火焰向下游传播,气体在燃烧区域受热膨胀加速,由于燃烧区域变长,燃烧区域下游气体速度大于上游气体速度,会使得下游火焰向下游传播的速度高于上游火焰,火焰产生分裂。根据分裂点出现位置的不同,分裂现象也不同:当火焰尾部出现分裂时,尾部分离出的小火焰会在传播的过程中逐渐熄灭;当分裂点出现在火焰前端时,分裂出的前端火焰会逐渐缩小,加速向下游传播,下游火焰会受到预热,两段火焰重新合并起来。

（3）在某些低当量比工况下,火焰在向下游传播的过程中会逐渐萎缩成"火焰球",并且保持该形态持续向下游传播。当"火焰球"完全浸没于多孔介质之中时,由于陶瓷纤维极低的导热系数使得火焰散热减弱,因此"火焰球"得以在向下游传播的过程中持续存在。

（4）通过切片法定量分析了火焰与多孔介质以及固体壁面之间的耦合传热关系,揭示了填充陶瓷纤维的微细通道内的火焰稳焰机理,进一步研究了纤维和壁面导热系数以及孔隙率对火焰稳定性的影响,并进行了定性分析。

4.2　部分填充金属丝网的微细通道内预混燃烧的火焰稳定性

与常用的气体燃料相比,单位质量的液体燃料能够储存更多的能量,因此,更适用于便携式装备。William 等开发了一种微型液膜燃烧室,液体燃料沿燃烧室垂直壁面流动,吸收内部火焰的热量而蒸发。Li 等提出了一种改进方案,它由两个腔体和一个多孔型中央燃料进气口组成。Gan 等发现,由于热损失减少,质量扩散加剧,受限空间内的乙醇射流火焰高度比自由空间的火焰短,他们还研究了复合电场作用下乙醇的雾化和火焰行为。Li 等采用聚丙烯腈基碳毡作为多孔介质使液态正庚烷汽化,并通过增加回热器大大拓展了贫燃极限。Yang 等考察了正癸烷在微燃烧器中的均相—非均相复合燃烧模式。

丁烷和二甲醚的饱和蒸汽压较低（0.2～0.3 MPa）,常压下为气态。使用这两种燃料不需要雾化器,可以简化整个微发电系统,因此,它们更适合应用于微燃烧器。钟北京等用实验探索了正丁烷和二甲醚在嵌入了涂敷催化剂的多孔陶瓷的小型瑞士卷燃烧室中的催化燃烧。Dubey 等基于固定壁温分布的微流动反应器研究了 $C_1 \sim C_4$ 烷烃的碳烟行为。Kikui 等研究了正丁烷在相同微细通道内高压下的微弱火焰。与陶瓷材料相比,金属丝网能够承受强烈的热冲击。此外,它们具有较高的导热系数,从而可以增强热循环效果。全部填充多孔介质虽然能显著拓宽稳定燃烧的贫燃极限,但是由于多孔介质的整流效应（即截面上的速度分布非常均匀,没有形成明显的边界层）,通道内很难维持驻定火焰。因此,一般通过采取两段式多孔介质、渐扩式多孔介质、多孔介质与稳焰结构结合或者部分填充的方式来获得较宽的稳定燃烧进气速度范围。本节通过实验研究正丁烷在长度为 50 mm、内径为 6 mm 的石英管中插入 10 mm 长的金属丝网的预混燃烧特性。

4.2.1　实验系统与方法

实验系统示意如图 4.16 所示。高压正丁烷和干空气（纯度≥99.9%）储存于两个气瓶中,通过减压阀将气体压力降至 0.1 MPa,使管道中的正丁烷处于气态。通过两个质量流量控制器(精度为 0.2%)调节燃料和空气的流量,在混合器中获得未燃气体混合物所需的当量比 ϕ 和进气速度 V_{in}。燃烧室采用透明耐热石英管,以便于直接观察火焰形态,如图 4.17 所示。管状燃烧室内径为 6 mm,长度为 50 mm,壁厚为 1 mm。先将不锈钢丝网卷制形成一段 10 mm 长的多孔介质,然后将其作为一个整体插入石英管中。需要指出的是,使用这种方法制作的多孔介质不可避免地会在中心留下一个小孔,这不利于火焰稳定,后面将对此进行讨论。金属丝网物性参数如表 4.1 所示。

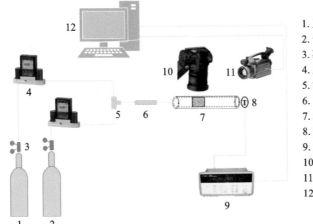

1. 正丁烷
2. 干空气
3. 减压阀
4. 质量流量控制器
5. 混合器
6. 回火防止器
7. 填充金属丝网的燃烧室
8. 热电偶
9. 无纸记录仪
10. 单反相机
11. 红外热成像仪
12. 计算机

图 4.16　实验系统示意

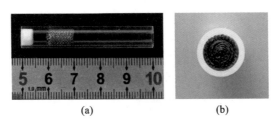

(a)　　　　　　　　(b)

图 4.17　填充金属丝网的燃烧器

(a)水平视图;(b)端部视图

　　燃烧器被水平固定于工作台上。首先,用火炬加热管壁。然后,在合适的流量和当量比下点燃出口处的混合气,火焰向上游传播并稳定在丝网表面。当燃烧系统达到稳态后,以 0.05 m/s 的变化步长将预混气流量切换到下一个工况。使用反相机拍摄火焰照片,采用红外热成像仪测量壁面温度分布。利用热电偶对石英管外表面发射率进行标定。同时,采用 K 型热电偶(精度±0.75%)和无纸记录仪对尾气温度进行监测,便于观察和判断燃烧系统是否达到稳态。实验中考虑了热电偶在环境中的热损失并对测试温度即时进行修正。

表 4.1　金属丝网物性参数

参　数	数　值
丝径	0.1 mm
每英寸孔隙数量(PPI)	50
密度	7930 kg/m³
导热系数	21.5 W/(m·K)
孔隙率	0.81

4.2.2　结果与讨论

1. 当量比和进气速度对火焰形态的影响

图 4.18 展示了 $\phi=0.9$、1.0、1.2 和 1.5 时不同进气速度下的火焰照片,其中用白线标识出石英管内壁。图 4.18(a)为 $\phi=0.9$ 时不同进气速度下的火焰形态,在 $V_{in}=0.1$ m/s 时,火焰呈绿色且较厚,可能是由于 C_2 烷烃成分在相对较低的反应温度下释放出的化学绿光。此外,管壁附近存在较宽的死区,表明壁面附近的火焰被淬熄,未燃预混气流出金属丝网后,导致近壁处火焰锋面发生弯曲。当进气速度增大到 $V_{in}=0.2$ m/s 时,火焰前锋变平薄,近壁区的火焰没有发生淬熄,同时火焰变为蓝色。另外,部分火焰浸入金属丝网中,使固体升温产生较强的热辐射(丝网发红)。当进气速度增大到 $V_{in}=0.3$ m/s 时,火焰被吹向金属丝网表面,热辐射减弱。但此时火焰表面中心出现了一个很小的凸点,这应该是由于丝网中心处存在小孔,使圆管中心处的流速较大。为了验证这一猜想,假设中心小孔的直径为 0.2 mm,对 $V_{in}=0.2$ m/s 和 $V_{in}=0.4$ m/s,$\phi=1.0$ 工况下的冷态流动进行了二维数值模拟。图 4.19 给出了在金属丝网右表面下游 1 mm 处轴向速度沿径向的分布曲线。可以看出,在圆管中心区域的轴向速度比其他区域更大,而且当进气速度较大时(如 $V_{in}=0.4$ m/s)这一差异更加明显。可以想象,在燃烧状态下,未燃预混气受到金属丝网的预热作用会产生体积膨胀和加速效应,使得中心凸起现象将更加明显。随着进气速度的进一步增加($V_{in}=0.4$ m/s 时),火焰中心凸起更加明显。同时,从丝网不再发红可以推断出,此时火焰已经完全悬浮于丝网表面。此外,火焰在下方呈现双层褶皱结构,反映出这部分火焰相对于其他部分来说,已经被吹离丝网表面更远。当进气速度增加到 $V_{in}=0.5$ m/s 时,火焰结构变得更加复杂,近壁面区域的火焰均被完全吹离丝网表面。当进气速度进一步提高时,火焰将被吹灭。

图 4.18(b)为 $\phi=1.0$ 时不同进气速度下的火焰形态。在 $V_{in}=0.1$ m/s 下,火焰前端呈蓝色弯曲。总体来说,相同进气速度下 $\phi=1.0$ 的火焰要比 $\phi=0.9$ 的更薄,但火焰在 $\phi=1.0$ 时将更早地脱离金属丝网表面,这从 $V_{in}=0.3$ m/s 时丝网已经完全不再发红可以反映出来。此外,在较高的进气速度($V_{in}=0.5$ m/s)下,火焰呈淡蓝绿色。图 4.18(c)为 $\phi=1.2$ 时不同进气速度下的火焰照片。由图 4.18(c)

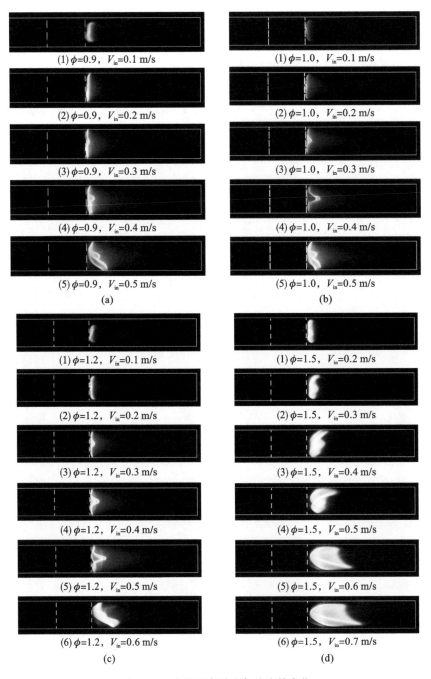

(1) $\phi=0.9$，$V_{in}=0.1$ m/s

(2) $\phi=0.9$，$V_{in}=0.2$ m/s

(3) $\phi=0.9$，$V_{in}=0.3$ m/s

(4) $\phi=0.9$，$V_{in}=0.4$ m/s

(5) $\phi=0.9$，$V_{in}=0.5$ m/s

(a)

(1) $\phi=1.0$，$V_{in}=0.1$ m/s

(2) $\phi=1.0$，$V_{in}=0.2$ m/s

(3) $\phi=1.0$，$V_{in}=0.3$ m/s

(4) $\phi=1.0$，$V_{in}=0.4$ m/s

(5) $\phi=1.0$，$V_{in}=0.5$ m/s

(b)

(1) $\phi=1.2$，$V_{in}=0.1$ m/s

(2) $\phi=1.2$，$V_{in}=0.2$ m/s

(3) $\phi=1.2$，$V_{in}=0.3$ m/s

(4) $\phi=1.2$，$V_{in}=0.4$ m/s

(5) $\phi=1.2$，$V_{in}=0.5$ m/s

(6) $\phi=1.2$，$V_{in}=0.6$ m/s

(c)

(1) $\phi=1.5$，$V_{in}=0.2$ m/s

(2) $\phi=1.5$，$V_{in}=0.3$ m/s

(3) $\phi=1.5$，$V_{in}=0.4$ m/s

(4) $\phi=1.5$，$V_{in}=0.5$ m/s

(5) $\phi=1.5$，$V_{in}=0.6$ m/s

(6) $\phi=1.5$，$V_{in}=0.7$ m/s

(d)

图 4.18　火焰形态随进气速度的变化

(a)$\phi=0.9$；(b)$\phi=1.0$；(c)$\phi=1.2$；(d)$\phi=1.5$

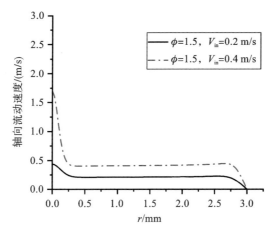

图 4.19 冷态下预混气的轴向速度沿径向的分布曲线

可以看出,随着进气速度的增加,火焰变化的总体趋势与 $\phi=0.9$ 时相似。然而,$\phi=1.2$ 与 $\phi=0.9$ 时的火焰存在两个明显区别。首先,当 $V_{in}=0.1$ m/s 和 $V_{in}=0.2$ m/s 时火焰呈绿色,说明富燃有利于正丁烷形成更多的 C_2 成分。在较高的进气速度下(如 $V_{in}=0.6$ m/s),火焰发光向蓝绿色转变。图 4.18(d) 为 $\phi=1.5$ 时不同进气速度下的火焰照片。从图 4.18(d) 中可以看出,预混气的火焰由低速下的绿色逐步转变为蓝绿色,随着速度增大的过程中并没有出现蓝色火焰。这表明在更高当量比的情况下,预混气的燃烧更加不充分。

2. 燃烧模式分布与燃烧极限

基于系统的实验观察,绘制出如图 4.20 所示的燃烧模式分布图。除了熄火极限和吹熄极限(分别对应最低和最高的可燃速度)之外,实验还发现了另外四种燃烧模式,即绿色火焰、蓝色火焰、蓝绿色火焰及内部火焰和外部扩散火焰共存模式。从图 4.20 中可以看出,大多数工况的燃烧模式为蓝色火焰,特别是在贫燃情况下。此外,对于 $\phi=0.9$ 和 $1.1<\phi\leqslant1.5$,火焰在低速下呈绿色。同时,在较高的进气速度下,当 $1.1\leqslant\phi<1.2$ 时,火焰呈蓝绿色,当量比进一步升高时($1.2\leqslant\phi\leqslant1.5$),除了管内火焰外,还会在管口出现由于剩余燃料的重新点燃而形成的外部火焰。

图 4.21 为不同当量比下火焰吹熄极限和熄火极限。当 ϕ 从 0.5 增加到 1.1 时,吹熄极限呈线性增加,在 $1.1\leqslant\phi\leqslant1.2$ 范围内保持不变,然后当 ϕ 从 1.2 增加到 1.5 时,吹熄极限继续呈线性升高。熄火极限在 $0.9\leqslant\phi\leqslant1.2$ 时较低,为 0.1 m/s,然而在较贫燃和富燃的两侧均为 0.2 m/s。这些结果表明,火焰可以在较低的进气速度下维持稳定燃烧,但在较高当量比下可获得较大的吹熄极限。在低进气速度下,燃烧热释放量非常有限,熄火极限主要是由热损失比过大引起的,这里的热损失比定义为单位时间火焰向丝网和管壁传递的热量与火焰热释放率的比值。在 $0.9\leqslant\phi\leqslant1.2$ 时,由于热释放速率较大,热损失率相对较小,因此,在 $0.9\leqslant\phi\leqslant1.2$ 范围内,可以达到较低的熄火极限。

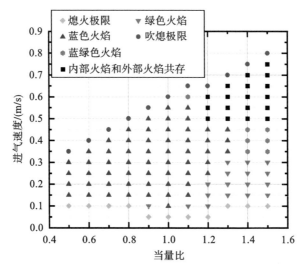

图 4.20   燃烧模式分布图

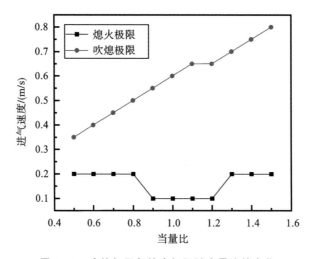

图 4.21   吹熄极限与熄火极限随当量比的变化

对富燃侧火焰吹熄极限的单调增加趋势进行定性分析,结果显示,多孔介质的存在对火焰吹熄极限有三个方面的影响。为了便于分析,图 4.22 绘制了 $V_{in}=0.4$ m/s 时 $\phi=1.1$、1.3 和 1.5 对应的外壁面轴向温度分布,其中两条竖直虚线用来指示多孔区域。从图 4.22 中可以看出,第一,在多孔介质区域对应的壁面,其温度迅速上升到一个较高的水平。因此,未燃预混气可以通过火焰经由金属丝网的热循环效应得到预热,这对于稳定火焰是有利的。同时,火焰向金属丝网和管壁传递热量可以看作是热损失,这对火焰稳定有负面影响。此外,多孔介质对未燃气体的预热作用使未燃预混气在较高温度下发生体积膨胀而使流动加速,这对火焰稳定是不利的。在富燃条件下,当当量比增加到更高值时,由于偏离最佳的化学计量比,燃烧强度下降,预热效果也随之减弱,导致预混气的燃烧速度降低。然而,火焰锋面前的预混气流速也降低了。第二,由于火焰位置(大致由壁温峰值位置判断)向下游移动(如 $\phi=1.5$),而且壁面温度水平也下降了,使得火焰的热量损失减少。第三,管口处的扩散火焰在高当量比时变得更强,石英管下游能维持较高的壁面温度,这对于稳定管内火焰发挥了重要作用,这可从下游壁温水平在 $\phi=1.5$ 和 1.1 时几乎是一样的反映出来。综上所述,火焰吹熄极限的单调增加趋势是上述三方面因素共同作用的结果。

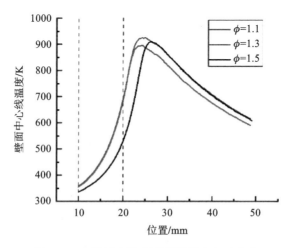

图 4.22 不同当量比下外壁面轴向温度分布

4.2.3 小结

通过实验研究了不同进气速度和当量比对正丁烷/空气预混气燃烧特性的影响,主要结论如下。

(1)即使在很低的进气速度下,预混气也无法实现完全浸没式燃烧,多数情况下会形成部分浸没火焰或表面火焰。当 $1.2 \leqslant \phi \leqslant 1.5$ 时,在较高的进气速度下,会形成内部火焰和外部火焰共存的模式。

(2)火焰在大多数情况下呈蓝色,但对于 $1.1 < \phi \leqslant 1.5$ 和 $\phi=0.9$ 的预混气,在低进气速度下火焰呈绿色。

(3)在 $0.9 \leqslant \phi \leqslant 1.2$ 时,预混气的熄火极限为 0.1 m/s,其他当量比下的熄火极限为 0.2 m/s。但随着当量比的增加,火焰吹熄极限几乎呈线性增加。分析表明,这种单调趋势可能是多孔介质的预热效应、火焰的热损失效应、未燃预混气的体积膨胀效应以及管口扩散火焰对管内火焰支持作用的综合结果。

4.3 部分填充凸形多孔介质的微细通道内的火焰稳定性

从上节可以看出,在小圆管内部分填充金属丝网能够一定程度上提高火焰吹熄极限,但效果不够显著,如当量比为 1.0 时,丁烷火焰的吹熄极限只有 0.55 m/s。本节将部分填充的圆柱形多孔介质改为凸型(即 T 型)结构,利用多孔介质热循环效应的同时,对流场进行调控,分别在环形空间的壁面处形成速度边界层以及在多孔介质凸出段内形成低速区,达到拓宽吹熄极限的目的。

4.3.1 物理模型

填充凸型结构多孔介质(304 不锈钢金属丝网)的微细通道燃烧器示意如图 4.23 所示,图中虚线表示圆管的对称轴。管长 $L=50$ mm,内径 $R=3$ mm,壁厚 $\delta=1$ mm。多孔介质总长度为 $L_2=10$ mm,可视为长度为 L_{21}、半径为 R 和长度为 L_{22}、半径为 r 的两段圆柱形多孔介质组合而成。多孔介质左端与圆管入口之间的距离 $L_1=10$ mm。本小节固定半径 $r=1$ mm,而凸出段长度 L_{22} 为变量。丁烷和空气的预混气从通道左端进入,燃烧尾气从右端出口排出。金属丝网物性参数见表 4.1。

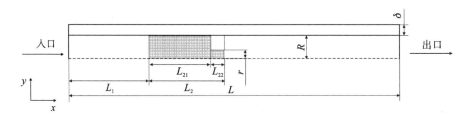

图 4.23 填充凸型多孔介质的微细通道燃烧器示意

4.3.2 数学模型与计算方法

为减少计算工作量,采用二维轴对称模型。假设气体为不可压缩的流体,不考虑气体辐射以及黏性力的做功,多孔介质为各向同性的均质材料。数学模型分为自由空间和多孔介质两个区域,其中自由空间采用层流模型。多孔介质区域基于孔径的最大雷诺数为 $Re_d=30.62$,故可采用层流模型。多孔介质区域的传热、传质与流动模型与 4.1 节相同,即气体动量方程在 Navier-Stokes 方程的基础上添加了黏性阻力源项和惯性阻力源项,同时采用双温度(固体骨架温度 T_s 和气体温度 T_g)能量方程来计算多孔介质和气体之间的换热。丁烷燃烧机理采用 Prince 等提出的 58 组分、268 步基元反应的反应机理。边界条件设置如下:进口采用速度进口边界条件,出口为压力出口,即绝对压力为 1 个标准大气压。石英管外壁面考虑自然对流和辐射散热,对流换热系数和表面发射率分别为 20 W/(m² · K)和 0.92。利用 SIMPLE 算法耦合压力与速度变量,收敛残差设置为 10^{-6}。

4.3.3 结果与讨论

1. 凸出段长度对吹熄极限的影响

定义火焰吹熄极限为维持火焰稳定的最大进气速度,计算得到的不同凸出段长度下的火焰吹熄极限如图 4.24 所示。为了便于比较,原多孔介质模型(即 $L_{22} = 0$ mm)下的火焰吹熄极限(0.55 m/s)也展示在图中。从图 4.2.4 中可见,火焰吹熄极限随 L_{22} 的增大单调增加,$L_{22} = 8$ mm 时吹熄极限可达 1.05 m/s,几乎达到了原吹熄极限的 2 倍,表明填充凸型多孔介质可以显著拓宽多孔介质燃烧的稳燃范围。

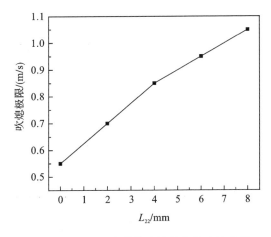

图 4.24 不同凸出段长度下的火焰吹熄极限

为了便于分析火焰的稳定机制,图 4.25 给出了不同凸出段长度下吹熄极限工况对应的火焰形态,图中红线为多孔介质的边界。这里以 HCO 质量分数 Y_{HCO} 最大值的 2% 等值线来表征火焰锋面。当 $L_{22} = 0$ mm 时(图 4.25(a)),火焰平整地悬浮在多孔介质的下游表面。当凸出段长度增加到 2 mm 时(图 4.25(b)),火焰变得倾斜,其中,中心区域的火焰仍然维持在凸出段表面,而近壁面处的火焰则远离多孔介质表面移向下游。当 $L_{22} = 4$ mm 时(图 4.25(c)),火焰形状与 $L_{22} = 2$ mm 的情况相似,但由于吹熄极限增大使得火焰被拉长。当 $L_{22} = 6$ mm 和 8 mm 时,吹熄极限工况对应的中心区域火焰根部稳定在多孔介质凸出段中(浸没火焰),表明当凸出段足够长时,凸出段对于高速下的火焰稳定起着关键作用。

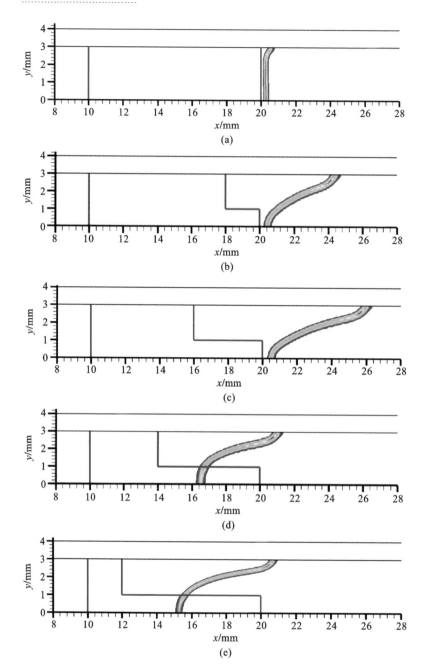

图 4.25 不同凸出段长度下吹熄极限工况对应的火焰形态

(a)$L_{22} = 0$ mm, $V_{in} = 0.55$ m/s; (b)$L_{22} = 2$ mm, $V_{in} = 0.7$ m/s;

(c)$L_{22} = 4$ mm, $V_{in} = 0.85$ m/s; (d)$L_{22} = 6$ mm, $V_{in} = 0.95$ m/s; (e)$L_{22} = 8$ mm, $V_{in} = 1.05$ m/s

2. 不同凸出段长度的冷态流场

图 4.26 给出了 $V_{in} = 0.5$ m/s 时, 冷态流动时不同凸出段长度对应的流线(左

侧)和速度等值线(右侧)分布。从图 4.26(a)中可以看到,在原模型($L_{22} = 0$ mm)中,多孔介质区域内流线分布均匀,速度边界层相比自由区域(即无多孔介质区域)更薄,这是由于多孔介质固体骨架的整流作用,边界处厚度减薄在一定程度上将削弱其稳定火焰的能力。这也是火焰不能稳定地浸没在多孔介质内部燃烧的原因。

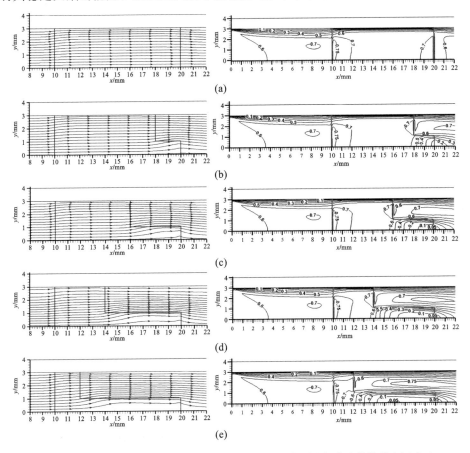

图 4.26　冷态流动时不同凸出段长度 L_{22} 对应的流线(左)与速度等值线(右)分布

(a)$L_{22}=0$ mm;(b)$L_{22}=2$ mm;(c)$L_{22}=4$ mm;(d)$L_{22}=6$ mm;(e)$L_{22}=8$ mm

随着凸出段的出现,可以看到流线发生了两次弯曲。具体来说,由于多孔介质中的流动阻力比自由空间大得多,凸出段内的气体首先改变方向流向环形空间。随后,在凸出段下游,由于流动空间的突然扩大,气体向圆管的中心区域流动。因此,在多孔介质凸出段及其下游的区域形成了一个低速区,而且随着凸出段长度 L_{22} 的增加,该低速区面积增大。同时,与上游多孔介质区相比,环形空间再次形成了更厚的边界层。因而无论是凸出段的低速区还是环形空间的边界层,都有利于增强燃烧器的稳焰能力。

3. 不同凸出段长度下的热态流场

图 4.27 给出了 $V_{in} = 0.5$ m/s(表示低进气速度)下,$L_{22} = 0$ mm、2 mm 和 4

mm 时的火焰锋面与速度等值线。由图 4.27 可见,随着多孔介质凸出段长度的增大,火焰锋面逐渐往上游移动,且部分火焰浸没到多孔介质凸出段(L_{22} 段)和多孔介质上游段(L_{21} 段)内。图 4.27 还表明了由于热循环效应,多孔介质内的预混气的速度比冷态下(参见图 4.26)的速度明显增大。当 $L_{22} = 0$ mm 时,多孔介质中除了较薄的边界层外,没有形成低速区。然而在多孔介质凸出段出现后,其内部形成了明显的低速区,因此中心区域的火焰可以在较高进气速度下被锚定。

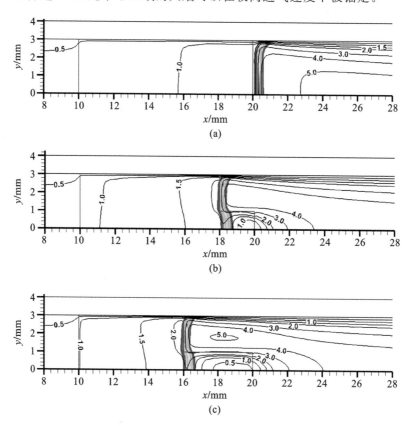

图 4.27 $V_{in} = 0.5$ m/s 时,不同凸出段长度 L_{22} 下的火焰锋面与速度等值线

(a)$L_{22} = 0$ mm;(b)$L_{22} = 2$ mm;(c)$L_{22} = 4$ mm

图 4.28 给示了 $V_{in} = 0.85$ m/s(表示高进气速度)下,$L_{22} = 4$ mm、6 mm 和 8 mm 时的火焰锋面与速度等值线。从图 4.28(a)可见,$L_{22} = 4$ mm 时中心区域的火焰已被吹出凸出段,整个火焰锋面呈倾斜状,火焰顶端(即壁面附近)被边界层锚定,而火焰底部被凸出段下游的低速区锚定。当 L_{22} 增大到 6 mm 时,中心区域的火焰进入多孔介质凸出段内部,被其中的低速区所锚定。同时,由于多孔介质内部速度分布相对均匀,中心区域的火焰趋于平整;而环形空间的火焰由于速度大得多且流场不均匀而发生倾斜。当 $L_{22} = 8$ mm 时,火焰形态与 $L_{22} = 6$ mm 时相似,但更靠近上游位置。此外,在 $L_{22} = 8$ mm 时凸出段内的低速区变得更长,在它的末

端出现了另一个小低速区(可以通过 1.0 m/s 的速度等值线识别出)。这些现象表明,$L_{22} = 8$ mm 的燃烧器可以获得比 $L_{22} = 6$ mm 更大的吹出极限。

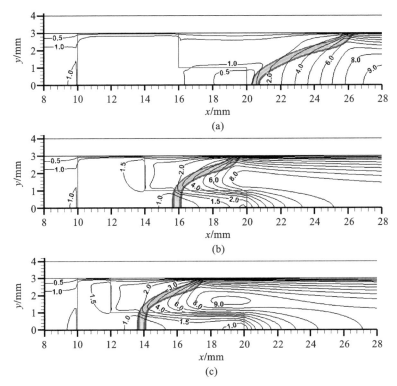

图 4.28 $V_{in} = 0.85$ m/s 时,不同凸出段长度 L_{22} 下的火焰锋面与速度等值线

(a)$L_{22} = 4$ mm;(b)$L_{22} = 6$ mm;(c)$L_{22} = 8$ mm

4. 不同凸出段长度下的回热效率

为了定量分析凸出段长度对热循环效应的影响,定义多孔介质的回热效率为低温未燃气经过多孔介质区域所吸收的热量 Q_s 与该工况下燃料热值 Q_c 之比,即 $\eta = Q_s / Q_c$。Q_s 的计算式如

$$Q_s = \int_{V_r} h_V (T_s - T_g) \mathrm{d}V \tag{4.20}$$

式中,V_r 为多孔介质内回热区的体积(即 $T_s > T_g$ 的区域)。

图 4.29 给出了不同进气速度下多孔介质回热效率随凸出段长度 L_{22} 的变化,可以看出,尽管多孔介质整体体积在减小,然而一旦火焰浸没到多孔介质中,回热效率反而会显著提高,进一步改变 L_{22} 对回热效率的影响并不明显,而当 L_{22} 增加至 8 mm 后回热效率会有所下降。

为了便于分析上述多孔介质回热效率的变化趋势,图 4.30 给出了 $V_{in} = 0.5$ m/s 时,不同凸出段长度对应的固-气温差($T_s - T_g$)等值线分布。图中数值为 0

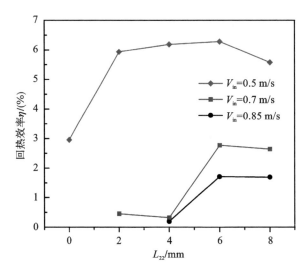

图 4.29　不同进气速度下多孔介质回热效率随凸出段长度 L_{22} 的变化

的等值线是多孔介质内气体回热区(即 $T_s > T_g$)和失热区($T_s < T_g$)的分界线。由图 4.30 可见,失热区($T_s - T_g < 0$)位于分界线的下游,表明该区域内热量从气相传递到固相。从图 4.30(e)中可以看到,$L_{22} = 8$ mm 时多孔介质凸出段末端的温差值变为正值。由于这一区域位于火焰下游,因此已燃气体从固体骨架吸收的热量没有计算到回热效率中去。回热区($T_s - T_g > 0$)普遍位于多孔介质上游,且分界线随着多孔介质凸出段长度的增加逐渐往上游移动,表明回热区域也随之减小。然而,回热区域的温差值却随着凸出段长度的增加而增大,如 $L_{22} = 0$ mm 时最大温差值大约为 20 K,而 $L_{22} = 8$ mm 时最大温差值约为 200 K,这是由于火焰往上游移动后固体骨架可以被更高温度的火焰加热。因此与原燃烧器模型相比,尽管凸型多孔介质的回热区域减小,但后者的回热效率反而更高。当 $L_{22} = 8$ mm 时,由于回热区域太小导致回热效率开始下降。

4.3.4　小节

为扩大部分填充多孔介质的微细通道内预混气的火焰稳燃范围,提出了采用凸型多孔介质代替圆柱形多孔介质的技术方案。基于数值模拟获得了丁烷/空气预混气的火焰吹熄极限,并分析了其火焰稳定机理。计算结果表明,吹熄极限随凸出段长度 L_{22} 的增加呈单调增加趋势,最大吹熄极限可达 1.05 m/s,几乎是原燃烧器(0.55 m/s)的两倍。从流场和回热效率两方面综合分析了火焰稳定机理,发现在多孔介质凸出段内形成一个低速区,同时在环形空间壁面附近形成了一个较厚的边界层。此外,由于回热区内固-气温差增大,凸型多孔介质的回热效率反而有所提高。综合起来,凸形多孔介质带来的流场和热循环效应的改变均有利于提高火焰稳定能力。

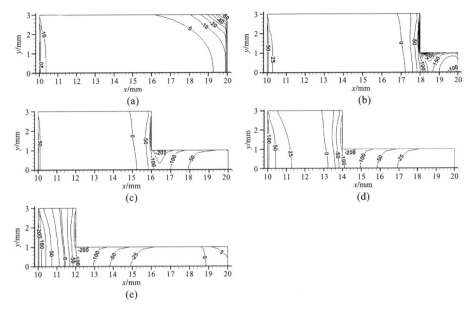

图 4.30 $V_{in} = 0.5$ m/s 时,不同凸出段长度对应的固-气温差$(T_s - T_g)$等值线分布

(a)$L_{22} = 0$ mm;(b)$L_{22} = 2$ mm;(c)$L_{22} = 4$ mm;

(d)$L_{22} = 6$ mm;(e)$L_{22} = 8$ mm

4.4 本章小结

本章通过实验研究了全部填充陶瓷纤维的微细石英管内甲烷/空气的预混燃烧特性和部分填充金属丝网的微细石英管内丁烷/空气的预混燃烧特性,并提出了一种部分填充"T"形多孔介质的微细通道燃烧器,通过数值模拟研究了其稳焰能力和机理。主要结论如下。

(1)在$d = 5$ mm 和$d = 6$ mm、填充陶瓷纤维的微细石英管内,当$\phi \geqslant 0.7$且进气速度较低时,火焰能驻定于通道中,而且随着当量比的增加,驻定火焰所对应的进气速度范围逐渐拓宽。对于$d = 4$ mm 的石英管,即使填充陶瓷纤维,由于壁面散热损失太大,火焰也不能驻定。

(2)在部分填充金属丝网的微细通道内,丁烷/空气只能形成部分浸没火焰或表面火焰。在$0.5 \leqslant \phi \leqslant 1.5$范围内,随着当量比的增加,火焰吹熄极限几乎呈线性增加,这可能是多孔介质的热循环效应、火焰的热损失效应、未燃预混气的体积膨胀效应以及管口扩散火焰对管内火焰的支持作用的综合结果。

(3)管内填充凸型结构的多孔介质,能够在环形空间的管壁处形成边界层,同时在凸出段内形成低速区,同时提高了上游多孔区域的回热效率,因此显著地扩大了火焰吹熄极限,表明这是一种非常有效的多孔介质稳焰技术。

5　多孔介质非预混燃烧

对于非预混燃烧,燃料与氧化剂的混合成为一个影响微细通道火焰稳定性和燃烧效率的关键问题。填充多孔介质可以大大促进反应物之间的混合,同时也能发挥多孔介质的回热作用,从而可能显著提高火焰稳定性和燃烧效率。本章将介绍填充陶瓷纤维的"Y"形微细石英管燃烧器内甲烷/空气的非预混燃烧特性以及平板型微细通道内甲烷/空气的非预混燃烧特性。

5.1　填充陶瓷纤维的"Y"形微细通道内的非预混燃烧的火焰稳定性

5.1.1　实验方法

非预混燃烧器为三根相同直径的石英管构成的"Y"形结构,管壁厚度均为 1 mm,两个入口通道之间的夹角为 90°,入口通道长 100 mm,燃烧通道长 L 为 200 mm。实验中石英管采用了三个不同内径,即 $d = 4$ mm、5 mm 与 6 mm。陶瓷纤维被填入燃烧通道内,填充前后的燃烧器如图 5.1 所示。为了便于后续的比较与讨论,本节将孔隙率与上一章的预混燃烧器保持一致,即 0.92。燃料仍然为甲烷,氧化剂为空气,实验方法也与 4.1 节基本一致。

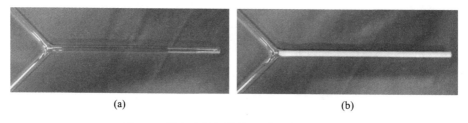

(a)　　　　　　　　　　　　　　　　　(b)

图 5.1　填充陶瓷纤维前、后的"Y"形燃烧器

5.1.2　实验结果

1. 点火性能

实验发现,当"Y"形燃烧器内未填充多孔介质时,并不是在水平通道的任意位置都能成功点火,这主要是由于燃料与空气的充分混合需要足够的长度。为此,首先须对未填充陶瓷纤维的"Y"形燃烧器的点火性能进行系统的研究。为了便于比较,定义了"点火距离(ignition distance)"的概念,用它表示能够成功点火的位置离三岔口的最近距离。图 5.2 给出了 $d=6$ mm 的燃烧器在不同甲烷进气速度(V_{CH_4})的点火距离与空气进气速度(V_{Air})的关系,以及 $V_{CH_4}=0.04$ m/s 时不同内径燃烧器的点火距离与空气进气速度的关系。从图 5.2 中可以看出,对于同一个燃烧器,当燃料进气速度相同时,点火距离随着空气进气速度的增加而增大;同样,当空气进气速度相同时,点火距离随着燃料进气速度的增加而增大。这是因为进气速度增大时,到达距入口相同距离的位置处,气体在管内的停留时间缩短,燃料

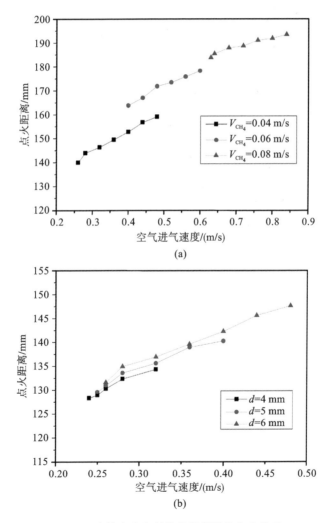

(a)

(b)

图 5.2 未填充陶瓷纤维的燃烧器的点火情况

(a)$d=6$ mm 的燃烧器在不同甲烷进气速度的点火距离与空气进气速度的关系;(b)V_{CH_4}
$=0.04$ m/s 时不同内径的燃烧器的点火距离与空气进气速度的关系

与空气的混合状况变差,即需要更长的距离来达到相同的混合程度,导致点火距离延长。另外,从图中还可以发现,在相同的进气速度下,燃烧器内径越小,点火距离越短。这是因为小内径通道内燃料与空气的扩散距离更小,混合过程更快。

当水平通道内填充陶瓷纤维后,不管是哪种内径尺寸的燃烧器,在任意位置处都能用丁烷喷枪成功点火。图5.3为$d=4$ mm,$V_{CH_4}=0.04$ m/s,$V_{Air}=0.30$ m/s时,分别对靠近三岔口处与混合通道中段处进行点火后拍摄的照片。这表明填充多孔介质后,燃料与空气能够快速地进行混合,即使在离三岔口很近的位置处,燃烧依然可以进行。

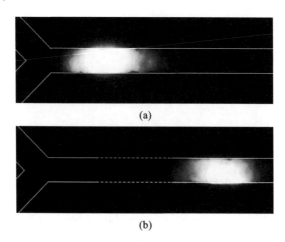

图5.3　填充陶瓷纤维的"Y"形燃烧器内不同位置点火后的火焰照片($d=4$ mm,$V_{CH_4}=0.04$ m/s,$V_{Air}=0.30$ m/s)

(a)近三岔口处点火;(b)混合通道中段点火

2. 火焰稳定性

1)未填充陶瓷纤维的燃烧器

未填充陶瓷纤维时,所有工况下火焰均不能维持驻定,而是以一定的倾角向下游移动。图5.4给出了$d=4$ mm,过量空气系数$\alpha=0.8$时,三个工况下的火焰照片。从图5.4中可知,火焰厚度较薄,且随着进气流量的增大,火焰倾角增大,亮度也随之增强,这是因为在相同的过量空气系数时,进气速度越大,燃料与空气进气速度的差值就越大,导致火焰发生更严重的倾斜。另外,流量增大后,反应物增多,燃烧过程释放的热量也增大,火焰温度升高,释放的可见光也增多。

对三个不同内径的燃烧器内不同工况下燃烧波的传播速度进行测量,图5.5给出了$\alpha=1.0$时,未填充陶瓷纤维的三个燃烧器的火焰传播速度随甲烷进气速度变化的规律。从图5.5中可知,随着燃料进气速度的增大,火焰传播速度也随之增大。从混合程度来说,小内径燃烧器内的燃烧效果应该更好,但是随着内径的减小,火焰传播速度也增大,尤其是内径为4 mm的燃烧器,表明其火焰稳定性显著变差,其主要应该是表面散热损失急剧增大而导致的。

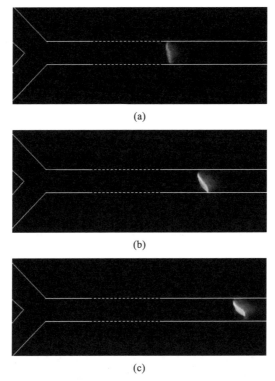

图 5.4　$d=4$ mm, $\alpha=0.8$ 时,未填充陶瓷纤维的燃烧器内的火焰状况

(a)$V_{CH_4}=0.04$ m/s, $V_{Air}=0.30$ m/s;(b)$V_{CH_4}=0.06$ m/s, $V_{Air}=0.45$ m/s;(c)V_{CH_4} $=0.08$ m/s, $V_{Air}=0.60$ m/s

2) 填充陶瓷纤维的燃烧器

实验发现,当通道内填充陶瓷纤维时,在甲烷进气速度为 $0.02\sim0.04$ m/s 范围内火焰能够维持驻定,且 $d=6$ mm 的燃烧器内驻定火焰对应的过量空气系数范围比 $d=5$ mm 要大,说明较大内径的壁面散热损失比较少,火焰稳定性增强。

由图 5.5 可知,对于同一燃烧器来说,当 α 固定时,随着 V_{CH_4} 的增大,火焰变长,且更加明亮,这是因为甲烷进气速度增大后,参与反应的燃料更多,燃烧释放的热量增大。图 5.6 所示为甲烷进气速度 $V_{CH_4}=0.02$ m/s,过量空气系数 $\alpha=0.8$ 时, $d=5$ mm 和 $d=6$ mm 的"Y"形燃烧器内的驻定火焰照片。从图 5.6 中可以看出,火焰能够长时间内维持驻定,且随着内径的增大,火焰长度略有缩短,形态上显得更为"粗壮"。

除了少数工况下的驻定火焰之外,其他可以点燃的工况下火焰均向下游移动。图 5.7 所示为甲烷进气速度 $V_{CH_4}=0.04$ m/s、过量空气系数 $\alpha=1.2$ 时,三个燃烧器内火焰传播的照片,可以发现, $d=5$ mm 时的火焰比 $d=4$ mm 和 $d=6$ mm 时都长。分析认为,主要由以下两个原因造成:对于"Y"形微细通道内的非预混燃烧来说,火焰状况取决于混合和散热两个方面,管道内径越小,混合越好,越有利于燃

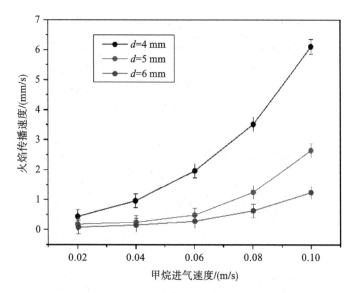

图 5.5 $\alpha=1.0$ 时,未填充陶瓷纤维的三个不同内径燃烧器的火焰传播速度随甲烷进气速度的变化

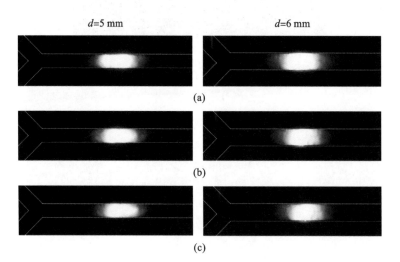

图 5.6 $V_{CH_4}=0.02$ m/s, $\alpha=0.8$ 时, $d=5$ mm 和 $d=6$ mm 的"Y"形燃烧器内的驻定火焰照片
(a)$t=0$ s;(b)$t=10$ s;(c)$t=20$ s

烧;管道内径越小,其壁面散热比例越大,这对燃烧不利。因此,综合起来,中等内径($d=5$ mm)的燃烧器内火焰长度最大。

图 5.8 给出了 $\alpha=1.0$ 时不同内径的燃烧器内火焰传播速度随甲烷进气速度的变化规律。与未填充陶瓷纤维的燃烧器(图 5.5)对比可以发现,填充陶瓷纤维之后的火焰传播速度几乎降低了一个数量级,绝大多数工况下均在 1.0 mm/s 以下,这充分表明填充多孔介质可以显著改善火焰稳定性,这主要归结于甲烷与空气

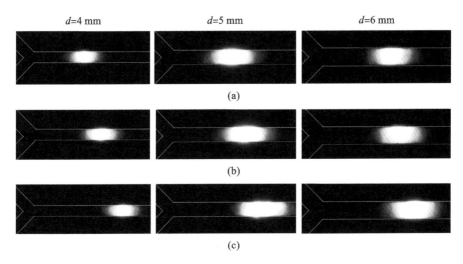

$d=4$ mm $d=5$ mm $d=6$ mm

(a)

(b)

(c)

图 5.7 $V_{CH_4}=0.04$ m/s,$\alpha=1.2$ 时,不同内径的燃烧器内的火焰传播照片

(a)$t=0$ s;(b)$t=10$ s;(c)$t=20$ s

良好的混合以及热循环效应两个方面。另外,内径越小,火焰传播速度越快,特别是对于 $d=4$ mm 的燃烧器,小内径情况下虽然混合加强了,但表面散热损失对火焰稳定性的负面作用更大。

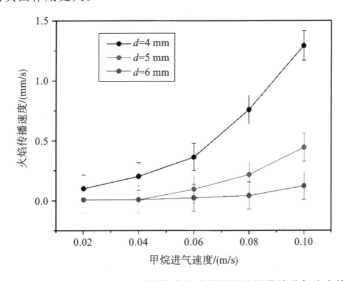

图 5.8 $\alpha=1.0$ 时,不同内径的燃烧器内火焰传播速度随甲烷进气速度的变化

3. 可燃范围

图 5.9 给出了填充陶瓷纤维前、后三个"Y"形燃烧器的可燃范围。总体来说,三个燃烧器在填充陶瓷纤维多孔介质之后的稳焰范围明显拓宽了。例如,对于 $d=4$ mm 的燃烧器,当 $V_{CH_4}=0.04$ m/s 时,未填充多孔介质燃烧器对应的可燃空气

进气速度范围为 0.23～0.34 m/s,而填充多孔介质后,可燃空气进气速度范围拓宽至 0.16～0.50 m/s。另外,对比这三个图还可以发现,填充陶瓷纤维多孔介质对于 $d=4$ mm 的燃烧器来说,其可燃上限和下限均有较明显的拓宽,而对于 $d=5$ mm 和 $d=6$ mm 的燃烧器来说,只有可燃上限的拓宽比较明显,而可燃下限的拓宽比较微弱。

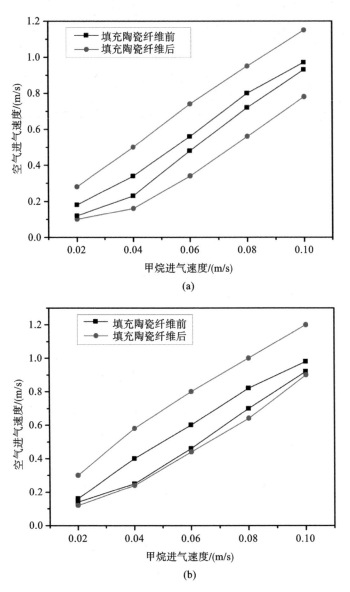

图 5.9 填充陶瓷纤维前、后三个"Y"形燃烧器的可燃范围

(a)$d=4$ mm;(b)$d=5$ mm;(c)$d=6$ mm

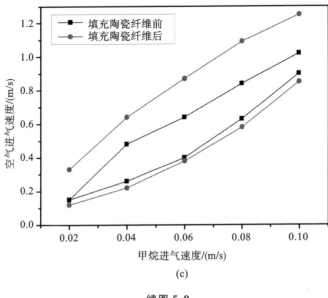

(c)

续图 5.9

图 5.9 分别以甲烷和空气的进气速度作为横、纵坐标进行绘制,该方法的好处是能够直观地对填充多孔介质前后的工况范围进行比较,缺点是无法判断燃烧是处于贫燃工况还是富燃工况。为此,换一种绘制方法,即将过量空气系数 α 作为纵坐标,甲烷进气速度 V_{CH_4} 作为横坐标,如图 5.10 所示,从该图中可以看出,过量空气系数的可燃上限随内径的增大而增大,呈现出单调变化趋势;但是,过量空气系数的可燃下限则随内径的增大并未呈现出单调变化趋势,其中 $d=4$ mm 的可燃下限反而最低。分析认为,甲烷和空气混合的强化弥补了壁面散热比例增大造成的负面影响,从而使 $d=4$ mm 对应的过量空气系数的可燃下限降低。

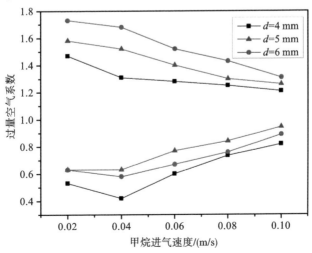

图 5.10 填充陶瓷纤维的三个不同内径燃烧器的可燃极限对比

另外,从图 5.10 中还可以发现,当内径不变时,随着甲烷进气速度的增加,过量空气系数的可燃下限整体逐渐升高,可燃上限逐渐降低。以 $d=4$ mm 为例,当甲烷进气速度从 0.06 m/s 增大至 0.08 m/s 时,如果过剩系数 α 保持不变,则通道内未燃气体的平均速度会增大到原速度的 1.33 倍。而由于过量空气系数不变,燃烧速度几乎没有太大变化,火焰难以维持。而微小尺度下的熄火极限主要是由于热损失导致的,因此,甲烷进气速度的增大会导致过量空气系数的可燃下限上升、上限降低,即均朝着 $\alpha=1$ 的方向靠拢,这样燃烧释热率才会增大,火焰才能维持稳定燃烧。

5.2　微小平板型多孔介质燃烧器的非预混燃烧特性

5.2.1　几何模型与计算方法

微小平板型多孔介质燃烧器的二维几何模型如图 5.11 所示。燃烧器长度 L_0 =16 mm,壁厚 $W_0=0.2$ mm,高度 H_0 取三个值:2.5 mm、3.0 mm 和 3.5 mm,用以研究通道高度对非预混燃烧特性的影响。燃烧器进口被一块隔板平均分为两个区域,上侧为甲烷入口,下侧为空气入口,两个进口的高度均为 H_1。隔板长度 L_1 =2 mm,厚度 $W_1=0.2$ mm。隔板下游的混合和燃烧通道内填充有多孔介质(实际使用时,由于进口隔板的存在,只在隔板下游区域填充多孔介质较为方便,但在进口通道填充满多孔介质可能获得更好的预热效果)。

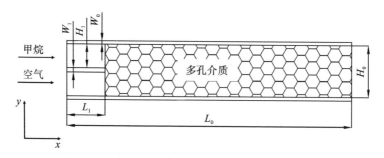

图 5.11　微小平板型多孔介质燃烧器的二维几何模型

经计算,本章研究范围内的孔隙雷诺数 Re_d 最大值约为 88,因此选用层流流动模型。采用非热平衡模型(双温度方程),耦合求解上述传热过程。在组分方程中添加质弥散系数来考虑多孔介质的质弥散效应。燃烧反应速率计算模型采用层流有限速率模型,甲烷的燃烧反应机理采用 C_1 反应机理。气体组分的热力学和动力学参数来自 CHEMIKIN 数据库,多孔介质的等效辐射导热系数和组分方程中的质弥散系数通过 UDF 编写导入。采用二阶迎风格式对方程进行离散,利用SIMPLE 算法耦合求解压力与速度,计算残差设置为 10^{-6},通过在燃烧器内 patch高温区域引发化学反应。

边界条件如下:进口采用速度进口,进气温度固定为 300 K,出口设置为压力出口,固定压力为 1 标准大气压。用名义当量比 ϕ 表征燃烧器内名义当量比,即进口燃料和氧化剂完全混合后的预混气的当量比;用 $V_{\text{ave,cold}}$ 代表进气速度,表示通道没有填充多孔介质时冷态预混气的平均流速。

不锈钢丝网具有导热系数较高、预热效果好、耐高温性能好、容易填充、可改变孔隙率等优点,因此,本节中实验采用不锈钢丝网制成多孔介质。考虑到实验中观察火焰形态的需要,燃烧器壁面材料采用石英玻璃。多孔介质和壁面固体材料的物性参数如表 5.1 所示。

表 5.1 多孔介质和壁面固体材料的物性参数

名称	材料	密度/ (kg/m³)	比热容/ [J/(kg·K)]	热导率/ [W/(m·K)]	发射率
多孔介质	不锈钢	7930	500	21.5	0.78
燃烧器壁面	石英	2650	750	1.05	0.92

燃烧效率 η_c 定义为燃烧器内化学反应实际释放的热量与进入通道的燃料最大可能热释放的比值。考虑到甲烷燃烧尾气中主要的可燃成分为甲烷、一氧化碳和氢气,η_c 可通过式(5.1)计算。

$$\eta_c = 1 - \frac{m_{\text{out,CH}_4} \Delta h_{\text{CH}_4} + m_{\text{out,CO}} \Delta h_{\text{CO}} + m_{\text{out,H}_2} \Delta h_{\text{H}_2}}{m_{\text{in,CH}_4} \Delta h_{\text{CH}_4}} \tag{5.1}$$

式中,$m_{\text{out,H}_2}$,$m_{\text{out,CO}}$ 和 $m_{\text{out,CH}_4}$ 分别为氢气、一氧化碳、甲烷在燃烧器出口的质量流量;$m_{\text{in,CH}_4}$ 表示燃烧器进口处的甲烷质量流量;Δh_{H_2}、Δh_{CO} 和 Δh_{CH_4} 分别为氢气、一氧化碳和甲烷的反应焓。

5.2.2 填充多孔介质对燃烧器内火焰特性的影响

本节中,固定通道高度为 3.0 mm,名义当量比为 1,多孔介质的孔隙率为 0.86。$V_{\text{ave,cold}} = 0.2$ m/s 时自由通道和多孔介质通道的温度场如图 5.12 所示。在自由通道中,上游气体混合较差,火焰位于燃烧器中游,高温区面积较大。而在多孔介质通道中,由于多孔介质的质弥散效应和预热效应,火焰位于上游,高温区较为狭长。多孔介质温度较为均匀,其高温区域与气体高温区域接近,但最高温度出现区域更靠近下游。从图 5.13 给出了自由通道和多孔介质通道内单位体积的热释放速率(HRR)分布,可以看出,自由通道中火焰锋面为不对称的月牙形,富燃区域的火焰锋面更长,贫燃区域火焰锋面较短,热释放速率峰值位置在化学恰当比线附近。而多孔介质通道中,热释放速率较大的反应区沿化学恰当比线呈带状分布。典型的平行流混合层中甲烷/空气非预混火焰为三叉火焰,但在受限空间中燃料和空气的量有限,反应物在火焰面上燃烧,火焰面下游反应物不足,三叉火焰的扩散火焰分支消失,形成图 5.13(a)中自由通道的火焰形态。对于多孔介质燃烧器,火焰位于通道上游,隔板附近组分浓度梯度较大,三叉火焰的预混火焰分支退化,扩散分支明显,呈现图 5.13(b)所示的带状形态。

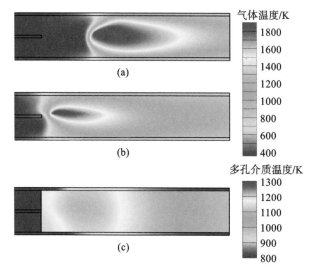

图 5.12　$V_{ave,cold}=0.2$ m/s 时自由通道和多孔介质通道的温度场

(a)自由通道气体温度;(b)多孔介质通道气体温度;(c)多孔介质温度

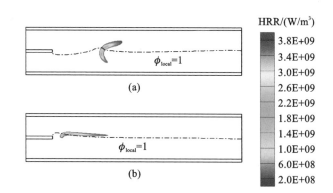

图 5.13　自由通道和多孔介质通道内单位体积热释放速率(HRR)分布

(a)自由通道;(b)多孔介质通道

当 $\phi=1$ 时,自由通道在 0.1 m/s$\leqslant V_{ave,cold}\leqslant 0.25$ m/s 之间时,火焰才能够稳定,稳燃范围较小。当进气速度减小时,燃烧强度较小,散热损失比过大,造成火焰熄灭。而进气速度增大时,气体停留时间短,气体混合也变差,火焰被吹出通道。在多孔介质燃烧器中 0.2 m/s$\leqslant V_{ave,cold}\leqslant 0.9$ m/s 时火焰能够保持稳定,可燃进气速度上限提高了数倍,但是由于多孔介质吸收火焰热量,一部分向上游传播预热来流气体,一部分向下游传导并在出口处以辐射的形式损失了一部分热量,因此,在进气速度较小时,多孔介质的存在使反应区火焰温度降低。当 $V_{ave,cold}=0.2$ m/s 时,多孔介质燃烧器内气体最高温度为 1945 K,低于自由通道的 1976 K,而且从图

5.12 也可以看到,其高温区面积也较小。此外,相同进气速度下,多孔介质通道内流体的实际速度大于自由通道的气体速度。这两方面原因使得进气速度较小时多孔介质燃烧器的燃烧效率(94.5%)也低于自由通道(98.8%)。当进气速度继续减小时,多孔介质从火焰中吸收热量的比例增大,火焰温度进一步降低,导致熄火。

5.2.3　进气速度对燃烧特性的影响

图 5.14 为不同进气速度时通道中心线上的气体温度和多孔介质固体温度的分布曲线。在一些工况下,燃烧器内最高火焰温度大于燃料的绝热燃烧温度,这是因为多孔介质具有预热未燃气体的作用,因此多孔介质燃烧也是实现"过焓燃烧"的一种方法。通道上游同一组气体温度曲线和多孔介质温度曲线会有一个交点,交点左侧的气体温度小于多孔介质温度,气体被多孔介质加热,这一区域称为"预热区"。交点右侧的气体温度大于多孔介质温度,意味着高温燃烧产物加热多孔介质固体,这一区域称为"失热区"。

从图 5.14 中还可以看出,沿流动方向,中心线上气体和多孔介质温度都呈先升高后降低趋势。进气速度较小时,出口附近气体和多孔介质温度基本一致。当进气速度增大后,由于通道长度有限,气体和多孔介质的换热距离及传热速率有限,出口附近气体和多孔介质的温差增大。此外,通道中心线上预热区长度随进气速度增大而单调增加,但预热区的多孔介质温度及气体最高温度(相同实心和空心符号曲线交点)则随速度增大非单调变化,$V_{ave,cold}=0.5$ m/s 时预热区多孔介质温度最高,其预热未燃气体达到的温度也最高。预热区多孔介质温度与火焰位置和火焰温度的综合作用有关。$V_{ave,cold}=0.5$ m/s 与 $V_{ave,cold}=0.2$ m/s 时相比,火焰温度较高,而与 $V_{ave,cold}=0.8$ m/s 时相比,虽然火焰温度较低,但其火焰位置更靠近上游,所以上游多孔介质温度也较高。

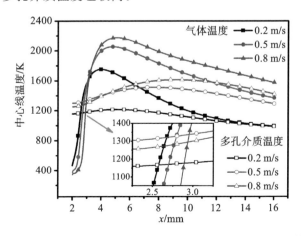

图 5.14　不同进气速度时通道中心线上的气体温度和多孔介质温度的分布曲线

对中心线上气体与多孔介质之间的换热情况进行分析,气体与多孔介质之间的对流换热强度分布曲线如图 5.15 所示。可以看出,在预热区,随进气速度增大,多孔介质向气体预热的热流量增大。而在失热区的大部分区域,气体向固体的对流换热量也随进气速度增大而增大。虽然从 5.14 中看到,$V_{ave,cold}=0.5$ m/s 时预热区多孔介质温度较高,但 $V_{ave,cold}=0.8$ m/s 时气体固体温差较大,且体积对流换热系数也较大,因此 $V_{ave,cold}=0.8$ m/s 时预热的热流量更大。计算表明,$V_{ave,cold}=0.2$ m/s、0.5 m/s 和 0.8 m/s 时,燃烧器中心线上预热量占失热区气体向固体的传热量比例分别为 9.8%、13.5% 和 14.9%,随进气速度增大单调增加,但增大的比例有所减小。

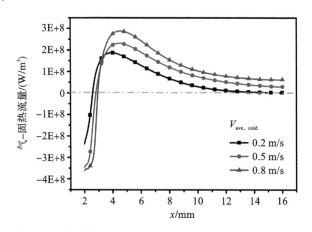

图 5.15   气体与多孔介质之间的对流换热强度分布曲线

图 5.16 给出了不同进气速度下燃烧器内气体与多孔介质温差的二维分布。图中虚线为气体温度与多孔介质温度相同的界面($T_g=T_s$),虚线包围的区域气体温度大于固体温度(失热区),虚线外区域固体温度大于气体温度(预热区)。可以看出,随进气速度增大,气体与多孔介质之间的温差增大。$V_{ave,cold}=0.8$ m/s 时,正的最大气体固体温差位于火焰区域,达到 1246 K;而负的最大气体固体温差位于进气通道出口位置,为 -937 K。进气速度增大,气体停留时间缩短,火焰位置后移,这对燃烧是不利的。但是对于多孔介质燃烧,进气速度增大后,火焰上游预热区面积增大,气体与固体之间的温差也增大,未燃气体能够得到更多预热,这对增强燃烧强度和稳定火焰是有利的。因此,多孔介质对气体的预热作用削弱了进气速度增大对火焰稳定的不利影响,使得多孔介质燃烧器内火焰具有较高的速度上限。

5.2.4   通道高度对燃烧特性的影响

本节固定 $\phi=1.0$,讨论通道高度 H_0 对多孔介质燃烧器内非预混燃烧特性的影响,不同通道高度燃烧器的可燃进气速度范围如图 5.17 所示。由图 5.17 可见,通道高度对可燃进气速度下限影响不大,三种不同通道高度下,速度下限均为 0.2 m/s。进一步减小进气速度会导致进入燃烧器的燃料减少,燃烧释放的热量减少,

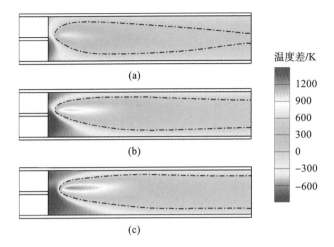

温度差/K

1200
900
600
300
0
-300
-600

图 5.16　不同进气速度下燃烧器内气体与多孔介质温差的二维分布（其中虚线为气体温度和多孔介质温度相同的界面）

(a)$V_{ave,cold}$＝0.2 m/s；(b)$V_{ave,cold}$＝0.5 m/s；(c)$V_{ave,cold}$＝0.8 m/s

火焰受到多孔介质的吸热和壁面散热损失的比例过大而熄灭。可燃进气速度上限随通道高度增加而单调增大，H_0＝2.5 mm、3.0 mm 和 3.5 mm 时，速度上限分别为 0.7 m/s、0.9 m/s 和 1.3 m/s。由于多孔介质大大加快了气体的混合速度，通道高度增加导致混合质量较差的情况被改善，气体混合质量的影响减小了，因此在所研究的高度范围内速度上限单调增大。需要特别说明的是，通道特征尺度的增加会减弱多孔介质的质弥散效应，因此，随着通道高度的进一步增大，气体混合质量的影响作用又会逐渐增大。

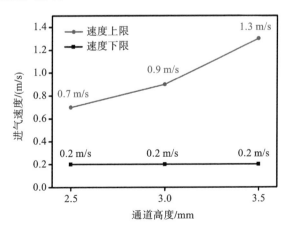

图 5.17　不同通道高度燃烧器的可燃进气速度范围

图 5.18 给出了 $V_{ave,cold}$＝0.5 m/s 时不同通道高度的燃烧器内气体的温度场云图。随着通道高度增加，气体的混合距离增加，进入燃烧器的燃料增多，燃料完全燃尽所需的距离增大，火焰长度增大。图 5.19 给出了 $V_{ave,cold}$＝0.5 m/s、x＝9 mm(隔板下游混合和燃烧通道的中点)时通道高度方向上的可燃组分分布曲线,其中横坐标为无量纲高度$((y-0.2)/H_0)$。可以看出,在燃烧通道中点,$H_0=2.5$ mm 通道内任意高度甲烷摩尔分数都几乎为 0,甲烷基本燃尽;$H_0=3.0$ mm 燃烧器上壁面附近残余少量甲烷,而 $H_0=3.5$ mm 燃烧器上侧还剩余大量未燃烧的甲烷。从图 5.19(b)和 5.19(c)中可以看到,不同通道高度的燃烧器在燃烧通道中心位置都残余有可燃中间产物(一氧化碳和氢气),且其总的摩尔浓度随通道高度增大而增加。同时也注意到,在通道下侧,通道高度越小的燃烧器,一氧化碳和氢气的摩尔分数越大。这是由于一氧化碳和氢气主要在通道上侧富燃区生成,然后扩散到通道下侧。通道高度越小,扩散距离越短,而且组分扩散也越快(质弥散系数较大)。因此,通道高度较小的燃烧器内通道下侧中间产物浓度反而较高。

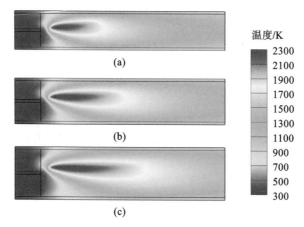

图 5.18　$V_{ave,cold}=0.5$ m/s 时不同通道高度燃烧器内气体的温度场云图
(a)$H_0=2.5$ mm;(b)$H_0=3.0$ mm;(c)$H_0=3.5$ mm

图 5.18 表明,随通道高度增加,反应区长度(x 方向)增大,但反应区宽度(y 方向)却差别不大,这一特点对燃烧器的散热损失有较大影响。通道高度增加,高温区长度增大,对应壁面高温区面积也增大。但是由于反应区宽度几乎没有改变,通道高度增大使通道中心高温区离壁面的距离增大,壁面附近的气体温度降低;同时多孔介质的纵向导热热阻也增大,壁面附近多孔介质温度下降,这也会导致气体温度降低。这正反两方面的作用最终导致高度较小的燃烧器壁面温度较高,散热损失较大,如图 5.20 所示。这里,燃烧器边界向环境散失的热量包括燃烧器壁面的辐射和对流换热以及燃烧器出口处多孔介质向环境的辐射换热量。随着通道高度增大,上、下壁面的热损失功率都减小。高度较大的燃烧器反应区较长会使得通道内多孔介质的高温区向下游移动,导致出口处多孔介质的温度明显升高、辐射散热量大大增加,也使得燃烧器总的热损失功率增大。但随着通道高度增大,进入燃烧器的燃料增多,燃料释放的总热量也增加,因此燃烧器散热损失比是减小的,如图 5.20 中虚线所示。

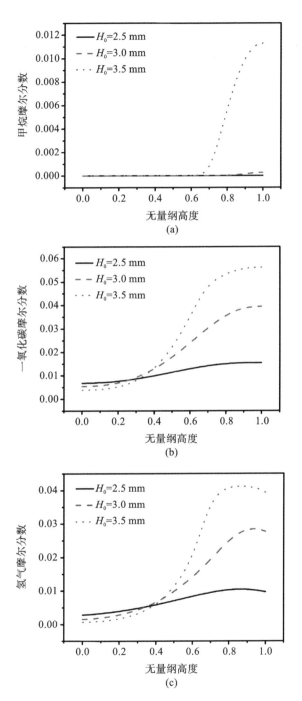

图 5.19　$V_{ave,cold}=0.5$ m/s、$x=9$ mm 时通道高度方向上的可燃组分分布

(a)甲烷摩尔分数;(b)一氧化碳摩尔分数;(c)氢气摩尔分数

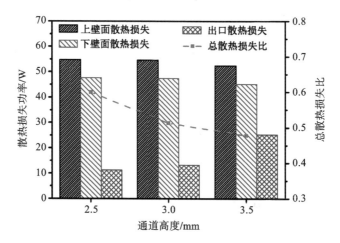

图 5.20 $V_{ave,cold}=0.5$ m/s 时不同高度燃烧器的散热损失

图 5.21 给出了 $V_{ave,cold}=0.5$ m/s 时不同通道高度燃烧器内气体最高温度和燃烧效率,可以看出,随着通道高度增大,燃烧效率逐渐下降。这是因为通道高度较大时,进入燃烧器的燃料增多,气体混合质量也变差,反应区拉长,燃料不能完全燃烧。$H_0=3.0$ mm 时燃烧器火焰温度最高,这是多种因素作用的结果:通道高度较小时,多孔介质的质弥散效应较强,组分扩散加快,燃烧效率较高,多孔介质从气体吸收的热量比例较小,这对提高气体最高温度起正面作用;但同时,进入燃烧器的燃料减少,燃烧释放总热量减少,而且燃烧器散热损失比较大,多孔介质的预热效率也较低,这又对提高气体温度起负面作用。

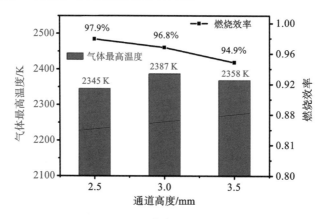

图 5.21 $V_{ave,cold}=0.5$ m/s 时不同通道高度燃烧器内气体最高温度和燃烧效率

5.2.5 名义当量比对燃烧特性的影响

本节固定通道高度 $H_0=2.5$ mm,讨论名义当量比 ϕ 对多孔介质燃烧器内非

预混燃烧特性的影响。图 5.22 给出了不同名义当量比时的可燃进气速度极限。可以看出,速度上限随名义当量比增大而单调增加,速度下限在化学恰当比和富燃时均为 0.2 m/s,低于贫燃时的 0.3 m/s。总体来看,随着名义当量比的增大,燃烧器可燃进气速度范围拓宽。贫燃时可燃进气速度范围较小的原因是进气燃料量较少,燃烧释放的热量较少,火焰温度较低而引起。当进气速度较小时,散热损失比较大,而多孔介质从反应区吸收热量又进一步降低了火焰温度,容易造成火焰熄灭。而进气速度较大时,来流气体速度大于贫燃火焰的燃烧速度,容易造成火焰吹熄。下面将进一步分析不同名义当量比时的燃烧特性,并解释富燃拓宽可燃进气速度范围的深层原因。

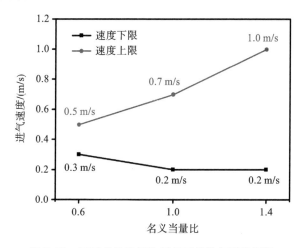

图 5.22 不同名义当量比时的可燃进气速度极限

通道高度 $H_0 = 2.5$ mm、$V_{ave,cold} = 0.5$ m/s 时,不同名义当量比条件下燃烧器的温度场如图 5.23 所示。当 $\phi = 0.6$ 时,火焰较为微弱,燃烧器内高温区面积最小,火焰温度最低。而 $\phi = 1.0$ 和 $\phi = 1.4$ 时,火焰温度较高,火焰长度较大,高温区面积较大。三种情况下,燃烧器内的最高火焰温度分别为 2174 K、2345 K 和 2435 K,$\phi = 1.4$ 时火焰温度最高比 $\phi = 1.0$ 时高出 90 K。火焰温度高,说明燃烧强度较大,火焰燃烧速度也较快,因此可以在较高进气速度下不被吹出通道。此外,从高温区位置可以看出,$\phi = 0.6$ 时火焰位于通道上侧,火焰向上壁面倾斜;$\phi = 1.0$ 时,火焰也处于通道靠上侧位置;而 $\phi = 1.4$ 时,火焰前端位置最靠近燃烧器中心,但火焰末端向下壁面倾斜。火焰位置不同导致壁面温度分布不同,从而影响壁面的散热损失,并进一步影响火焰稳定性,这会在后面进一步分析。

基元反应强度是影响火焰稳定性的根本原因。为此,图 5.24 给出了与甲烷氧化有关的三个主要基元反应(R-3:$CH_4 + H \Longrightarrow CH_3 + H_2$;R-4:$CH_4 + O \Longrightarrow CH_3 + OH$;R-5:$CH_4 + OH \Longrightarrow CH_3 + H_2O$)和一个来标示热释放速率的反应(R-27:$CH_2O + H \Longrightarrow HCO + H_2$)的平均反应速率。可以看出,随着名义当量比的增大,这些关键基元反应的平均反应速率都明显增大,$\phi = 1.4$ 时的基元反应速率几乎是

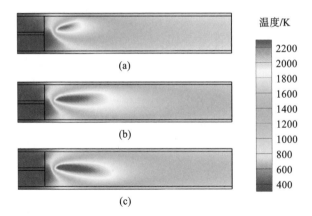

温度/K

2200
2000
1800
1600
1400
1200
1000
800
600
400

图 5.23 $H_0=2.5$ mm、$V_{ave,cold}=0.5$ m/s 时,不同名义当量比条件下燃烧器的温度场

(a)$\phi=0.6$;(b)$\phi=1.0$;(c)$\phi=1.4$

$\phi=0.6$ 时的两倍。这说明,富燃状态大大提高了甲烷的氧化速率,增加了燃烧反应的热释放速率,从而增强了火焰稳定性,提高了火焰的可燃进气速度上限。

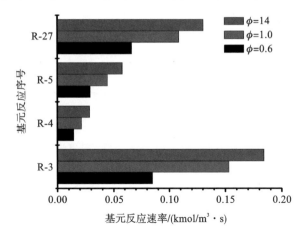

图 5.24 $V_{ave,cold}=0.5$ m/s 时不同名义当量比条件下的基元平均反应速率

除了化学反应强度之外,未燃气体的预热效果及燃烧器的散热损失对火焰稳定性也起重要作用。为了进一步分析 $H_0=2.5$ mm 的燃烧器 $\phi=1.4$ 时可燃进气速度范围比 $\phi=1.0$ 时大的原因,图 5.25 给出了 $\phi=1.0$ 和 $\phi=1.4$ 时燃烧器内的热释放速率(HRR)分布云图及 $T_g=T_s$ 的界线。首先,可以观察到两者的 $T_g=T_s$ 界线的前端位置十分接近,而其包围区域的大小也相差不大,这说明两种情况下多孔介质的预热效果可能比较接近。通过具体计算可知,$\phi=1.0$ 时多孔介质对气体的总预热功率为 61.3 W(本节在计算与燃烧器宽度有关的量时均假定燃烧器宽度为 50 mm,一方面满足燃烧器宽高比大于 10 的二维计算条件,另一方面使燃烧器体积与实际燃烧器相近,计算数值更加直观),而 $\phi=1.4$ 时为 63.4 W,富燃时多孔介质对气体的预热效果略优于化学恰当比燃烧时的情况。其次,火焰位置对壁面散热损失有较大影响,从而影响火焰稳定性。从图 5.25 的 HRR 分布云图可以看出,$\phi=1.4$ 时火焰位置较为接近通道中心,火焰被"包裹"在通道中部,避免了高温区域与壁面接触。而 $\phi=1.0$ 时火焰核心位置偏向通道上侧,使上壁面附近气体温度较高,增加了壁面的散热损失。图 5.26 给出了不同名义当量比燃烧器的散热损失功率,可以看出,$\phi=1.0$ 时上壁面和出口的散热损失功率比 $\phi=1.4$ 时的大,而下壁面散热损失功率略小于 $\phi=1.4$ 时的情况。进一步计算可知,$\phi=1.0$ 时的总散热损失功率和散热损失比(60.0%)均大于 $\phi=1.4$ 时(57.6%)的情况。这说明,$\phi=1.0$ 时由于火焰位置处于通道上侧造成其上壁面散热损失功率和散热损失比均增大,这对火焰稳定有不利影响。

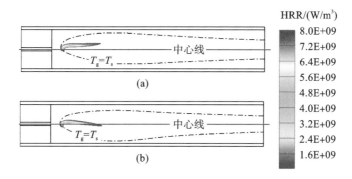

图 5.25　$\phi=1.0$ 和 $\phi=1.4$ 时燃烧器内的 HRR 分布云图及 $T_\mathrm{g}=T_\mathrm{s}$ 的界线(虚线)

(a)$\phi=1.0$;(b)$\phi=1.4$

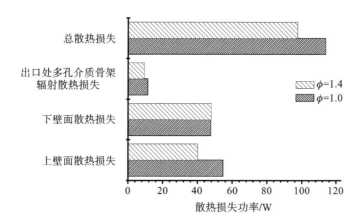

图 5.26　$\phi=1.0$ 和 $\phi=1.4$ 时燃烧器的散热损失功率

5.2.6　孔隙率对燃烧特性的影响

本节研究多孔介质的孔隙率 γ 对燃烧特性的影响,固定通道高度 $H_0=3.0$ mm,名义当量比 $\phi=0.6$。图 5.27 给出了不同孔隙率的燃烧器的可燃速度极限,可以看出,燃烧器的可燃进气速度下限随着孔隙率的增大而逐渐减小;对于可燃进气速度上限,$\gamma=0.8$ 和 $\gamma=0.86$ 时速度上限都是 0.9 m/s,$\gamma=0.92$ 时速度上限减小到 0.8 m/s。总体来看,增加孔隙率有利于气体在较小进气速度下稳定燃烧,但会减小可燃进气速度上限;中等大小孔隙率,即 $\gamma=0.86$ 时,燃烧器的稳焰范围最大。下面将对不同孔隙率燃烧器的燃烧特性进行对比,并分析产生上述规律的原因。

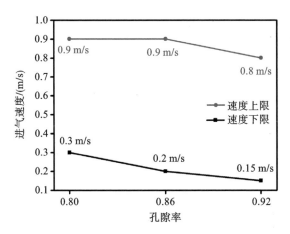

图 5.27   不同孔隙率的燃烧器的可燃进气速度极限

取中间进气速度 $V_{ave,cold}=0.6$ m/s 对不同孔隙率燃烧器内的火焰特性进行分析。三种孔隙率情况下的燃烧效率都大于 99%,差别可以忽略不计,即三种燃烧器燃料消耗的总体情况非常接近,但其具体的特性却大不相同。前文已讨论过,贫燃时火焰位于通道上侧。通过观察温度场云图发现,三种不同孔隙率的燃烧器内火焰最高温度位置的纵坐标都在 $y=2.2$ mm 附近。因此,图 5.28 给出了 $y=2.2$ mm 轴线上气体和多孔介质的温度分布曲线。可以看出,随着孔隙率增大,上游气体的温度梯度增加,火焰的最高温度增加,最高温度的位置向下游移动,即火焰位置向下游移动。对于多孔介质固体温度,图 5.28(b)表明多孔介质固体的温度梯度和最高温度随孔隙率增加而减小。孔隙率较小时,固体骨架有效导热系数较大,固体横向导热热阻较小,温度分布比较均匀,但此时多孔介质的比表面积和对流换热系数都增大,气体与多孔介质之间的换热大大增强。为此,图 5.29 给出了 $y=2.2$ mm 轴线上气体与多孔介质的对流换热强度分布曲线。可以看出,孔隙率较小时,无论是预热区(2 mm $\leqslant x < 2.65$ mm)还是燃烧反应的核心区域(2.65 mm $\leqslant x \leqslant 8$ mm),气体与多孔介质之间的热流密度(绝对值)都更大。气体与多孔介质之间的对流换热作用比多孔介质内部的横向导热作用更加强烈,因此多孔介质的温度梯度在孔隙率较小时反而更大。同时,因为气体与多孔介质之间的强烈换热,导致火焰核心区域的热量被多孔介质大量吸收和分散,孔隙率小的燃烧器内气体的最高温度降低(图 5.28(a))。

上面对不同孔隙率燃烧器内火焰最高温度所在轴线上的传热特性进行了分

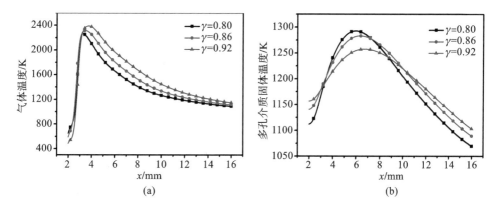

图 5.28 y＝2.2 mm 轴线上气体和多孔介质的温度分布曲线（$V_{ave,cold}$＝0.6 m/s）

（a）气体温度；（b）多孔介质固体温度

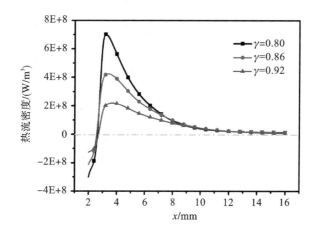

图 5.29 y＝2.2 mm 轴线上气体和多孔介质的对流换热强度分
布曲线（$V_{ave,cold}$＝0.6 m/s）

析,下面进一步讨论燃烧器整体的传热特性。由图 5.30 给出的不同孔隙率的燃烧器的散热损失可以看出,上壁面散热损失远大于下壁面,并且随着孔隙率增大,上壁面散热损失增大,而下壁面散热损失减小,上、下壁面的散热损失差异增大。当孔隙率较小时,体积对流换热系数较大,气体与多孔介质之间的对流换热较强,多孔介质骨架的有效导热系数也较大,多孔介质将高温气体的热量传递到低温区域,使得燃烧器内的温度较为均匀。而孔隙率较大时,通道内热量传递强度较小,高温区域比较集中。因此,随着孔隙率增大,上壁面附近气体温度增加,上壁面散热损失增大,而下壁面附近气体温度减小,散热损失也减小。此外,燃烧器出口多孔介质辐射散热损失随孔隙率增大而增大,但这一部分散热损失所占比重较小。从图5.28(b)也可以看到,孔隙率大时,出口处多孔介质骨架的温度较高。总体来看,随着孔隙率增大,燃烧器总散热损失率减小,γ从0.80增大到0.92时,总散热损失率从47.4%减小到45.2%。

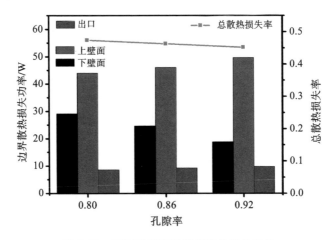

图5.30　不同孔隙率的燃烧器的散热损失

图5.31给出了不同孔隙率燃烧器的固—气传热比和气—固传热比,其中固—气传热比定义为预热区内多孔介质加热气体的热量与燃烧器内燃烧释放总热量的比值,这一部分热量关系到多孔介质的预热效果;气—固传热比定义为预热区内气体加热多孔介质固体的热量和燃烧器内燃烧释放总热量的比值,这一部分是高温气体被多孔介质吸收的热量。从图5.31中可以看出,随着孔隙率增大,固—气传热比和气—固传热比都减小。具体来说,$\gamma=0.80$、0.86和0.92时,固—气传热比分别为58.0%、44.9%和28.5%,气—固传热比分别为63.0%、50.3%和34.1%。这意味着,$\gamma=0.80$时多孔介质从火焰吸收的热量以及多孔介质预热气体的热量都几乎是$\gamma=0.92$时的两倍。这一特性具有两方面效应:一方面,气—固传热比大时火焰被多孔介质吸收的热量就多,这会降低反应的核心区域的温度,从而降低火焰稳定性;另一方面,固—气传热比较大时多孔介质热回流效果增强,未燃气体的温度较高,气体容易着火,并且能够提高燃烧温度和增强了火焰稳定性。这两方面效应具有竞争关系,并且在不同的进气速度下,两种效应的主导地位也不同。

综合以上分析,孔隙率较小时,多孔介质从火焰吸收的热量较多,散热损失也较大。进气速度较低时,进入燃烧器的燃料较少,燃烧释放的总热量也较少,火焰失热效应的影响更加显著。此外,孔隙率小时通道内气体的实际流速较大。因此,在低进气速度时,火焰核心反应区容易因失去热量过多而发生熄火,从而使多孔介质孔隙率较小的燃烧器的可燃进气速度下限提高。对于孔隙率较大的燃烧器,其固—气传热比较低,多孔介质预热效果较差,火焰位置相对靠后。进气速度较大时,预热效应作用增强,未燃气体因预热较少,温度较低,着火推迟,火焰向下游移动,容易被吹出通道。因此,孔隙率较大时,燃烧器的可燃进气速度上限较小。

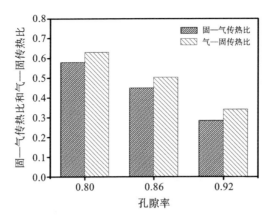

图 5.31 不同孔隙率燃烧器的固—气传热比和气—固传热比

5.3 本章小结

本章通过实验研究了填充陶瓷纤维多孔介质对不同内径的"Y"形微细通道内甲烷/空气非预混燃烧火焰稳定性的影响，并基于数值模拟研究了微小平板型多孔介质燃烧器内甲烷/空气的非预混燃烧特性，探讨了名义当量比、进气速度、通道高度、孔隙率等关键参数对非预混燃烧的影响。主要结论如下。

（1）对于未填充陶瓷纤维"Y"形微细燃烧器内的非预混燃烧来说，不同工况下只能在离三岔口一定距离后点火成功。在内径 $4 \leqslant d \leqslant 6$ mm 时火焰均不能驻定，而是以倾斜的状态向下游传播。在管内填充陶瓷纤维后，即使是在三岔口附近也能成功点火。对于填充陶瓷纤维"Y"形微细燃烧器内的非预混燃烧来说，当 $d=5$ mm 和 $d=6$ mm，$\phi \geqslant 0.7$ 且进气速度较低时，火焰能驻定于通道中，而且随着当量比的增加，驻定火焰所对应的速度范围逐渐拓宽。

（2）平板型自由通道内火焰位于燃烧器下游，火焰面较宽，而多孔介质通道内火焰位于燃烧器上游，呈带状火焰形态。自由通道内火焰的可燃进气速度范围远小于多孔介质燃烧器，但其可燃进气速度下限较低。

（3）不同通道高度的多孔介质燃烧器的可燃进气速度下限相同，但可燃进气速度上限随通道高度增加而增大。相同进气速度下，随通道高度增加，反应区拉长，火焰长度增加，火焰宽度变化不大，燃烧效率降低，壁面散热损失减小，出口多孔介质的辐射散热增加，总的散热损失比减小。受气体混合、散热损失、燃烧效率和气体与多孔介质之间的对流换热等多方面因素综合作用，中等大小通道高度的燃烧器内的火焰最高温度更高。

（4）名义当量比 $\phi = 0.6$、1.0 和 1.4 时，可燃进气速度下限分别为 0.3 m/s、0.2 m/s 和 0.2 m/s，速度上限分别为 0.5 m/s、0.7 m/s 和 1.0 m/s，可燃进气速度

范围随当量比增大而增加。富燃时,与甲烷氧化和热释放有关的主要基元反应的反应速率显著增加;反应区位于通道中心线附近,通过壁面的散热损失减少,散热损失比降低。因此,富燃时火焰的可燃进气速度范围较大。

(5) 孔隙率 $\gamma=0.80$、0.86 和 0.92 时,可燃进气速度下限分别为 0.3 m/s、0.2 m/s 和 0.15 m/s,速度上限分别为 0.9 m/s、0.9 m/s 和 0.8 m/s。这一变化规律是固—气传热比、气—固传热比、总散热损失率和通道内气体流速等多方面因素综合作用的结果。

6 基于壁面热管理的稳焰技术

微小尺度燃烧器内火焰与壁面的热相互作用非常密切,对火焰速度和火焰稳定性均能产生重要影响,学者们对此进行了广泛研究。一般来说,微细通道壁面的传热过程对火焰的作用体现在两个方面:一是火焰将热量传递给其接触的壁面,其中一部分热量沿着壁面往上游进行传导,然后对未燃预混气体进行预热,这就是热循环效应,它对扩大火焰吹熄极限起正面作用(但是对熄火极限不利);二是壁面将火焰传给它的一部分热量通过辐射和自然对流的方式散失到外界环境中去,这就是散热损失效应,它对火焰稳定性起负面作用。因此,影响壁面热效应的主要参数是热物性(包括导热系数和外表面发射率)和厚度。

为了提高微小尺度燃烧器的火焰稳定性,对壁面进行热管理是非常有必要的。如果能同时做到提高壁面热循环效应、减少壁面散热散失,则是一种非常有效的稳焰技术。本章介绍笔者及合作者通过壁面热管理来提高预混燃烧中火焰稳定性方面的几项工作,包括采用导热系数各向异性的材料做燃烧器壁面、上下游壁面采用不同材料的燃烧器、内外采用不同材料的双层壁面燃烧器及降低外壁面发生率等。另外,壁面与气体的热相互作用对微小尺度下的扩散火焰结构也有重大影响。本章最后将以扩散燃烧中一种特殊火焰现象"火焰街"为例,展开相关讨论。

6.1 各向异性壁面材料的微通道燃烧器

表 6.1 给出了热解石墨和 316 不锈钢的物性参数。可以看出,热解石墨的导热系数是各向异性的,具体来说,在常温(21 ℃)下,水平面导热系数是法向导热系数的 100 倍,而且随着温度的升高,这个比值还会增大,在 500 ℃和 1000 ℃时高达 151 倍和 124 倍。这意味着热解石墨在水平面内的导热速度要比法向大得多。因此,我们将其用来制作微细通道燃烧器的壁面材料,一方面可以增强热循环效应,另一方面可以减少散热损失,有利于火焰稳定。

表 6.1 热解石墨和 316 不锈钢的物性参数

材料	密度/ (g/cm³)	比热/[J/ (kg·K)]	导热系数/[W/(m·K)]		
			21 ℃	500 ℃	1000 ℃
热解石墨	2.2	700	350(水平面) 3.5(法向)	302(水平面) 2.0(法向)	173(水平面) 1.4(法向)
316 不锈钢	8.0	500	13.3	21.0	27.7

　　图 6.1(上)展示了实验装置示意图。整个系统由甲烷和空气供气瓶、流量控制器、气体混合器、集气室以及小尺度的燃烧器组成,各个部件由不锈钢管道以及卡套管接头连接。通过流量控制器来调节未燃预混气的速度和当量比。燃烧器本体是由两块高 80 mm×宽 60 mm×厚 2 mm 的平行平板(作为燃烧器壁面)组成。它们被安装在可移动的支撑板上,通过移动支撑板将平板之间的距离调节为 2 mm。两块陶瓷材料从侧面夹住平行平板,并提供热绝缘。甲烷和空气经过气体混合器和集气室进行充分混合,穿过燃烧器入口的不锈钢丝网,以均匀的速度进入燃烧器,同时,不锈钢丝网也起到了防止回火的作用。采用红外照相机 FLIR A655 (分辨率 640×480)来测量燃烧器外壁面的温度分布。

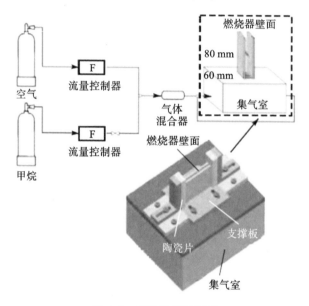

图 6.1　实验装置示意图

　　图 6.2 展示了各向异性的热解石墨燃烧器与各向同性的 316 不锈钢燃烧器的稳焰区间,稳焰区间是指在两个当量比极限和两个速度极限之间的区域。在当量比极限和低速极限之外,火焰发生熄灭;在高速极限之外,火焰被吹出燃烧器。由图 6.2 可知,两种材料的燃烧器有着相同的当量比极限,其贫燃极限和富燃极限均为 0.8 和 1.25。然而,与不锈钢燃烧器相比,热解石墨燃烧器的速度极限明显拓宽,其中速度上限在整个当量比范围内都显著增大,而速度下限仅在富燃侧有所降低。这是因为热解石墨沿着流动方向的导热系数很大,燃烧产生的热量中有较大比例沿着壁面传导至上游,给未燃气体提供了更大的预热量,因此增大了火焰速度,提高了火焰吹熄极限。同时,实验结果也表明,由于热解石墨的法向导热系数也比不锈钢低,因此壁面散热损失也较少,这是富燃侧低速极限拓宽的主要原因。另外,各向异性材料热解石墨由于其极高的导热性,被火焰加热之后有着非常均匀

的温度分布,如图 6.3 所示。一方面,这能避免燃烧器壁面出现"热点"以及因热应力产生裂纹;另一方面,从能量转化的角度来说,均匀的壁面温度分布对提高系统的能量转化效率也非常有利。例如,如果将该燃烧器作为热光伏发电器的热源,当进气速度为 40 cm/s 和 80 cm/s 时,燃烧器的热效率分别达 22%和 32%。

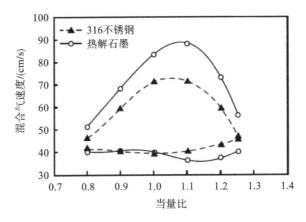

图 6.2　热解石墨和 316 不锈钢制作的微细通道燃烧器的可燃极限

图 6.3　实验中热解石墨燃烧器壁面的红外热像

　　但是热解石墨不能长时间承受高温。实验结束之后(2 个多小时),表面会因火焰作用而留下刻蚀痕迹,实验前后的热解石墨照片如图 6.4 所示。实验发现,进气速度(流量)越大,壁面温度越高,即最高温度出现在速度上限附近。这使得热解石墨燃烧器的实用性受到了限制。

图 6.4   实验前后的热解石墨片照片

6.2   两段壁面的微通道燃烧器

由于火焰传给燃烧器下游壁面的热量都散失到了外界环境中,即只有上游壁面才有热循环作用,因此,如果能尽量减少向下游壁面的热传导量,则能在一定程度上减少总散热损失比,从而提高火焰稳定性。为此,笔者提出了一种上、下游壁面分别采用高、低导热系数材料的微细通道燃烧器。考虑到高导热系数壁面对熄火极限(可燃速度下限)不利,因此,没有对比全面采用高导热系数的情况。下面对其稳焰性能进行数值模拟研究。

6.2.1   物理模型

两段壁面的微细通道燃烧器的三维结构如图 6.5 所示,实际上该装置是一个矩形截面的微细通道。值得注意的是,图中仅画出了宽度方向上一半的模型。研究表明,当矩形截面微细通道的宽高比 $\alpha \geq 9$ 时,采用二维模型的计算结果和三维模型的误差小于 5%。这里的微细通道燃烧器的宽高比等于 10,因此,选取流动方向的纵剖面作为二维模型进行研究。其中,上游壁面采用导热系数较大的碳化硅(常温导热系数约为 $10 \sim 50$ W/(m·K)),长度为 L_0,下游壁面采用导热系数较小的石英玻璃(1.05 W/(m·K))。实际应用中,碳化硅和石英玻璃之间可通过耐高温胶粘接起来。燃烧器壁面总长度保持为 $L=10$ mm,研究中取上游碳化硅材料的长度 $L_0=2.5$ mm、$L_0=5$ mm 两种不同情况。壁面厚度 $\delta=0.4$ mm,通道高度 $H=1$ mm,通道宽度 $W=10$ mm。由于入口雷诺数低于 2300,采用层流模型进行计算。氢气和空气的预混气当量比 $\phi=1.0$。其他计算方法在此不再赘述。

6.2.2   结果与分析

图 6.6 为 $L_0=2.5$ mm 和 $L_0=5$ mm 时,不同进气速度下燃烧器的温度云图,可以看出,当进气速度较低时($V_{in}=1$ m/s),燃烧器内的高温区域靠近进口处,呈

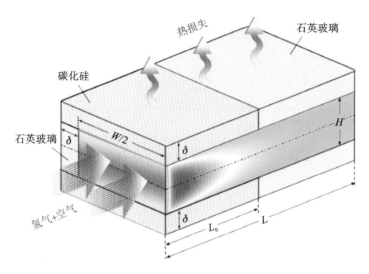

图 6.5 两段壁面的微细通道燃烧器的三维结构

扁平状分布,说明此时火焰锋面呈扁平状。随着进气速度的增大,燃烧器内的高温区域逐渐向下游延伸。例如,当进气速度增大到 $V_{in}=6$ m/s 时,火焰一直保持着"V"形对称的形状。但是,随着进气速度的进一步增大($V_{in}=10.2$、$V_{in}=12.4$ m/s),$L_0=2.5$ 和 $L_0=5$ mm 的燃烧器内的温度场不再保持上下对称,开始发生偏斜。经过多次计算,发现火焰倾斜的方向是随机的。此后,随着进气速度继续增大到 $V_{in}=13$ m/s 和 $V_{in}=14.2$ m/s 时,$L_0=2.5$ mm 和 $L_0=5$ mm 的燃烧器内的火焰被吹熄。

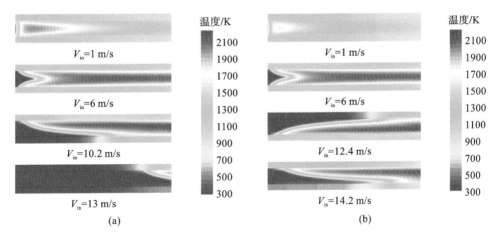

图 6.6 不同进气速度下燃烧器的温度云图

(a)$L_0=2.5$ mm;(b)$L_0=5$ mm

图 6.7 给出了上游碳化硅材料的长度 $L_0=0$ mm(即燃烧器壁面全部为石英材料)、$L_0=2.5$ mm 和 $L_0=5$ mm 时,组合壁面的燃烧器的火焰倾斜极限和吹熄极

限,可以看出,随着上游碳化硅材料长度的增大,燃烧器内的火焰倾斜极限和吹熄极限也逐渐增大,说明在组合壁面的微燃烧器中,增大上游碳化硅材料的长度,可以有效提高火焰稳定性。这主要是上游的碳化硅壁面增强了热循环效应带来的有利影响,后文将进行定量比较。

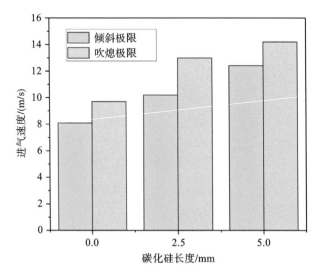

图 6.7   不同碳化硅材料长度下燃烧器的吹熄极限和倾斜极限

为了分析上游碳化硅材料对稳焰极限的影响,计算并比较了三个燃烧器的热循环比和散热损失比随进气速度的变化。图 6.8 为不同碳化硅材料长度的燃烧器的热循环比随进气速度的变化。可以看出,随着进气速度的增加,三个燃烧器的热循环比是在不断下降的,这是因为送入燃烧器的燃料的能量随进气速度成正比例增大,而热循环量增加的速率要慢一些。同时,在相同进气速度下,碳化硅材料的长度越长,燃烧器的热循环比越高,说明从燃烧后的高温气体通过壁面向上游传递的热量越多,未燃预混气体的预热效果就越好,燃烧器内的火焰稳定性就越好。

图 6.9 为不同碳化硅材料长度的燃烧器的散热损失比随进气速度的变化。可以看出,随着进气速度的增大,燃烧器的散热损失比呈现出下降的趋势,这是因为送入燃烧器的燃料能量随进气速度成正比例增大,而散热损失量增加得要慢一些。根据散热损失比的定义可以得出,燃烧器的散热损失比随着进气速度的增大而减小。此外,还可以看出,当 $V_{in} < 8.1$ m/s 时,$L_0 = 0$ mm 的燃烧器的散热损失比明显大于 $L_0 = 2.5$ mm 和 $L_0 = 5$ mm 的燃烧器,但是当 $V_{in} > 8.1$ m/s 时,$L_0 = 0$ mm 的燃烧器的散热损失比小于 $L_0 = 2.5$ mm 和 $L_0 = 5$ mm 的燃烧器,且数值急剧下降,原因在于此时石英燃烧器内的火焰已经开始发生倾斜,该侧的高温气体与壁面接触的面积大大减小,从而总的散热损失量也急剧下降。此时的散热损失比的减小只是火焰失稳造成,对于火焰稳定性的改善没有正面意义。同样,$L_0 = 2.5$ mm

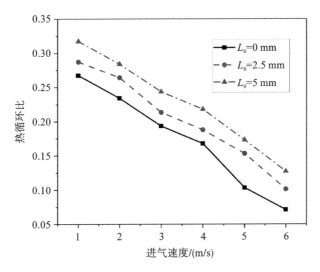

图 6.8 不同碳化硅材料长度的燃烧器的热循环比随进气速度的变化

和 $L_0=5$ mm 的燃烧器的散热损失比也是随着进气速度的增大而逐渐下降,并且当 $V_{in}<10.2$ m/s 时 $L_0=2.5$ mm 和 $L_0=5$ mm 的燃烧器的散热损失比基本相同,$V_{in}>10.2$ m/s 时,$L_0=2.5$ mm 的燃烧器的散热损失比才开始急剧下降,且其散热损失比明显小于 $L_0=5$ mm 的燃烧器。由前面可知,$V_{in}=8.1$ m/s 和 10.2 m/s 分别是 $L_0=0$ mm 和 $L_0=2.5$ mm 的两种燃烧器内火焰的倾斜极限,即当燃烧器内的火焰开始发生偏斜时,其散热损失比也会发生剧烈变换。这是因为当火焰发生倾斜时,其上下壁面温差过大,从而造成其通过外壁面的散热损失发生急剧变化。

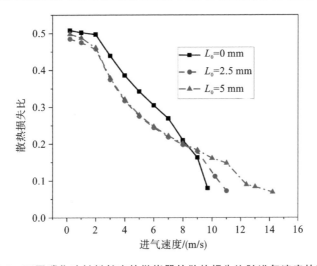

图 6.9 不同碳化硅材料长度的燃烧器的散热损失比随进气速度的变化

6.3 双层壁面的微通道燃烧器

6.1 节中介绍的热解石墨虽然具有正交各向异性材料特性的导热系数,能提高火焰稳定性,但是其耐热能力有限。为此,提出一种内、外采用不同导热系数材料的双层壁面微细通道燃烧器的设想,利用高导热系数的碳化硅作为内壁面,增加燃烧器的回热性能;利用低导热系数的石英作为外壁面,减少散热损失。石英和碳化硅的热物性参数见表 6.2。本节将这种双层壁面结构应用到图 6.10 所示的平板型微细通道凹腔燃烧器中,期望改善氢气火焰的尖端分裂现象,提高燃烧效率。燃烧器的总长度 $L_0=18$ mm,通道宽度 $W_0=10$ mm,间距 $W_1=1$ mm,总壁厚 $W_3=2.0$ mm,内、外层厚度分别为 1.5 mm 和 0.5 mm;凹腔前缘离燃烧器入口的距离 $L_1=3$ mm,凹腔深度 $W_2=1.0$ mm,底面长度 $L_2=3$ mm,后壁倾角 $\theta=135°$。双层壁面的微细通道凹腔燃烧器的几何参数如表 6.3 所示。

表 6.2 石英和碳化硅的热物性参数

物性参数	密度/(kg/m³)	导热系数/[W/(m·K)]	比热/[J/(kg·K)]	发射率
石英	2650	1.05	750	0.92
碳化硅	3217	32.8	2352	0.90

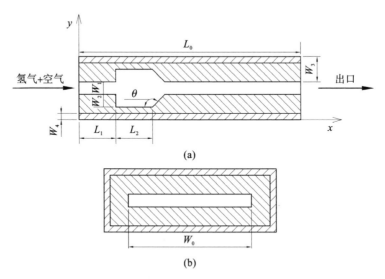

图 6.10 双层壁面的微细通道凹腔燃烧器的结构示意

(a)纵剖面;(b)横截面

表 6.3 双层壁面的微细通道凹腔燃烧器的几何参数

参数	L_0/mm	L_1/mm	L_2/mm	W_0/mm	W_1/mm	W_2/mm	W_3/mm	W_4/mm	θ/(°)
值	18.0	3.0	3.0	10	1	1.0	2.0	0.5	135

6.3.1　双层壁面材料对氢气燃烧效率的影响

图 6.11 是当量比 $\phi=0.4$ 时，不同壁面材料的燃烧器的燃烧效率随进气速度的变化。可以看到，对于同一个燃烧器，燃烧效率随进气速度的增加而降低，这是由于高速下火焰尖端出现了分裂现象。在低进气速度（$V_{in}=12$ m/s）下，三种壁面材料的燃烧效率都大于 99%。而随着进气速度的增加，三个燃烧器的燃烧效率以不同的速率下降。其中双层壁面燃烧器的燃烧效率最高，在较高的进气速度（$V_{in}=28$ m/s）下，石英燃烧器的燃烧效率已经降低到接近 80%，而双层壁面燃烧器的燃烧效率仍在 92% 以上。

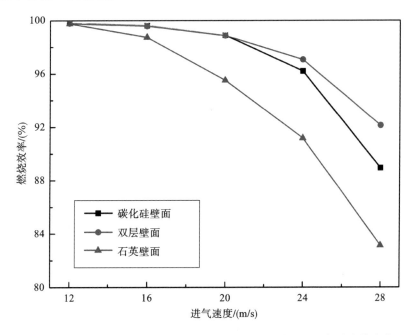

图 6.11　$\phi=0.4$ 时，不同壁面材料的燃烧器的燃烧效率随进气速度的变化

图 6.12 是 $\phi=0.4$，$V_{in}=24$ m/s 和 $V_{in}=28$ m/s 时燃烧器出口截面的氢气摩尔分数分布曲线。从图 6.12(a) 中可以看到，石英燃烧器的出口氢气浓度高于其他两个燃烧器，并且曲线中部还存在明显的隆起。这说明在该工况下，氢气火焰尖端发生了分裂，有一部分氢气泄漏出去。相比之下，双层壁面燃烧器与碳化硅燃烧器的出口氢气分布则较平缓，说明尖端分裂现象没有石英燃烧器那么严重。当 $V_{in}=28$ m/s 时，三个燃烧器出口的氢气摩尔分数分布曲线均出现了明显的隆起，说明都发生了火焰尖端分裂现象。但是，双层壁面燃烧器出口的氢气浓度始终最低，这意味着氢气在燃烧器内被消耗得更多，燃烧效率更高，趋势与图 6.11 相吻合。

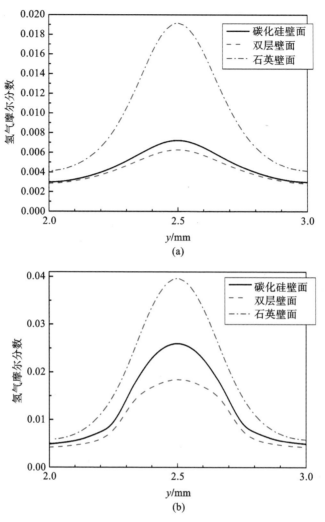

图 6.12　$\phi=0.4$ 时，不同壁面材料的燃烧器出口氢气摩尔分数分布曲线

(a)$V_{in}=24$ m/s；(b)$V_{in}=28$ m/s

6.3.2　双层壁面对热损失的影响

图 6.13 为 $\phi=0.4$，$V_{in}=24$ m/s 时，不同壁面材料的燃烧器外表面温度分布曲线。可以看出，在出口段与入口段，石英燃烧器的外壁面温度有明显的下降，而双层壁面燃烧器与碳化硅燃烧器的外壁面温度较石英燃烧器更为均匀，这是因为碳化硅的导热系数更大，可以使热量在固体壁面内传播更快，使得燃烧器出口与入口部分的壁面温度较高。总体温度水平则是碳化硅燃烧器更高，这是因为碳化硅导热系数更大，壁面热阻小。图 6.14 为 $\phi=0.4$，$V_{in}=24$ m/s 时，不同壁面材料的燃烧器的散热损失。可以看出，由于碳化硅燃烧器的温度水平较高，其外表面发射

率与石英的相差不大,因此碳化硅燃烧器的散热量最大,约为 72.91 W,而石英燃烧器和双层壁面燃烧器的散热损失量分别为 60.89 W 和 66.92 W,可见双层壁面燃烧器的散热损失并不是最小的。

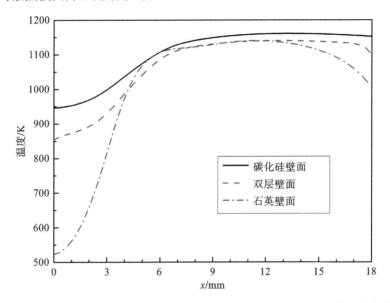

图 6.13　$\phi=0.4, V_{in}=24$ m/s 时,不同壁面材料的燃烧器外表面温度分布曲线

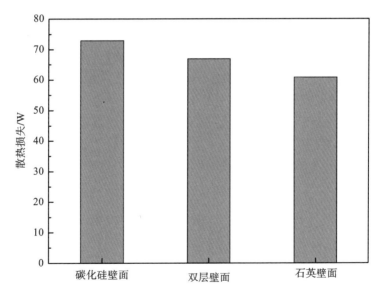

图 6.14　$\phi=0.4, V_{in}=24$ m/s 时,不同壁面材料的燃烧器的散热损失

6.3.3　双层壁面对热循环效应的影响

燃烧产生的热量能通过凹腔内表面传导到上游壁面,并对气体来流加热。为

了定量分析由固体壁面传导到上游的热量,将燃烧器上游内壁面的温度分布绘制于图 6.15 中。可以看出,石英燃烧器的上游内壁温低于其他两种壁面,这是因为石英的导热系数很低,会抑制热量向上游的传导。而碳化硅壁面的燃烧器有良好的回热性能,较高的导热系数可以很好地将燃烧产热传导至上游内壁面,用以加热来流未燃气体。

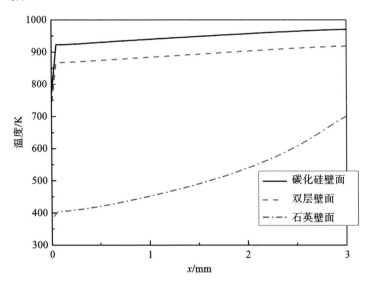

图 6.15　$\phi=0.4$,$V_{in}=24$ m/s 时,不同壁面材料的燃烧器的上游内壁面温度分布

图 6.16 为 $\phi=0.4$,$V_{in}=24$ m/s 时,不同壁面材料的燃烧器的热循环量。石英壁面的燃烧器的热循环量最低,为 8.43 W;碳化硅壁面的燃烧器的热循环量最大,为 23.2 W;双层壁面的燃烧器的热循环量为 22.8 W。由此可见,双层壁面的燃烧器的热循环量比石英壁面燃烧器提高了 170.5%,而散热损失量仅增加 9.9%。与碳化硅壁面的燃烧器相比较,双层壁面的燃烧器的热循环量仅减小了 1.72%,但是散热损失量下降了 8.22%。因此,双层壁面的燃烧器在热循环和散热两方面具有更优异的综合效果,能够提高燃烧反应速率,抑制火焰尖端分裂现象,提高燃烧效率。

6.3.4　双层壁面对反应速率与拉伸率的影响

根据氢气燃烧反应机理,将所有的 19 个基元反应分为以下四组。

(1) H_2/O_2 的链式反应。

$$H+O_2 \Longrightarrow O+OH \tag{R-1}$$

$$O+H_2 \Longrightarrow H+OH \tag{R-2}$$

$$H_2+OH \Longrightarrow H_2O+H \tag{R-3}$$

$$O+H_2O \Longrightarrow OH+OH \tag{R-4}$$

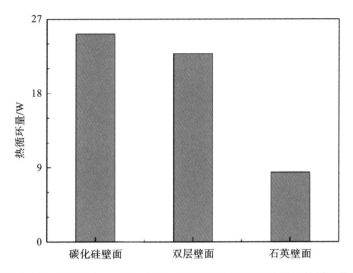

图 6.16 $\phi = 0.4$, $V_{in} = 24$ m/s 时, 不同壁面材料的燃烧器的热循环量

（2）H_2/O_2 的分解与重组反应。

$$H_2 + M \Longrightarrow H + H + M \tag{R-5}$$

$$O + O + M \Longrightarrow O_2 + M \tag{R-6}$$

$$O + H + M \Longrightarrow OH + M \tag{R-7}$$

$$O + OH + M \Longrightarrow H_2O + M \tag{R-8}$$

（3）HO_2 的生成与消耗。

$$H + O_2 + M \Longrightarrow HO_2 + M \tag{R-9}$$

$$HO_2 + H \Longrightarrow H_2 + O_2 \tag{R-10}$$

$$HO_2 + H \Longrightarrow OH + OH \tag{R-11}$$

$$HO_2 + O \Longrightarrow OH + O_2 \tag{R-12}$$

$$HO_2 + OH \Longrightarrow H_2O + O_2 \tag{R-13}$$

（4）H_2O_2 的生成与消耗。

$$HO_2 + HO_2 \Longrightarrow H_2O_2 + O_2 \tag{R-14}$$

$$H_2O_2 + M \Longrightarrow OH + OH + M \tag{R-15}$$

$$H_2O_2 + H \Longrightarrow H_2O + OH \tag{R-16}$$

$$H_2O_2 + H \Longrightarrow H_2 + HO_2 \tag{R-17}$$

$$H_2O_2 + O \Longrightarrow OH + HO_2 \tag{R-18}$$

$$H_2O_2 + OH \Longrightarrow H_2O + HO_2 \tag{R-19}$$

图 6.17 给出了三个不同壁面材料的燃烧器中火焰尖端处各基元反应速率。可以看出，双层壁面的燃烧器中的基元反应速率最大，其次是碳化硅燃烧器和石英燃烧器。其中，差别比较显著的是 R-3、R-8、R-9、R-11、R-15 和 R-16 这 6 个主要的基元反应。

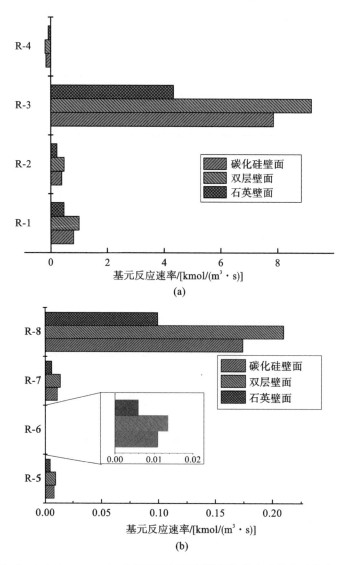

图 6.17　$\phi=0.4, V_{in}=24$ m/s 时,不同壁面材料的燃烧器内火焰尖端各基元反应速率
(a)H_2/O_2 的链式反应;(b)H_2/O_2 的分解与重组反应;(c)HO_2 的生成与消耗反应;(d)H_2O_2 的生成与消耗反应

　　总热释放速率(HRR)能够反映所有基元反应的综合效果,其计算公式如式(6.1)所示。

$$HRR = \sum_{i}^{n} k_i(h_{reac,i} - h_{proc,i}) \tag{6.1}$$

式中,i 是基元反应序号;n 是基元反应总数;k_i 是第 i 个基元反应的阿伦尼乌斯反应速率常数;$h_{reac,i}$ 和 $h_{proc,i}$ 分别是第 i 个基元反应的总反应物焓和总生成物焓。总反应速率沿燃烧器中心轴线的分布曲线如图 6.18 所示。可以看出,双层壁面的燃

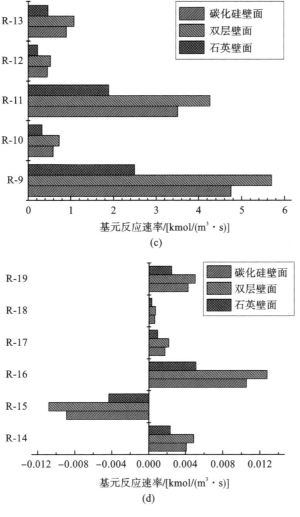

(c)

(d)

续图 6.17

烧器的总热释放速率最大（945 kW/m³），其次是碳化硅燃烧器（941 kW/m³）和石英燃烧器（907 kW/m³）。此外，计算发现双层壁面燃烧器、碳化硅燃烧器和石英燃烧器的 HRR 峰值对应的位置分别是 $x=12.0$ mm、12.5 mm 和 16.5 mm，这表明双层壁面燃烧器中的燃烧过程最快，火焰高度最小，氢气能在较短的距离内被消耗。具体而言，碳化硅燃烧器、双层壁面燃烧器和石英燃烧器的火焰高度分别为 10.2 mm，11.5 mm 和 12.4 mm。

火焰尖端分裂现象与拉伸效应和火焰顶部发生局部熄火有着密切关系，拉伸率对火焰传播、火焰结构和熄火都有重要影响。实际上，火焰拉伸效应跟流场的不均匀性以及火焰曲率紧密相关。拉伸率 a 的通用数学表达式如式（6.2）所示。

$$a = -\boldsymbol{n} \cdot \nabla \times (\boldsymbol{u} \times \boldsymbol{n}) + (\boldsymbol{u} \times \boldsymbol{n})(\nabla \cdot \boldsymbol{n}) \tag{6.2}$$

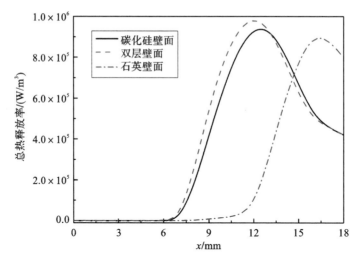

图 6.18 总反应速率沿燃烧器中心轴线的分布曲线

式中,n 是微元火焰面上指向未燃预混气的单位法向向量,u 是火焰表面的流速。式(6.2)等号右边第一项和第二项分别代表流场和火焰曲率对总拉伸率的贡献。本研究中,u 可以从数值模拟结果中读出来,而 n 火焰锋面的曲线方程推导出来(假设其为抛物线)。图 6.19 展示了 $\phi=0.4$,$V_{in}=24$ m/s 时,不同壁面材料的燃烧器内火焰尖端处的拉伸率。需要说明的是,拉伸率的数值都是负数,意味着拉伸率对火焰顶部的燃烧过程是不利的。计算获得碳化硅燃烧器、双层壁面燃烧器和石英燃烧器拉伸率的绝对值分别为 6.26×10^6,5.83×10^6 和 6.66×10^6,意味着双层壁面燃烧器内火焰顶部受到的拉伸效应最弱。因此,火焰尖端分裂现象受到一定程度的抑制,这对获得较高的燃烧效率是有利的。实际上,拉伸率与热循环和散热损失有密切关系,好的热循环效应能够强化燃烧过程,减小火焰高度,削弱拉伸效应,反之,差的热循环效应对燃烧过程不利,会导致火焰高度增大,拉伸效应增强。

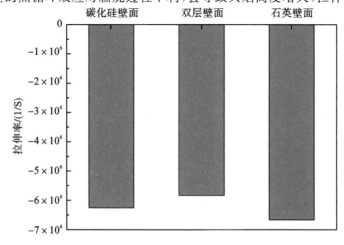

图 6.19 $\phi=0.4$,$V_{in}=24$ m/s 时,不同壁面材料的燃烧器内火焰尖端处的拉伸率

6.3.5 小结

本节构建了以碳化硅为内层、石英为外层壁面材料的双层壁面微细通道凹腔燃烧器,通过数值模拟研究了当量比为 0.4 的氢气/空气预混气的火焰尖端分裂现象对燃烧效率的影响,并与单层石英壁面和单层碳化硅壁面的燃烧器进行了对比,分别从上游壁面的热循环效应、外壁面的散热损失以及火焰顶部的拉伸效应三方面对燃烧反应的影响进行了系统分析,结果表明在高进气速度下,双层壁面的微细通道凹腔燃烧器的热效率最高。主要原因是其热循环效应和散热损失两个方面的综合效果最好,使得火焰顶部的反应最强,火焰高度最小,拉伸效应最弱,从而有效抑制了火焰尖端分裂现象的发生,提高了燃烧效率。

6.4 外表面发射率对燃烧效率的影响

由于燃烧器的壁温可高达 1000 K,热辐射在壁面总散热损失中占据主要地位。根据斯特藩-玻尔兹曼定律,相同温度下物体的热辐射力与外表面发射率成正比。因此,可通过降低外表面发射率的方法来减少壁面散热、提高火焰稳定性和燃烧效率。本节仍以上节的微细通道凹腔燃烧器为研究对象,保持其他参数与石英材料相同,仅改变其外表面发射率,即选取表面发射率 $\varepsilon = 0.1$、0.5 和 0.92 来研究燃烧器外表面发射率对贫燃氢气/空气火焰分裂和燃烧效率的影响。

6.4.1 外表面发射率对氢气燃烧效率的影响

图 6.20 是当量比 $\phi = 0.4$ 时,不同外表面发射率下氢气燃烧效率随进气速度的变化。可以看出,当 $V_{in} = 12$ m/s 时,三个不同外表面发射率下的燃烧效率均高达 99％以上,此时氢气在燃烧器内几乎被完全燃烧。随着进气速度的增加,燃烧效率开始逐渐降低,这是因为火焰在高速气流下逐渐发生了尖端分裂现象。其中,$\varepsilon = 0.1$ 时的燃烧效率下降最慢,在较高的进气速度($V_{in} = 28$ m/s)下,$\varepsilon = 0.1$ 时的燃烧效率仍然有 90.2％,而 $\varepsilon = 0.92$ 时的燃烧效率则略大于 80％,即较小的壁面发射率能够一定程度削弱火焰尖端分裂现象的发生,提高燃烧效率。

6.4.2 外表面发射率对热损失的影响

选取较小的进气速度($V_{in} = 16$ m/s)进行对比分析。图 6.21 为当量比 $\phi = 0.4$、进气速度 $V_{in} = 16$ m/s 时,不同外表面发射率的燃烧器外壁面的散热损失率。其中,Φ_{con} 代表壁面与空气通过自然对流换热产生的热损失率(以下简称对流散热率),Φ_{rad} 代表壁面通过热辐射产生的热损失率(以下简称辐射散热率),而 Φ_{tot} 表示总热损失率。可以看出,随着表面发射率的增大,对流散热率有所降低,而辐射散热率则明显提高。在三个不同外表面发射率中,只有 $\varepsilon = 0.1$ 时辐射散热率与对流

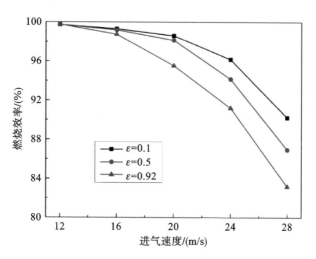

图 6.20　$\phi = 0.4$ 时,不同外表面发射率下氢燃烧效率随进气速度的变化

散热率差值最小。一般来说,较长时间使用的固体材料的发射率较高,表面氧化会使发射率增大。这说明对于实际的微小尺度燃烧器,其辐射散热所占比重较大。因此,总热损失率会呈现与辐射散热相似的趋势。$\varepsilon = 0.1$、0.5 和 0.92 时对应的总热损失率分别为 8.92%、17.11% 和 21.28%。

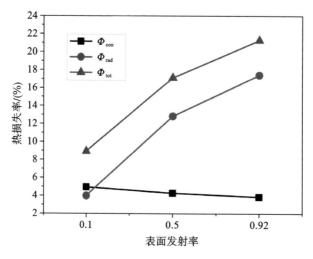

图 6.21　$\phi = 0.4$,$V_{in} = 16$ m/s 时,不同表面发射率的燃烧器外壁面的散热损失率

热损失率的大小将直接影响燃烧器外壁面的温度水平。图 6.22 为当量比 $\phi = 0.4$,进气速度 $V_{in} = 16$ m/s 时,不同外表面发射率对应的燃烧器外壁面的温度分布曲线。可以看出,由于固体材料的导热系数相同,因此三个燃烧器的外壁面温度分布曲线相似。但是,不同表面发射率的最高壁温相差很大,$\varepsilon = 0.1$ 对应的燃烧器最高壁温比 $\varepsilon = 0.92$ 的情况高出 200 K,$\varepsilon = 0.5$ 对应的最高壁温也比 $\varepsilon = 0.92$ 的情

况高出约 100 K。结合图 6.21 可以发现,虽然 $\varepsilon=0.1$ 的燃烧器的壁温水平最高,但其辐射散热率和总热损失率却是最小的,这是因为热辐射与外表面发射率成正比。另一方面,$\varepsilon=0.1$ 对应的对流散热率在三个燃烧器中最大,但由于对流散热损失的比例较小,对总热损失率的趋势不会产生实质性的影响。

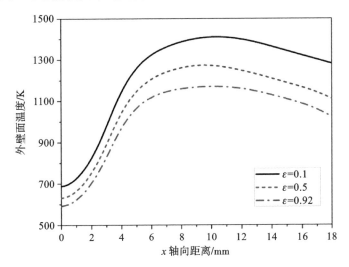

图 6.22　$\phi=0.4,V_{in}=16$ m/s,不同外表面发射率对应的燃烧器外壁面的温度分布曲线

　　壁面温度水平也会影响到燃烧器内的化学反应,由于凹腔的水平壁厚只有其他地方壁厚的一半,因此,壁温水平的高低对凹腔内的燃烧反应和火焰根部的稳定有很大的影响。图 6.23 为当量比 $\phi=0.4$、进气速度 $V_{in}=16$ m/s 时不同外表面发射率对应的燃烧器内的 OH 质量分数云图。观察各图中凹腔部分,可以看到 $\varepsilon=0.1$ 时凹腔内的 OH 浓度最高,表明该燃烧器的燃烧最剧烈,反应速度最高。随着外表面发射率的增大,OH 的浓度水平逐渐下降,反应区面积也明显缩小。具体来说,$\varepsilon=0.1$、0.5 和 0.92 对应的 OH 最大质量分数分别为 4.65×10^{-3},4.36×10^{-3} 和 3.51×10^{-3}。此外,位于燃烧器下游区域的火焰顶部的 OH 质量分数也随着表面发射率的增大而下降,意味着表面发射率越大,越容易发生火焰尖端分裂现象。

6.4.3　外表面发射率对热循环效应的影响

　　燃烧产生的热量中,虽然一部分热量通过外壁面散失到环境中,但还有一部分热量通过上游壁面的导热,用来预热未燃预混气体,这对稳定火焰和提高燃烧效率有利。对于微细通道凹腔燃烧器来说,火焰根部位于凹腔内。因此,将当量比 $\phi=0.4$、进气速度 $V_{in}=16$ m/s 时,不同外表面发射率对应的燃烧器凹腔上游内壁面的温度分布进行对比,如图 6.24 所示,可以看出,凹腔上游内壁面的温度水平同样随着外表面发射率的下降而上升,这是由两个原因共同决定的。一方面,由图6.20 已经得知,$\varepsilon=0.1$ 时损失到空气中的热量更少,因此会有更多的热量沿着 x 轴方

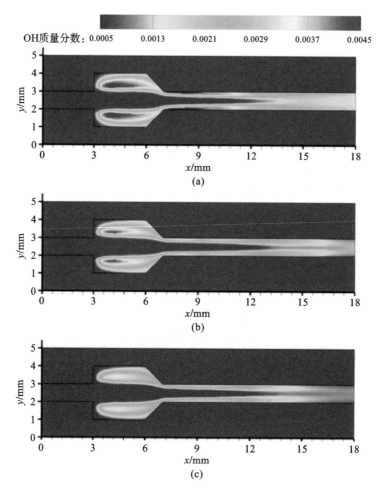

图 6.23　$\phi=0.4$，$V_{in}=16$ m/s 时，不同外表面发射率对应的燃烧器内的 OH 质量分数云图

(a)$\varepsilon=0.1$；(b)$\varepsilon=0.5$；(c)$\varepsilon=0.92$

向在固体内部传播；另一方面，因为 $\varepsilon=0.1$ 时的燃烧效率略高于其他工况，因此产热量也更多。具体计算表明，$\varepsilon=0.1$、0.5 和 0.92 时，凹腔内的高温气体直接传递给凹腔壁面的热量分别为 6.34 W、6.71 W 以及 6.27 W。

燃烧器的上游内壁面温度比来流气体更高，因此未燃气体在进入凹腔之前会受到上游壁面的预热。图 6.25 给出了 $\phi=0.4$，$V_{in}=16$ m/s 时，不同外表面发射率对应的燃烧器热循环量，即被未燃预混气吸收的热量。具体而言，$\varepsilon=0.1$、0.5 和 0.92 时，未燃预混气通过上游内壁面吸收的回热量分别是 5.78 W、5.0 W 与 4.48 W。由于预热会增强氢气的燃烧反应，为此，将氢气燃烧链式反应的前两个基元反应速率沿上游内壁面的分布曲线绘制于图 6.26。可以看到，基元反应强度沿着流动方向逐渐增强，越靠近凹腔，反应速率增加越快，这是因为越靠近凹腔，壁温越高。另外，外表面发射率较小的工况下，靠近凹腔的内壁面附近的基元反应显著增

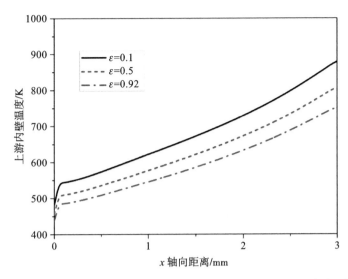

图 6.24 $\phi=0.4$，$V_{in}=16$ m/s 时，不同外表面发射率对应的燃烧器上游内壁温的温度分布

强。此外，在 $\varepsilon=0.1$ 时，反应速率曲线开始上升的坐标更靠近燃烧器入口，也就是说在外表面发射率较小时，链式反应开始得更早一些。综上，更小的外表面发射率能够提升热循环效应，加快燃烧链式反应的启动，以及增加燃烧反应的强度。

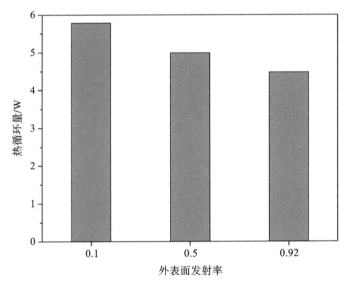

图 6.25 $\phi=0.4$，$V_{in}=16$ m/s 时，不同外表面发射率对应的燃烧器热循环量

6.4.4 外表面发射率对轴线热释放速率的影响

由以上分析得知，在微小尺度凹腔燃烧器中，外表面发射率的变化会影响燃烧器对外的散热损失以及燃烧器对未燃气体的预热效果。由此可以推测，外表面发

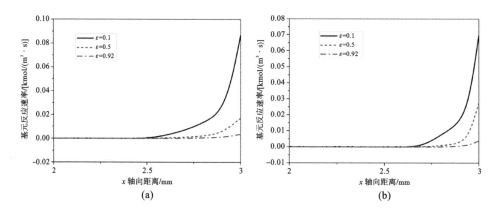

图 6.26　$\phi=0.4$,$V_{in}=16$ m/s 时,不同外表面发射率对应的燃烧器上游内壁面附近的基
元反应速率分布曲线

(a)R-1:H+O$_2$ ══ O+OH;(b)R-2:O+H$_2$ ══ H+OH

射率最终会影响到燃烧的总反应速率和燃烧效率。这里以总热释放速率来反映燃
烧的总反应强度。图 6.27 给出了 $\phi=0.4$,$V_{in}=16$ m/s 时,不同外表面发射率对应
的总热释放速率沿燃烧器中心轴线的分布曲线,其峰值代表火焰尖端处的反应强
度。可以看出,$\varepsilon=0.1$ 时火焰尖端更靠前,这意味着火焰高度更小,氢气在较短的
距离便被消耗。同时,较小的外表面发射率对应的热释放峰值也更大一些,这说明
$\varepsilon=0.1$ 时火焰尖端的反应强度更大。此外,小的火焰高度对应的火焰顶部曲率半
径更大,从而该处受到的拉伸效应更弱,不容易发生尖端分裂现象。因此,外表面
发射率越小,燃烧器能达到的燃烧效率更高。

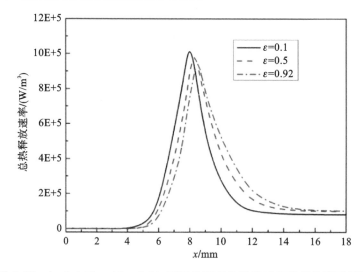

图 6.27　$\phi=0.4$,$V_{in}=16$ m/s 时,不同外表面发射率对应的总热释放速率
沿燃烧器中心轴线的分布曲线

6.4.5　小结

本节研究了不同外表面发射率($\varepsilon=0.1,0.5,0.92$)对微通道凹腔中贫燃氢气/空气预混气燃烧效率的影响,结果表明降低发射率能使燃烧效率得到提升,发射率的降低能减小外壁面的辐射散热率和总热损失率,增加凹腔内的燃烧强度。同时,发射率的降低能提高上游壁面的温度水平,增强燃烧器对未燃预混气的预热效果,使氢气的链式反应提前,并提高总反应速率。在这两方面的共同作用下,燃烧器内氢气的燃烧速度更快,火焰高度更小,火焰顶部受到的拉伸效应减弱,不易发生尖端分裂现象,能有效地提高燃烧效率。

6.5　壁面热损失对"火焰街"的影响

6.5.1　现象概述

"火焰街"是微细通道扩散燃烧中一种极为特殊的火焰现象。Miesse 等通过实验在"Y"形微细通道中首次发现了这种现象,其结构如图 6.28 所示。在燃料-氧化剂混合层内形成了数个离散火焰,其中,通道最上游锚定的是一条"长尾状"火焰,下游分布数个"新月状"火焰,相邻反应区之间为火焰熄灭区域。然而,由于微小尺度下测量诊断技术的限制,这些离散火焰的具体结构难以通过实验得到详细阐述与解释。为此,笔者采用详细化学反应机理,对该现象进行了三维数值模拟,研究了壁面热损失对"火焰街"结构的影响。

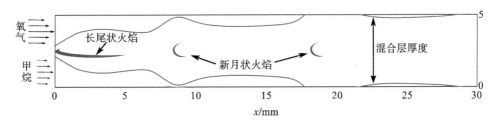

图 6.28　微细通道中"火焰街"的结构

6.5.2　物理模型

三维微细通道的计算区域如图 6.29 上部所示,其长度、宽度与高度分别为$L=30$ mm、$W=5$ mm 与 $H=0.75$ mm,宽度与高度方向上的壁面厚度 δ 分别为2.5 mm 与 0.5 mm。壁面材料为氧化铝(密度 $\rho=4000$ kg/m³,导热系数 $\lambda=36$ W/(m·K),比热容为 $c_p=700$ J/(kg·K),外表面发射率为 $\varepsilon=0.8$)。甲烷与氧气分别作为燃料与氧化剂在常温（300 K）下以 100 SCCM 与 200 SCCM（标准立方厘米/每分钟）的体积流量分别流入，在通道内进行混合并发生燃烧反应。通道出口设置为简单的压力出口条件（1 个标准大气压）。计算选取能准确预测甲烷火焰传播速度与燃烧热释放速率的 DRM-19 化学反应机理，包含 21 组分与 84 步基元反应。

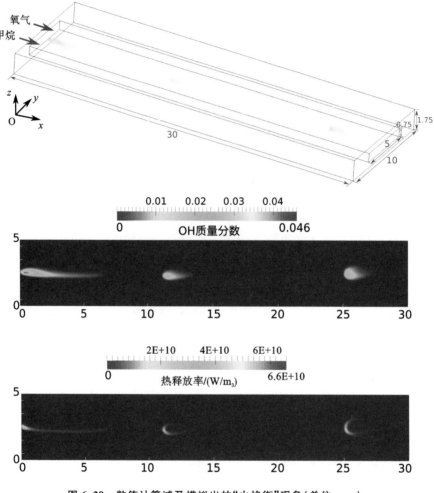

图 6.29   数值计算域及模拟出的"火焰街"现象（单位：mm）

由图 6.29 下部可见，数值计算成功模拟出了实验中观测到的特殊火焰现象，且火焰的离散分布与局部熄灭、各个火焰段的形态特征等都得到了较好的重现。通过对各离散火焰进行"火焰指数"分析，发现该"火焰街"结构由锚定在通道入口段的长条扩散火焰、下游接连出现的数个双分岔预混火焰（包含一个贫燃分支与一个富燃分支）构成。通常认为火焰街结构的产生与燃料/氧化剂在通道内各处的混合程度、通道壁面热损失有着密切关系，而前者与反应物的质量扩散能力相关，由燃料/氧化剂种类、配比决定。在下文中，我们将讨论壁面热边界条件对火焰结构的影响。

6.5.3 壁面热损失的影响

燃烧室气体与固体壁面间的热流密度 q 可用下式计算。

$$q = -\lambda_g \frac{\partial T}{\partial z}\bigg|_w \tag{6.3}$$

式中，λ_g 为气—固交界面处的气相热导率。正值 q 代表高温气体向壁面的热损失效应，而负值 q 则代表壁面对气体的预热作用。将热流密度沿整个壁面进行积分可得到气体与壁面间的总换热率，如式（6.4）所示。

$$Q_{ex} = \int_w q dA \tag{6.4}$$

图 6.30 给出了通道上、下壁气—固交接面处的热流密度云图。由于通道高度 z 方向上火焰结构的对称性，q 在上、下壁面呈现出相同的分布。此外，还可以发现甲烷与氧气在通道入口附近各有一小段 q 为负值的区域，说明壁面对两股气体在混合与反应之前有一定的预热作用。整个气—固界面上存在三个热流密度峰值：首个峰值强度最高而后两者水平相当，依次对应通道内三个离散火焰段（首个扩散火焰与之后两个预混火焰）的位置。图 6.30 还给出了微细通道内、外壁面温度分布，可发现两者温度非常接近，最大温差仅为 10 K 左右。此外，壁温的空间分布也比较均匀，其变化幅度较为有限（在 750～840 K 之间），平均温度接近 800 K。因此，为节省计算资源，笔者在后续研究中采用固定壁温的方式进行计算，以壁温 T_w ＝800 K 作为模拟的基准工况，通过增大与减小壁面温度，讨论壁面热损失对"火焰街"结构的影响。

图 6.31 给出了不同壁面热边界条件（T_w ＝500～1400 K）下的火焰形态。可以发现，微细通道内火焰结构与形态与壁面热损失情况密切相关。总体来说，随着壁面温度的升高，通道内离散火焰段的个数经历着非单调的变化。当壁温 T_w ＝500 K 时，由于存在较大的热损失，通道内仅能观测到一个锚定在入口段、长度较短的边界火焰（edge flame），而其下游处并不能形成其他的燃烧反应区。当壁温升高至 T_w ＝550 K 时，火焰段数量骤然上升为三个，并在之后较长的温度区间内（550～900 K）保持该数量。由此可判断，在 T_w ＝500～550 K 范围内必然存在某个壁面温度值使得通道内恰好能观测到两个稳定的火焰段，将该值定义为临界壁面温度。研究发现该临界值 T_w ＝535 K，火焰结构在此将从典型的扩散边界火焰向离散"火焰街"形态转变。随着壁面温度继续升高，在 T_w ＝1000～1200 K 区间内，通道内火焰段个数又下降至 2 个。这是由于入口段扩散火焰的长度大幅延伸，将其后的双分岔火焰推向下游更远处，从而挤压了第三个火焰的空间而导致其难以形成（每一个新的火焰段出现之前需要一定的长度供燃料与氧化剂进行相互扩散与混合）。最后，当壁面温度超过 1300 K 时，由于壁面热损失的大幅削弱，所有的火焰段合并成一条连续的扩散边界火焰，与常规尺度下的火焰结构较为相似。

为描述"火焰街"现象中的火焰结构（各离散火焰段尺寸及分布），定义各火焰

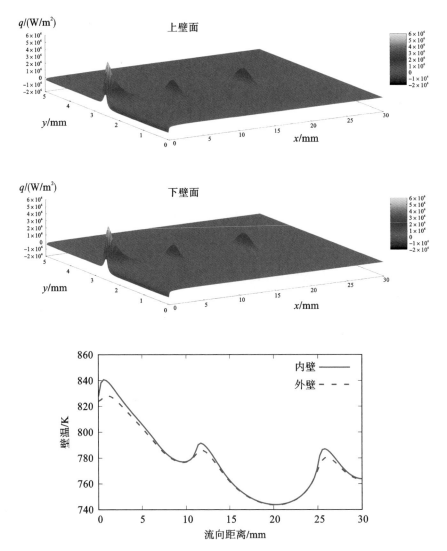

图 6.30　上、下壁气—固交界面处的热流密度云图及微细通道内、外壁面温度分布

段长度 $L_i(i=1、2、3)$ 以及相邻火焰段之间的距离 d_i（前一火焰尾部至后一火焰头部，$i=1、2$）两个参数，实际上 L_i 和 d_i 分别为流动方向上反应区持续与熄灭的长度。在计算结果后处理时，以 OH 自由基质量分数等于 10^{-5} 为界，将两个区域区分开来。火焰段长度、相邻火焰段的距离随壁面温度变化的曲线如图 6.32 所示，结果显示，随着壁温 T_w 升高，微细通道内燃烧强度的增大使得火焰段能继续向其下游（燃料/氧化剂浓度更低处）延伸。因此，所有火焰段的长度（L_1、L_2、L_3）随 T_w 均呈现增加的趋势。对比上游扩散火焰（L_1）与下游预混火焰长度（L_2、L_3）可以发现，前者的上升速率十分迅速而后者则较为缓慢（L_2、L_3 与 T_w 间呈现出近似线性关系）。

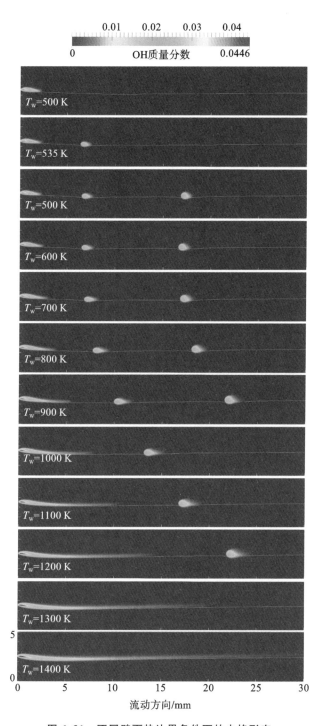

图 6.31 不同壁面热边界条件下的火焰形态

　　对相邻火焰段的距离 d_i 而言,扩散火焰与第一个预混火焰间的距离 d_1 远小于两个相邻预混火焰间的距离 d_2。这是由于在燃烧产物对未燃气体沿流向持续的稀释作用下造成的,更下游的反应区需要更长的流向距离,直到燃料/氧化剂浓度重新上升至可燃极限水平。此外,d_1 与 d_2 随壁面温度升高均呈现出先下降、后上升的非单调变化趋势。这种现象是两种机制共同作用的结果:一方面,在高壁温下,燃料/氧化剂的质量扩散速度增加使得熄灭区域后的气体混合物只需更短的流向距离便可复燃;另一方面,当壁温 T_w 超过 700 K 时,入口处扩散火焰长度骤然拉长,其燃烧强度也大幅增加,由此导致的更高浓度的燃烧产物排放也限制了下游火焰的形成。

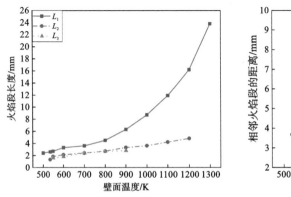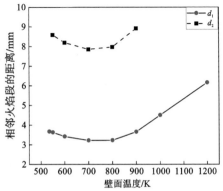

图 6.32　火焰段长度、相邻火焰段的距离随壁面温度变化的曲线

　　图 6.33 给出了通道内燃烧效率 η 随壁面温度 T_w 变化的曲线。由于壁面的预热作用,η 随 T_w 的升高整体上呈现出上升趋势。此外,还可以看出,η 在 $T_w = 900 \sim 1000$ K 以及 $1200 \sim 1300$ K 两个区间内出现了一定幅度的下降,这主要是由于火焰段数量在这两个区间内出现下降。然而,对于整个壁温区间($500 \sim 1400$ K)而言,最大燃烧效率依旧出现在最大壁温 $T_w = 1400$ K 处,此时的 $\eta = 53\%$。

6.5.4　小结

　　除氢气等少数燃料之外,其他碳氢化合物存在燃料质量扩散能力不足的问题,其在有强烈壁面热损失的微小尺度燃烧器中燃烧会存在火焰的局部熄灭、产生“火焰街”等现象,这将使燃烧效率降低。因此,对于非预混燃烧的壁面热管理技术还需开展进一步的研究。

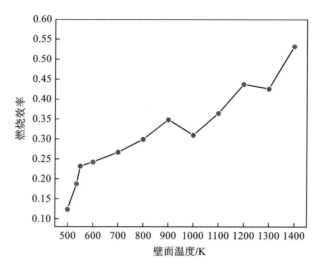

图 6.33　燃烧效率随壁面温度变化的曲线

6.6　本章小结

本章提出了三种壁面热管理技术,分别为:采用各向异性壁面材料的平板型直通道燃烧器;上、下游分别采用高、低导热系数材料的两段式燃烧器;以及内、外层分别采用高、低导热系数材料的双层壁面微细通道燃烧器。通过实验和数值模拟研究了燃烧器的火焰稳定性和燃烧效率,结果表明:这些热管理技术能够增强热循环效应、减少外壁面散热损失、削弱火焰顶端拉伸效应、抑制尖端分裂现象,可使稳焰范围得到拓宽,燃烧效率显著提高。

热解石墨存在不耐高温等问题,所以还需要寻找性能更加优异的各向异性材料。此外,两段式燃烧器和双层壁面微细通道燃烧器在制造过程中需要注意不同材料之间的连接问题,防止燃烧器使用过程中产生过大热应力而失效。

除上述讨论的预混燃烧器外,由于壁面热边界条件对微小尺度扩散燃烧中"火焰街"等特殊火焰现象的形成有重要影响,先进的壁面热管理技术也可用于提高包括燃烧效率在内的扩散燃烧器性能。

7 催化燃烧稳焰技术

催化燃烧也是一种常用的微尺度稳焰技术,它具有几个方面的优点:首先,催化燃烧的化学反应区域固定,从而使得燃烧器的设计更为简单;其次,催化燃烧能够降低点火所需要的活化能和燃烧温度,因此可以有效地降低热量损失和污染物排放;最后,催化燃烧在催化表面进行,充分利用了燃烧室具有大的面/体比的特点,使其更加适用于微型动力系统。Maruta 等对表面涂覆催化剂的圆管内甲烷/空气预混燃烧的熄火极限进行研究,发现考虑壁面热损失时熄火曲线呈"U"形双极限。Sitzki 等证实了在催化剂的辅助下,热循环结构的瑞士卷燃烧器可以在很低流量下维持稳定火焰。Spadaccini 等也在微型燃气轮机中获得了低流量的稳定燃烧和较高的燃烧效率。Deutschman 等的研究表明,增大甲烷/氧气之比以及添加氢气可以降低甲烷的催化着火温度。Chen 等通过数值模拟研究了进气速度、通道直径和壁面材料对均相与非均相反应相互作用的影响。Pizza 等的研究表明,催化燃烧可以抑制平板微细通道内火焰的不稳定现象。Chen 等在微细通道燃烧器的壁面上分段涂覆催化剂。在此基础上,Li 等将多个凹腔之间的壁面涂覆催化剂,进一步拓展了稳焰范围。此外,还有许多学者对微小尺度下的催化燃烧特性进行了研究,在此不一一赘述。

目前,大多研究者在燃烧室壁面全部涂覆催化剂,也有部分研究者在微细通道壁面上分段设置催化剂。笔者认为,对于微型流动反应器来说,上游壁面温度较低,催化反应并不能发生,因此,是无效的和不经济的。为此,尝试以文献中带固定壁温分布的微细通道为物理模型,在壁温合适的某个位置涂覆 3 mm 长的 Pt 催化剂,考察该方法对反复"熄火—再着火"这种不稳定火焰的抑制作用。此外,文献[29]中关于预混催化燃烧的研究已经比较充分,但针对非预混催化燃烧的研究较少。采用催化燃烧的方法,可以使通道高度小于气相燃烧的淬熄距离,从而减小燃料和氧化剂的扩散距离,有利于它们的混合。因此,微细通道中的非预混催化燃烧应该是可行的。鉴于此,本章将对平板型燃烧器中甲烷/(氧气+氮气)的非预混催化燃烧进行数值模拟研究,研究进气速度、通道高度、名义当量比和氧化剂中氧气的体积分数对催化燃烧特性的影响。

7.1　基于壁面催化段的预混燃烧稳焰技术

7.1.1　物理模型

实验所采用的物理模型与 Maruta 等的相同,均为一个内径 2 mm,长 80 mm 的石英圆管,在通入燃料之前,通过外界热源获得稳定的管内壁温分布(计算中不需要考虑管壁厚度),物理模型与微细通道内壁温分布如图 7.1 所示。以圆管进口为横坐标零点,向右为 x 轴正方向。设置管内最高壁温为 1300 K,与 Martuta 的实验条件略有不同(1273 K)。该模型中,$x=28$ mm 之前均为 300 K,$x=63$ mm 之后保持 1300 K 不变,即温度梯度区位于 $x=28\sim63$ mm。当量比 ϕ 为 0.85 的甲烷/空气预混气从左侧进入管内。为了考察局部催化对火焰稳定性的影响,假设在 $x=48\sim51$ mm 以及 $x=49\sim52$ mm 的管道内表面涂覆催化剂 Pt,并与完全无催化段的情况进行比较。选取这两个催化段位置的原因是当量比为 0.85 的甲烷/空气混合物在 Pt 表面的催化着火温度大约为 800 K,而 $x=50$ mm 处的壁面温度为 1000 K;无催化段时反复"熄火—再着火"的动态火焰在振荡过程中往上游最远处将达到 $x=45$ mm 处,因此,催化段必须处于此位置才会对不稳定火焰产生较明显的影响。

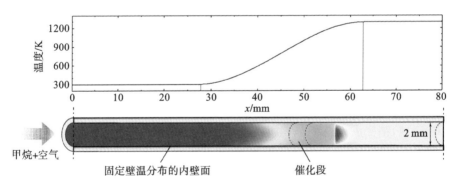

图 7.1　物理模型与微细通道内壁温分布

7.1.2　计算方法

采用商用 CFD 软件 Fluent 进行数值模拟,壁温分布采用用户自定义函数(UDF)输入至求解器。催化反应机理采用 Deutschmann 等提出的催化燃烧机理,气相反应机理采用 GRI-3.0(不包含氮氧化物生成机理)。边界条件设置如下:进口采用速度进口,预混气温度为 300 K;出口设置为压力出口,压力为一个标准大气压;管壁为无滑移边界,壁温设置为恒定壁温分布函数。采用双精度求解器,离散方程均采用二阶迎风格式。非稳态计算的时间步长取为 10^{-5} s，每个时间步长内的最大迭代步数为 20 步。

7.1.3　结果与讨论

1. 催化段位置对稳焰效果的影响

图 7.2 给出了 $V_{in}=25$ cm/s 时，有无 Pt 催化段的情况下火焰位置随时间的变化。可以看出，无催化段时该工况是一个反复"熄火—再着火"的动态火焰。当 Pt 催化段位于 $x=48\sim51$ mm 时，火焰仍然发生振荡，但振荡过程中不再熄火，而且着火后的前两个周期振荡幅度较大，而后振荡幅度逐渐稳定下来，即成为一个不再熄火的"周期性振荡火焰"。当 Pt 催化段继续往下游移动 1 mm，即位于 $x=49\sim$ 51 mm 时，火焰在经历着火初期的振荡之后，很快就完全稳定下来。这表明，在壁温合适的位置，3 mm 长的催化段能有效抑制反复"熄火—再着火"的动态火焰。

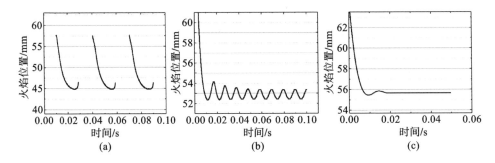

图 7.2　有无 Pt 催化段的情况下火焰位置随时间的变化
(a)无催化段；(b)催化段位于 $x=48\sim51$ mm；(c)催化段位于 $x=49\sim52$ mm

在此基础上，在进气速度 $V_{in}=2\sim80$ cm/s 的范围内对壁面催化段的稳焰效果进行了全面考察，结果如图 7.3 所示。可以看出，原来所有的不稳定火焰工况 (FREI 区域)都变成了稳定火焰(中等火焰)。此外，原来的两种稳定火焰，即常规火焰和微弱火焰仍然保持稳定。不过，仔细观察能够发现，有催化段的情况下，常规火焰的稳定位置往下游移动，而微弱火焰的位置则往上游移动。另外，从整体上看，整条曲线呈"S"形，即存在 2 个转折点(拐点)，其中第 1 个拐点是常规火焰和中等火焰的分界点(原来也属于 FREI)，而第 2 个拐点则位于中等火焰区域内。这 2 个拐点表明催化段在不同进气速度下的稳燃机理也不同。下面将从均相反应(气相燃烧)与非均相反应(壁面催化反应)之间的相互作用对 2 个拐点的形成原因进行解释，从而揭示不同进气速度下催化段的稳焰机理。

2. 稳焰机理分析

初步分析，壁面催化反应可能给微细通道内的气相燃烧带来两个方面的影响：第一，催化反应要提前消耗反应物，从而可能削弱气相燃烧；第二，壁面催化反应的产物解吸到微细通道内之后，也可能改变气相燃烧的反应路径，进而促进气相燃烧

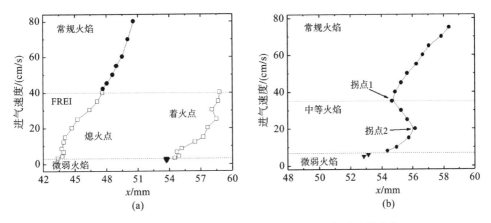

图 7.3 有无 Pt 催化段的情况下火焰位置随进气速度的变化

(a)无催化段;(b)催化段位于 $x=49\sim52$ mm

也是有可能的。下面选取两个代表性的进气速度进行具体深入的分析,其中 $V_{in}=$ 50 cm/s 代表中、高进气速度,而 $V_{in}=15$ cm/s 代表较低的进气速度。

1) 壁面催化反应对反应物的提前消耗

图 7.4 是 $V_{in}=50$ cm/s 时,有无催化段的情况下近壁面处甲烷、氧气、二氧化碳和水的摩尔分数分布曲线。可以看出,在催化段附近($x=49\sim52$ mm),反应物(甲烷和氧气)有明显的消耗,燃烧产物(二氧化碳和水)有明显的生成。同时,在催化段的末端,可以看到反应物和生成物的浓度各自有一个重新上升和下降的趋势,这是由于组分的径向扩散造成的。此外,催化段使得火焰位置发生了显著的后移,火焰从 $x=49.55$ mm 处退后至 $x=55.45$ mm 处。

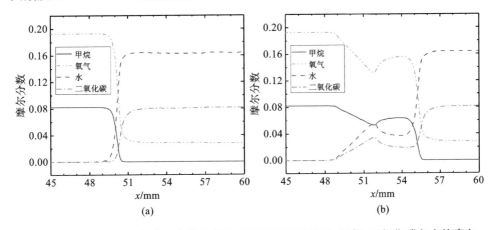

图 7.4 $V_{in}=50$ cm/s 时,有无催化段的情况下近壁面处甲烷、氧气、二氧化碳和水的摩尔分数分布曲线

(a)无催化段;(b)有催化段

图 7.5 给出了不同进气速度下催化段对甲烷的消耗率(无量纲的甲烷消耗率)

以及 $x=52$ mm 截面的平均当量比。可以发现,随着进气速度的减小,催化段对甲烷的消耗率是增大的,而且进气速度越小,甲烷消耗率的增速越快。对应地,平均当量比随着进气速度的减小而减小,而且进气速度越小,当地平均当量比的减小速度越快。因此,在中、高进气速度范围内,预混气的层流燃烧速度(即火焰速度)随着进气速度的减小而减小。在高进气速度区域,火焰速度的减小比进气速度减小慢,因此,当进气速度减小时,火焰位置将往上游移动;而在中等进气速度区域,火焰速度的减小比进气速度的减小更快,因此,当进气速度减小时,火焰位置将向下游移动,即某个进气速度将成为拐点,低于该进气速度时,随着进气速度的减小火焰将被推向下游稳定下来。此外,当进气速度低于 20 cm/s 时,一半以上的甲烷燃料将被催化段提前消耗掉,然而,火焰仍然能够维持稳定,表明在低进气速度下可能存在其他的火焰稳焰机制。

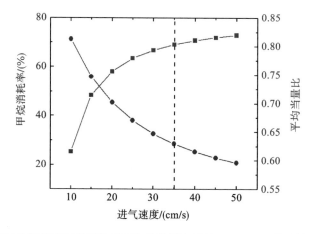

图 7.5　不同进气速度下催化段对甲烷的消耗率以及 $x=52$ mm 截面的平均当量比

2) 壁面催化反应对气相反应路径的影响

图 7.6 给出了 $V_{in}=50$ cm/s 时,有无催化段时轴线上主要基元反应对总热释放速率的贡献率。对比发现,由于催化反应对反应物的提前消耗,R84(OH+H₂<=>H+H₂O)、R99(OH+CO<=>H+C₂O)和 R178(O+CH₃<=>H+H₂+CO)的顺序发生了变化。然而,不管有无催化段,R10(O+CH₃<=>H+CH₂O)都是最重要的放热反应,而且前 6 个放热反应均相同。同时,由于 H_2O 和 CO_2(二者均有第三体效应)从催化表面的解吸,使得吸热反应中 R57 得到增强。

图 7.7 给出了有催化段的情况下,$V_{in}=15$ cm/s 时轴线上主要基元反应对总热释放速率的贡献率。可以看出,与 $V_{in}=50$ cm/s 比较,主要放热基元反应发生了明显改变。具体来说,$V_{in}=15$ cm/s 时,R99 成为最重要的放热反应,而 R10 的贡献率下降到第 5 位。同时,第三体反应 R35 从第 8 位跃升为第 2 位。而 R87 在 $V_{in}=50$ cm/s 时并未出现在前 10 名,$V_{in}=15$ cm/s 时却出现在第 3 位。R35 和 R87 地位的同时上升可归因于 H_2O 从催化段表面的解吸。此外,C_2 反应路径的重要反

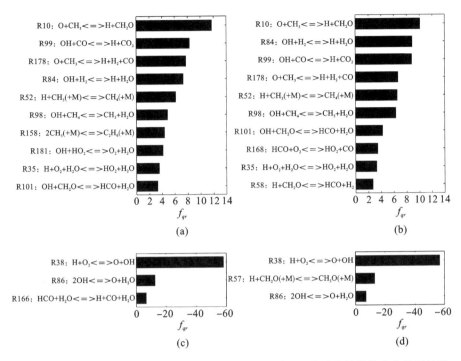

图 7.6　$V_{in}=50$ cm/s 时有无催化段时,轴线上主要基元反应对总热释放速率的贡献率
（a）无催化段放热；（b）有催化段放热；（c）无催化段吸热；（d）有催化段吸热

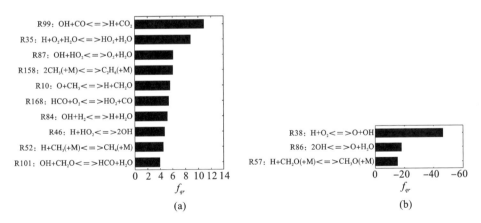

图 7.7　有催化段的情况下,$V_{in}=15$ cm/s 时轴线上主要基元反应对总热释放速率的贡献率
（a）放热反应；（b）吸热反应

应 R158 也得到增强,但是链起始反应 R98 却跌出了前 10 名。

　　进一步考察发现,在前 20 位的吸热反应中,有 10 个包含 OH,7 个包含 CH_3。因此,对比了 $V_{in}=15$ cm/s 和 $V_{in}=50$ cm/s 时,轴线上 5 个有关 OH 和 CH_3 生成和消耗的最重要基元反应的反应速率分布,如图 7.8 所示。总体来说,低速下的反应区变宽了。图 7.8(a)和图 7.8(b)表明在这两个进气速度下 R38 都是 OH 的主要生成反应。同时,由于催化段表面提前生成了 H_2O,使得 $V_{in}=15$ cm/s 时 R86 得到了增强。值得关注的是,$V_{in}=15$ cm/s 时,在火焰前面出现了一个微弱的反应 R119,但在 $V_{in}=50$ cm/s 时却未出现。图 7.8(c) 和图 7.8(d) 显示,R99 是 $V_{in}=15$ cm/s 时最重要的 OH 消耗反应,另外,两个不同进气速度下,在火焰前面均出现一个较为微弱的反应 R98。从图 7.8(e) 和图 7.8(f) 可以看出,对于 CH_3 的生成,OH 是和 CH_4 发生反应的主要组分(见 R98)。由图 7.8(g) 和图 7.8(h) 可见,$V_{in}=15$ cm/s 时消耗 CH_3 的 R119 得到明显的强化,而它并未出现在 $V_{in}=50$ cm/s 的前 5 位反应中。此外,$V_{in}=15$ cm/s 时,火焰前出现了一个微弱的 C_2 反应路径的 R158。总的来说,较低进气速度下,R119、R98 和 R158 比其他反应发生得更早。与此同时,CH_3 均出现在这三个基元反应中,因此,这三个反应对 CH_3 有重要影响。

图 7.9 给出了 $V_{in}=15$ cm/s 和 $V_{in}=50$ cm/s 时轴线和近壁面处的 CH_3 摩尔

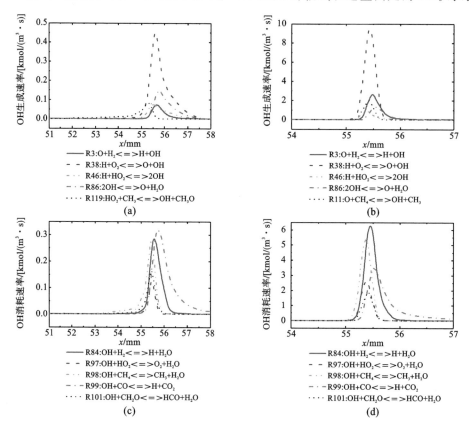

图 7.8　$V_{in}=15$ cm/s 和 $V_{in}=50$ cm/s 时轴线上 5 个有关 OH 和 CH_3 生成和消耗的最重要基元反应的反应速率分布

(a)$V_{in}=15$ cm/s;(b)$V_{in}=50$ cm/s;(c)$V_{in}=15$ cm/s;(d)$V_{in}=50$ cm/s;(e)$V_{in}=15$ cm/s;(f)$V_{in}=50$ cm/s;(g)$V_{in}=15$ cm/s;(h)$V_{in}=50$ cm/s

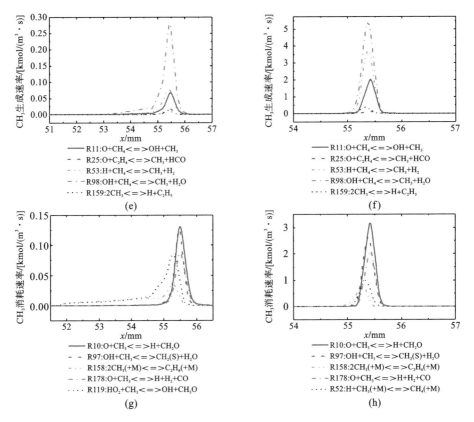

续图 7.8

分数分布。从图 7.9(a)可以看出,虽然两个进气速度下的火焰位置几乎相同,但是 $V_{in}=15$ cm/s 时 CH_3 摩尔分数的峰值比 $V_{in}=50$ cm/s 时低很多。然而,$V_{in}=15$ cm/s 时,在火焰之前 CH_3 的浓度一直在缓慢地增加。为了揭示其内在原因,比较催化段附近所有与 CH_3 生成有关的基元反应,发现从催化表面解吸的 OH 立即被 R98 消耗,约生成全部 CH_3 中的 97.8%。从图 7.9(b)可以看出,近壁处 CH_3 的摩尔分数从催化段的左端($x=49$ mm)就开始上升,然而,在催化段的右端,两进气速度下 CH_3 摩尔分数的变化趋势截然不同。具体而言,当 $V_{in}=15$ cm/s 时,催化反应产生的 CH_3 足以启动均相反应(气相燃烧),使得催化段后的 CH_3 浓度能够持续增加。与之相反,当 $V_{in}=50$ cm/s 时,催化壁面产生的 CH_3 太少,不足以启动均相反应而被逐渐消耗。

基于以上分析得出了火焰前的主要反应路径示意图,如图 7.10 所示。首先,从催化段表面解吸的 OH,通过 R98 消耗 CH_4,生成 CH_3,这对于链式反应的启动至关重要。然后,一少部分 CH_3 通过第三体反应 R158 与 C_2 路径发生反应,而大部分 CH_3 通过 R119 与 HO_2 发生反应,并生成 CH_3O 和 OH。生成的 OH 使 CH_4 重新转变为 CH_3,并形成了一个持续产生 CH_3 的环路。最后,CH_3O 通过第三体

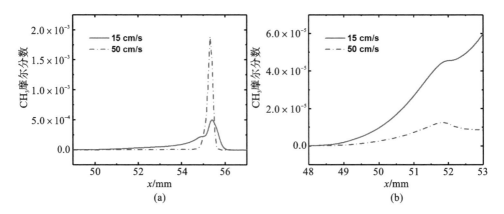

图 7.9 $V_{in}=15$ cm/s 和 50 cm/s 时轴线和近壁面处的 CH_3 的摩尔分数分布

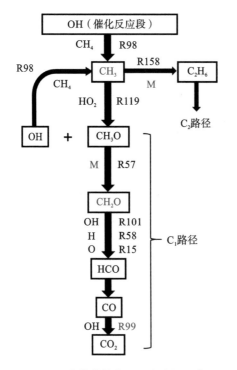

图 7.10 火焰前的主要反应路径示意图

反应 R57,生成 CH_2O 和 H,使得 CH_2O 在火焰前不断积累。这将加速通过 R15、R58 和 R101 生成 HCO,从而促进均相反应。因此,火焰前积累的 CH_2O 决定了催化段能否促进均相反应,这也解释了为什么 C_1 路径的链终止反应 R99(见图 7.10)变成了最重要的基元反应。

为了找出从哪个速度节点开始催化段对均相反应的催化反应变得至关重要,图 7.11 给出了不同进气速度下沿中心轴线的 CH_2O 摩尔分数分布。可以看出,在较低速度下($V_{in} \leqslant 20$ cm/s),火焰之前有一个明显的 CH_2O 积累过程。因此,低速下的均相反应能够被壁面催化段增强,火焰速度会增大。然而,这个现象在 $V_{in} > 20$ 后逐渐减弱,在 $V_{in}=25$ cm/s 时几乎消失,这意味着在 $V_{in}=20$ cm/s 附近存在一个反应路径发生急剧变化的转折点。

综合上述分析和讨论,可以总结出以下两点结论。

(1)在中高进气速度下,壁面非均相反应对通道内的均相反应起负面作用。具体来说,由于催化段对反应物的提前消耗,降低了预混气的当量比,使气相反应被削弱,火焰速度减小,且进气速度越低,这种负面作用越显著,从而在 $V_{in}=35$ cm/s 附近形成图 7.3 中的第一个拐点。

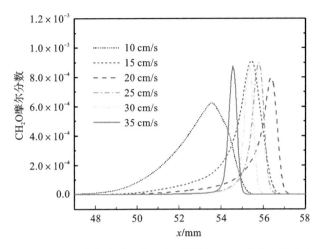

图 7.11　不同进气速度下沿中心轴线的 CH_2O 摩尔分数分布

（2）在较低进气速度下，壁面非均相反应对通道内的均相反应起正面作用。简而言之，催化表面解吸的 OH 导致在火焰前形成了 CH_2O 的积累，进而改变了主要反应路径，促进了气相反应，增大了火焰速度，从而在 $V_{in} = 20$ cm/s 附近形成图 7.3 中的第二个拐点。

7.1.4　实验验证

将 3 mm 长的钯片（Pd）裁剪后卷成直径 2 mm 的圆筒，塞入内径 2 mm 的石英玻璃管中。采用平面火焰炉对该流动反应器进行加热，实验方法与文献[20]类似。先做没有催化段的火焰稳定性实验，然后进行有催化段的实验，通过照相机记录火焰状态及火焰位置，并用红外热像仪拍摄壁温分布。图 7.12 左图给出了有无催化段时，不同进气速度下火焰位置对应的壁面温度，而右图则给出了加入 Pd 催化段后的火焰与催化段的照片，并用细虚线指明了火焰位置的变化规律。为了便于比较，横坐标为火焰位置对应的壁面温度，纵坐标为甲烷/空气预混气的进气速度。可以看出，在没有催化段时，火焰在较高进气速度下（$V_{in} = 40 \sim 50$ cm/s）可以稳定在微细通道内某一位置，而当进气速度较低时（$V_{in} = 10 \sim 35$ cm/s），管内会出反复"熄火—再着火"的不稳定火焰（FREI）。当在管内合适位置加入 Pd 催化段后，火焰的动态特性发生了明显的改变。首先，原先在较低进气速度时存在的 FREI 均转变为稳定的火焰，且其稳定位置位于原来 FREI 的熄火点与再着火点之间。其次，在较高进气速度下，火焰位置则明显向下游移动。最后，还可以看出，火焰位置随着进气速度呈现出一种非单调的分布规律。具体来说，在 $V_{in} = 30 \sim 50$ cm/s 时，火焰位置随进气速度的降低而向上游移动，而当 $V_{in} = 10 \sim 30$ cm/s 时，火焰位置随进气速度的降低而向下游运动。因此，该实验证明在微细通道内敷设一小段催化剂来稳定火焰是有效的。

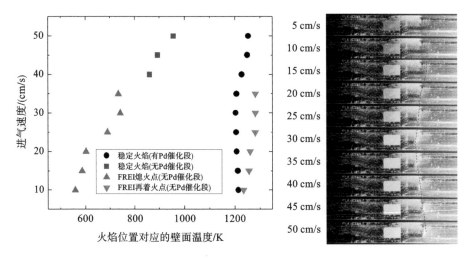

图 7.12　微细通道壁面局部催化抑制不稳定火焰的实验验证

7.2　非对称平板型微燃烧器内非预混催化燃烧的火焰特性

7.2.1　物理模型

微小平板型非预混催化燃烧器的二维几何模型如图 7.13 所示。通道长度 L_0 = 16 mm,通道高度为 H_0(0.6～1.4 mm)。通道入口被一隔板平均分为上下两部分,隔板上侧为甲烷入口,下侧为氧化剂入口,其高度均为 H_1。隔板长度 L_1 = 2 mm,壁面厚度 W_0 和隔板厚度 W_1 均为 0.2 mm。隔板下游的燃烧器内表面涂覆了一层 Pt 作为催化剂,催化段长度为 14 mm。

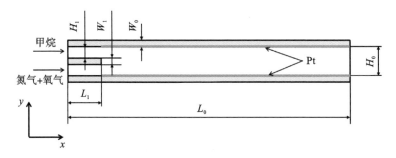

图 7.13　微小平板型非预混催化燃烧器的二维几何模型

7.2.2　计算方法

燃烧器内气体的克努森数(Kn)在 10^{-5} 量级,远小于临界克努森数 0.001,因此流体可看作连续介质,Navier-Stokes 方程仍然适用。本研究中气体混合物的最大雷诺数约为 133,故采用层流模型计算气体流动。燃烧器宽高比大于 10∶1,将计算模型简化为二维模型。通过层流有限速率模型计算化学反应,燃烧通道内甲烷/(氧气＋氮气)均相反应采用的机理与上一章相同,即 Bilger 等提出的包含 18 种气相组分和 58 步基元反应的化学机理。通道壁面甲烷和 Pt 的非均相反应采用 Deutschmann 等提出的催化反应机理,包含 11 种表面组分、7 种气相组分和 24 步基元反应。所有组分的热力学和动力学参数均来自 CHEMKIN 数据库。

边界条件设置如下。燃烧器入口设置为速度进口,甲烷和氧化剂气体的温度均为 300 K。燃烧器出口设置为压力出口,其压力为 1 标准大气压,燃烧器内壁面考虑甲烷与 Pt 的催化反应,Pt 的初始覆盖密度设置为 2.72×10^{-8} kmol/m²。采用 DO 模型计算内壁面之间的辐射。采用二阶迎风格式对方程进行离散,利用 SIMPLE 算法耦合求解压力与速度,计算残差设置为 10^{-6},在燃烧器内 patch 高温区域引发化学反应。

仍然用名义当量比 ϕ 表征燃烧器内名义当量比,即进口燃料和氧化剂完全混合后的预混气的当量比;用 $V_{\text{ave,cold}}$ 表示进气速度,即通道内冷态预混气的平均流速;X_{O_2} 表示氧化剂(氧气＋氮气)中氧气的体积分数。燃烧效率 η_c 定义为燃烧器内化学反应实际释放的热量与进入通道的气体最大可能热释放的比值。

7.2.3 结果与讨论

1. 进气速度对非预混催化燃烧特性的影响

将燃烧器高度 H_0 固定为 1 mm,名义当量比 ϕ 固定为 1,氧化剂为空气,即 $X_{O_2}=0.21$。图 7.14 给出了不同进气速度下非预混催化燃烧器的温度场,而图 7.15 给出了不同进气速度下非预混催化燃烧器的上壁面的温度分布。由图 7.14 可见,燃烧器温度场表现出明显的不对称性,高温区位于通道上壁面附近(燃料进气侧)。从图 7.15 可以看出,随着进气速度的增加,最高温度呈现先升高后降低的趋势,高温区域的面积也先增加后减小(图 7.14)。这主要与催化反应中气体停留时间、扩散时间及反应时间的大小有关。催化反应包含下列一系列重要过程:①反应物从气相空间向催化壁面的扩散过程;②反应物被吸附于催化剂表面;③吸附组分在催化表面的反应;④反应产物的解吸附;⑤解吸附的反应产物向气相空间的扩散。当进气速度较小时,气体组分与催化壁面的接触和反应时间相对充分,表面反应产物的解吸附和向气相空间的转移是影响催化反应强度的主要因素。此时,进气速度的增加会带来更多的反应物参与化学反应,同时表面反应组分的解吸速度也相应加快,因此催化反应强度得到提升。当进气速度进一步增加时,反应物与催化壁面的接触时间缩短,气体组分来不及反应便被吹出通道,催化反应受到限制。计算表明,当进气速度大于 1.2 m/s 时,催化反应将不能维持。

图 7.16 给出了 $V_{\text{ave,cold}}=0.8$ m/s 时甲烷和氧气在通道上侧(UW)和下侧

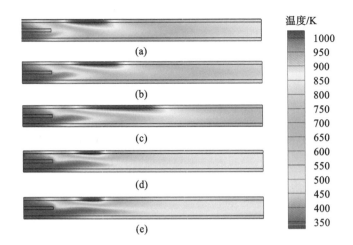

图 7.14   不同进气速度下非预混催化燃烧器的温度场

$(a)V_{ave,cold}=0.4$ m/s；$(b)V_{ave,cold}=0.6$ m/s；$(c)V_{ave,cold}=0.8$ m/s；$(d)V_{ave,cold}=1.0$ m/s；$(e)V_{ave,cold}=1.2$ m/s

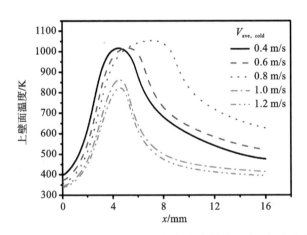

图 7.15   不同进气速度下非预混催化燃烧器的上壁面温度分布

(LW)内壁面附近的摩尔分数。由图 7.16 可以看出,上壁面附近甲烷的摩尔分数沿流动方向先急剧降低,然后又有一个略微增加的过程。这是由于甲烷是从燃烧器上侧进入通道,受到上侧催化壁面反应消耗和向下壁面附近扩散两方面作用,上壁面附近甲烷浓度迅速下降。在燃烧器中游,上壁面附近的甲烷受催化反应的消耗浓度较小,此时通道内甲烷具有正向(指向上壁面方向)的浓度梯度。在燃烧器下游,由于上壁面催化反应强度减弱,受正向的浓度梯度作用,甲烷向上壁面扩散,因此其摩尔分数会出现一个略微上升的过程。导致这一现象的另一个重要原因是下壁面催化反应强度很弱。从图 7.16 可以看到,下壁面附近甲烷的摩尔分数沿流动方向先逐渐增加,而后缓慢减小,最后保持不变。这正是由于下壁面催化反应强度很弱,其消耗甲烷的速率小于甲烷从通道上侧向下壁面扩散的速率,导致下壁面附近甲烷积累,浓度增加,直到燃烧器下游受到正向浓度梯度作用,甲烷从通道下侧向上侧扩散,下壁面附近甲烷浓度又开始下降。受上述因素的综合作用,在 $x=$ 11 mm 附近,甲烷浓度在通道里达到均匀状态,上下壁面附近甲烷摩尔分数保持不变。图 7.16 所显示的上壁面附近氧气的摩尔分数先增加后下降、而后又增加这一现象,也是由于氧气的反应消耗速率和扩散速率两者之间的相对大小导致的,这与上述甲烷摩尔分数变化规律的原因是一致的。

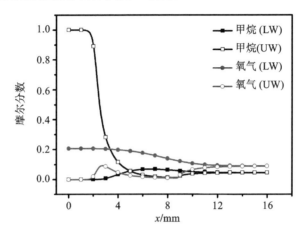

图 7.16　$V_{\text{ave,cold}}=0.8$ m/s 时,甲烷和氧气在通道上侧(UW)和
下侧(LW)内壁面附近的摩尔分数

为了更清晰地显示甲烷的扩散方向,图 7.17 给出了通道内甲烷摩尔分数云图及 $x=9$ mm 位置通道高度方向上的甲烷浓度梯度。可以看到,在 $x=9$ mm 位置处,通道高度方向大部分位置具有正向的甲烷浓度梯度,促使甲烷向上壁面扩散。从图 7.17(a)也可以看到,$x=9$ mm 位置之后,上壁面附近甲烷浓度有所增加。导致这一现象的另一个重要原因是下壁面催化反应强度很弱。

图 7.18 给出了 $V_{\text{ave,cold}}=0.8$ m/s 时,主要表面组分覆盖率的分布曲线。可以看出,在燃烧器下壁面 O(s)的覆盖率几乎都为 1,抑制了甲烷的吸附。而且,由于甲烷从上侧入口进入燃烧器,下壁面附近甲烷浓度相对较低,使得下壁面的催化反应受到抑制。对于上壁面,由于前段催化表面附近氧气相对不足,CO(s)成为主要的表面组分,但 CO(s)对甲烷吸附的抑制作用要远小于 O(s)。随着上表面催化反应的发生,壁面温度升高,吸附—解吸附的动态平衡向解吸附移动,导致 Pt(s)覆盖率上升,进一步促进甲烷的吸附和催化反应的发生。对比发现,Pt(s)覆盖率较高的区域与内壁面温度较高的区域是一致的。

图 7.19 给出了 $V_{\text{ave,cold}}=0.8$ m/s 时,燃烧器高度方向上速度、温度、甲烷和氧气摩尔分数分布曲线。可以看到,$x=15$ mm 位置沿通道高度方向,速度和温度分布基本是对称的,甲烷和氧气分布也是均匀的,这表明在燃烧器出口附近流动已充分发展。从图 7.19(a)可以看到,沿流动方向通道内气体流速先增大后减小,在图

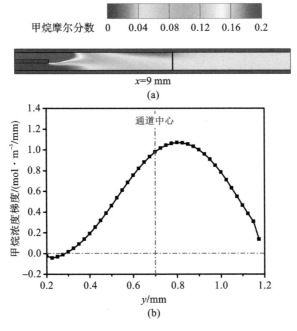

图 7.17　$V_{ave,cold} = 0.8$ m/s 时,甲烷摩尔分数云图和 $x = 9$ mm 位置处通道高
**　　度方向上的甲烷浓度梯度**

(a)甲烷摩尔分数云图;(b)$x = 9$ mm 位置处通道高度方向上的甲烷浓度梯度

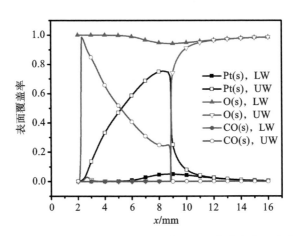

图 7.18　$V_{ave,cold} = 0.8$ m/s 时,主要表面组分覆盖率的分布曲线

中 5 个不同位置,$x = 9$ mm 的位置处于反应区域末端;当 $x < 9$ mm 时,由于化学反应释放热量使气体温度升高,沿流动方向速度增大;当 $x > 9$ mm 时,化学反应速率很小,气体受到壁面散热损失温度降低,沿流动方向速度降低。从图 7.19(b)可以看出,$x = 3$ mm、6 mm、9 mm 的温度分布曲线与 $x = 12$ mm、15 mm 的弯曲方向相反。温度分布曲线向左弯曲($x = 3$ mm、6 mm、9 mm)表明燃烧器壁面附近温度高于通道中心气体温度,说明壁面催化反应对燃烧器内的热量释放起主要作用。温度分布曲线向右弯曲($x=12$ mm、15 mm)表明壁面附近气体温度低于通道中心气体温度,这是由于在燃烧器下游,壁面催化反应强度很弱,外壁面向环境的散热导致内壁面附近气体温度较低。图 7.19(c)显示,在燃烧器上游,上壁面附近甲烷的摩尔分数高于下壁面附近,在燃烧器中下游,其分布规律则刚好相反。从图 7.19(d)中可以看到,下壁面附近的氧气摩尔分数一直高于上壁面附近,这一现象主要是由于上壁面催化反应强度较强而下壁面催化反应强度很弱。

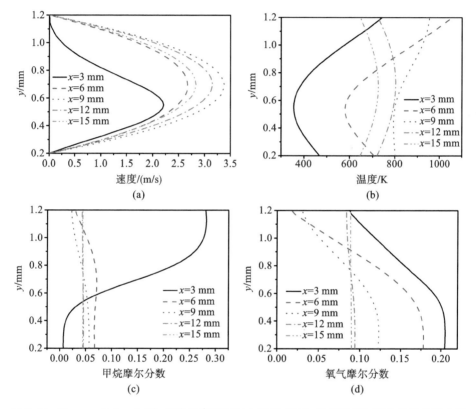

图 7.19 $V_{ave,cold}=0.8$ m/s 时,燃烧器高度方向上速度、温度、甲烷和氧气摩尔分数分布曲线
(a)速度;(b)温度;(c)甲烷摩尔分数;(d)氧气摩尔分数

2. 通道高度对非预混催化燃烧特性的影响

这里,固定 $\phi=1.0$,$V_{ave,cold}=0.5$ m/s,而通道高度取 5 个不同值,即 $H_0=0.6$ mm、0.8 mm、1.0 mm、1.2 mm 和 1.4 mm。不同高度燃烧器的温度场和燃烧器上侧内壁面单位长度的热释放速率(在计算与通道宽度有关的量时,假定宽度为 20 mm,以满足宽高比大于 10 的二维计算条件)分别如图 7.20 和图 7.21 所示。随着通道高度增加,开始发生催化反应的壁面位置向下游移动,反应区域面积逐渐增大,但催化反应热释放强度的峰值逐渐减小。这是由于随着通道高度的增加,氧气

向上壁面的扩散距离也增加。当 $H_0 = 0.6$ mm 时,由于催化反应区域较小,气体在燃烧器中下游通过壁面散失大量热量,燃烧器出口平均气温只有 398 K。随着通道高度增加,通道的散热损失比减小,出口气体温度逐渐升高。

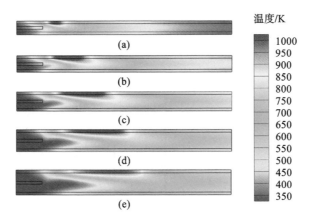

图 7.20　不同高度燃烧器的温度场

(a) $H_0 = 0.6$ mm;(b) $H_0 = 0.8$ mm;(c) $H_0 = 1.0$ mm;(d) $H_0 = 1.2$ mm;(e) $H_0 = 1.4$ mm

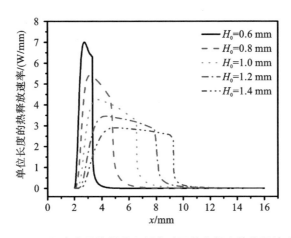

图 7.21　不同高度燃烧器的上侧内壁面单位长度的热释放速率

　　不同高度燃烧器内的最高温度和燃烧效率如图 7.22 所示。值得注意的是,这五个燃烧器燃烧效率最大值只有 52.4%。这是由于所研究燃烧器高度均远小于甲烷/空气气相反应的淬熄直径(约 2.5 mm),甲烷的气相反应很难着火,气相反应所消耗的甲烷微乎其微。计算表明,采用均相—非均相耦合反应机理和纯非均相反应机理得到的温度分布几乎没有区别。由此可见,非均相反应起主要作用,并且催化反应也主要发生在燃烧器上壁面的中上游区域,因此大量未完全燃烧的甲烷、一氧化碳和氢气泄漏出燃烧器,造成燃烧效率较低。

　　此外,从图 7.22 还可以发现,随通道高度增加,最高温度和燃烧效率先增加后减小,这一非单调变化规律受两方面因素的影响。一方面,随着通道高度增大,气

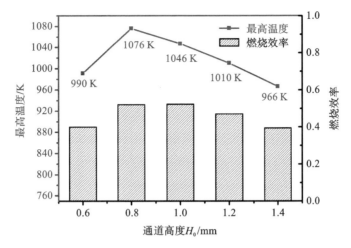

图 7.22　不同高度燃烧器内的最高温度和燃烧效率

体向壁面的扩散距离增加,气体混合情况变差,化学反应为扩散控制。另一方面,通道高度较小时,热损失成为影响燃烧特性的主要因素,较大的散热损失导致壁面温度降低,化学反应为动力学控制。具体来说,$H_0=0.6$ mm 时,尽管其反应热释放速率峰值较大(图 7.21),但反应区域较小,反应总释放热量较小。同时,$H_0=0.6$ mm 的燃烧器面体比最大,其散热损失比最大,达到 85.5%。这使得 $H_0=0.6$ mm 的燃烧器大部分壁面区域温度较低,进一步导致壁面 O(s) 的覆盖率高,从而抑制甲烷的吸附和反应。对于 $H_0=1.4$ mm 的燃烧器,氧气从下侧入口进入燃烧器,向上壁面的扩散的距离和时间最长,导致催化反应强度较为平和。综合散热损失比和扩散距离两方面因素的影响,中间大小高度(0.8~1.0 mm)的燃烧器能够获得更好的燃烧效果。燃烧效率在 $H_0=1.0$ mm 时获得最大值 52.1%,而 $H_0=0.8$ mm 的燃烧器由于催化反应区域比较集中,气体温度最高,同时其燃烧效率也相对较高(88.2%)。

3. 名义当量比对非预混催化燃烧特性的影响

本节中,通道高度 $H_0=1.0$ mm,进气速度 $V_{ave,cold}=0.5$ m/s,名义当量比 $\phi=0.8$、1.0 和 1.2 分别代表贫燃、化学恰当比和富燃的情况。图 7.23 是不同名义当量比时燃烧器的温度场。可以看出,随着名义当量比增加,燃烧器内最高温度上升,高温区域扩大,尤其是从化学恰当比状态变为富燃状态时,燃烧器内温度场发生明显变化,$\phi=1.2$ 时通道下壁面也发生了显著的催化反应。这是由于在富燃状态时,过量的甲烷扩散到下壁面附近,下壁面甲烷浓度增加,下壁面甲烷的吸附增强,催化反应强度随之提高。

不同名义当量比时通道下壁面附近甲烷和氧气的摩尔分数曲线如图 7.24 所示。由图 7.24 可以看出,与 $\phi=1.0$ 和 $\phi=1.2$ 的曲线变化趋势有所不同,$\phi=0.8$ 时下壁面附近甲烷摩尔分数单调升高而后保持不变。这是由于甲烷从通道上侧向

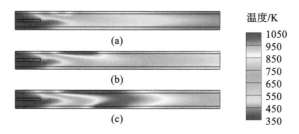

图 7.23   不同名义当量比时燃烧器的温度场

(a)$\phi=0.8$;(b)$\phi=1.0$;(c)$\phi=1.2$

下侧扩散,下壁面附近甲烷浓度增加而下壁面几乎没有发生催化反应,下壁面附近甲烷几乎没有被消耗,且 $x=5$ mm 之后上壁面催化反应强度也较弱,几乎不再消耗甲烷,通道内甲烷浓度保持不变。然而,$\phi=1.0$ 和 $\phi=1.2$ 时,下壁面附近甲烷浓度均先升高后下降,而后保持不变。7.1 节已解释过,$\phi=1.0$ 下壁面附近甲烷浓度下降的过程主要是受正向的浓度梯度作用,甲烷向通道上侧扩散造成的。但是,$\phi=1.2$ 时则不同,甲烷摩尔分数曲线下降的过程非常陡峭。从图 7.23 观察到,富燃状态时通道下壁面有明显高温区,图 7.24(b)也显示,$\phi=1.2$ 时下壁面附近氧气浓度也明显降低,几乎被完全消耗。这表明下壁面发生了显著的催化反应,因此甲烷浓度降低主要是催化反应的消耗造成的。对表面组分进行监测,发现 $\phi=0.8$ 和 $\phi=1.0$ 时,下壁面 Pt(s)的覆盖率很低,O(s)的覆盖率超过0.9,这抑制了甲烷的吸附。而 $\phi=1.2$ 时,下壁面中游位置 Pt(s)的覆盖率较高,有利于催化反应的发生。进一步计算还发现一个有意思的结论,$\phi=0.8$、1.0 和 1.2 时,燃烧效率分别为30%、52%和77%,即进气中甲烷富余时燃烧效率反而更高。这表明,富燃状态有利于提高甲烷/空气的非预混催化燃烧效率。

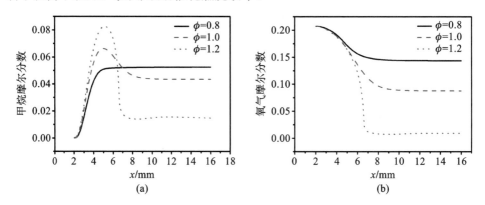

图 7.24   不同名义当量比时通道下壁面附近甲烷和氧气的摩尔分数曲线

(a)下壁面附近甲烷摩尔分数;(b)下壁面附近氧气摩尔分数

图 7.25 是不同名义当量比时主要反应产物(一氧化碳、二氧化碳、水)的摩尔分数云图。从图 7.25(a)可以看出,$\phi=1.2$ 时上壁面附近会有大量一氧化碳产生,而下壁面产生的一氧化碳相对较少,通道内直到出口仍残余大量一氧化碳。在 $\phi=$

0.8 和 $\phi=1.0$ 时,由于氧气量充足,生成一氧化碳的量相对较少,并且部分一氧化碳在中下游壁面被消耗,出口残余的一氧化碳较少。从图 7.25(b)可以看出,在贫燃和化学恰当比时,催化反应生成二氧化碳的位置比较集中,而在富燃时由于氧气不足,沿催化壁面二氧化碳的浓度逐渐升高。还注意到,$\phi=1.2$ 时产物云图呈现非对称的"V"形,尤其是图 7.25(b)和图 7.25(c)中的二氧化碳和水云图。这表明,富燃状态时,上、下壁面都发生了较强的催化反应,但上壁面反应强度更大,反应区域更靠近上游。一氧化碳摩尔分数云图"V"形不明显的原因是,氧气从下侧入口进入燃烧器,下壁面氧气的量相对充足,生成一氧化碳的量相对较少。

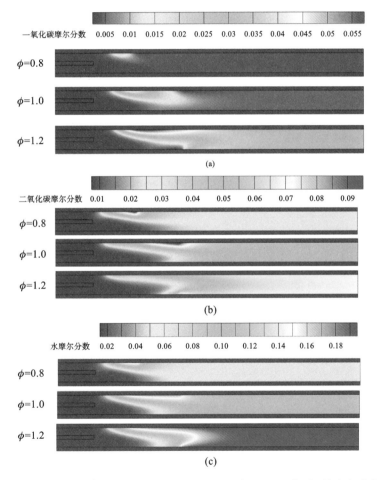

图 7.25　不同名义当量比时主要反应产物(一氧化碳、二氧化碳、水)的摩尔分数云图
(a)一氧化碳摩尔分数云图;(b)二氧化碳摩尔分数云图;(c)水摩尔分数云图

为了更清楚地理解富燃状态对催化燃烧的影响,图 7.26 给出了 $\phi=1.0$ 和 $\phi=1.2$ 时每个非均相基元反应的表面平均反应速率。甲烷在 Pt 表面的非均相基元反应方程式见表 7.1。

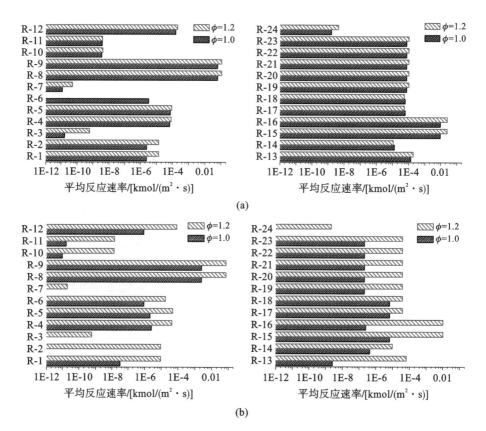

图 7.26 $\phi=1.0$ 和 $\phi=1.2$ 时非均相基元反应的表面平均反应速率

(a)上壁面非均相基元反应的反应速率;(b)下壁面非均相基元反应的反应速率

表 7.1 甲烷在 Pt 表面的非均相基元反应方程式

序号	反应方程式	序号	反应方程式
R-1	$H_2+2Pt(s)\longrightarrow 2H(s)$	R-13	$H(s)+OH(s)\Longleftrightarrow H_2O(s)+Pt(s)$
R-2	$2H(s)\longrightarrow H_2+2Pt(s)$	R-14	$OH(s)+OH(s)\Longleftrightarrow H_2O(s)+O(s)$
R-3	$H+Pt(s)\longrightarrow H(s)$	R-15	$CO+Pt(s)\longrightarrow CO(s)$
R-4	$O_2+2Pt(s)\longrightarrow 2O(s)$	R-16	$CO(s)\longrightarrow CO+Pt(s)$
R-5	$O_2+2Pt(s)\longrightarrow 2O(s)(stick)$	R-17	$CO_2(s)\longrightarrow CO_2+Pt(s)$
R-6	$2O(s)\longrightarrow O_2+2Pt(s)$	R-18	$CO(s)+O(s)\longrightarrow CO_2(s)+Pt(s)$
R-7	$O+Pt(s)\longrightarrow O(s)$	R-19	$CH_4+2Pt(s)\longrightarrow CH_3(s)+H(s)$
R-8	$H_2O+Pt(s)\longrightarrow H_2O(s)$	R-20	$CH_3(s)+Pt(s)\longrightarrow CH_2(s)+H(s)$
R-9	$H_2O(s)\longrightarrow H_2O+Pt(s)$	R-21	$CH_2(s)+Pt(s)\longrightarrow CH(s)+H(s)$
R-10	$OH+Pt(s)\longrightarrow OH(s)$	R-22	$CH(s)+Pt(s)\longrightarrow C(s)+H(s)$
R-11	$OH(s)\longrightarrow OH+Pt(s)$	R-23	$C(s)+O(s)\longrightarrow CO(s)+Pt(s)$
R-12	$H(s)+O(s)\Longleftrightarrow OH(s)+Pt(s)$	R-24	$CO(s)+Pt(s)\longrightarrow C(s)+O(s)$

由于部分反应的强度很弱,它们的条状图过短以至于在图中看不到(例如7.26(a)中 R-6 的红色条带)。由图 7.26 可以看出,$\phi=1.0$ 时,上壁面反应强度较大的基元反应是 R-8($H_2O+Pt(s)\longrightarrow H_2O(s)$)、R-9($H_2O(s)\longrightarrow H_2O+Pt(s)$)、R-15($CO+Pt(s)\longrightarrow CO(s)$)和 R-16($CO(s)\longrightarrow CO+Pt(s)$)。$\phi$ 从 1.0 增加至 1.2 后,大多数基元反应的反应速率有所增加,但总体上变化较小。然而 R-6($2O(s)\longrightarrow O_2+2Pt(s)$)的反应速率变化很大,减小了 8 个数量级,其在上壁面的反应强度几乎可以忽略。R-14($OH(s)+OH(s)\Longleftrightarrow H_2O(s)+O(s)$)、R-17($CO_2(s)\longrightarrow CO_2+Pt(s)$)和 R-18($CO(s)+O(s)\longrightarrow CO_2(s)+Pt(s)$)这三个反应的反应速率也有所减小。在通道下壁面,$\phi=1.0$ 时反应强度较大的基元反应为 R-8、R-9、R-15、R-17 和 R-18。与上壁面相比,下壁面附近由于氧的量相对充足,R-17 和 R-18 的反应速率增大,替代了原先反应速率较大的 R-16。富燃状态对下壁面催化反应的影响更加显著,所有基元催化反应的反应速率都得到增加,R-8、R-9、R-15 和 R-16 成为下壁面反应强度较大的基元反应;R-2($2H(s)\longrightarrow H_2+2Pt(s)$)的反应速率提高最多,增大了 10 个数量级;R-3($H+Pt(s)\longrightarrow H(s)$)、R-10($OH+Pt(s)\longrightarrow OH(s)$)、R-13($H(s)+OH(s)\Longleftrightarrow H_2O(s)+Pt(s)$)、R-15、R-16 和 R-24($CO(s)+Pt(s)\longrightarrow C(s)+O(s)$)的反应速率也提高了 3 个数量级以上。$\phi=1.0$ 时上壁面基元反应速率一般比下壁面的要高几个数量级,但在 $\phi=1.2$ 时,上、下壁面大多数基元反应的反应速率都在同一数量级,下壁面催化反应明显增强。

4. 氧气浓度对非预混催化燃烧特性的影响

H_0、ϕ 和 $V_{ave,cold}$ 分别固定为 1 mm、1.0 和 0.5 m/s,研究氧化剂(氮气+氧气)中氧气的体积分数 X_{O_2} 从 0.21 增加到 0.30 时(氧气浓度过高将造成火焰温度过高,导致催化剂和燃烧器壁面变形甚至熔化)对非预混催化燃烧特性的影响。图 7.27 和图 7.28 分别为不同氧气浓度 X_{O_2} 时燃烧器的温度场和单位长度壁面催化反应热释放速率曲线。从 7.27 可以看到,当 X_{O_2} 提高到 0.30 时,燃烧器内温度显著提升,下壁面出现明显高温区,即下壁面发生了较强的催化反应。从图 7.28 也可以看到,$X_{O_2}=0.21$ 时,下壁面反应热释放速率很小,但 $X_{O_2}=0.30$ 时,下壁面热释放速率明显提高,热释放峰值与 $X_{O_2}=0.21$ 时上壁面的相当,而且上壁面催化反应区域拓宽,热释放峰值也显著提高。

图 7.29 是壁面上 $Pt(s)$、$O(s)$ 和 $CO(s)$ 在不同 X_{O_2} 时的表面覆盖率分布曲线。当 X_{O_2} 增加后,上壁面 $Pt(s)$ 覆盖率峰值提高,$Pt(s)$ 覆盖区域拓宽;相应地,$O(s)$ 的覆盖率减小,上壁面反应区域增大。此外,$X_{O_2}=0.21$ 时,下壁面几乎被 $O(s)$ 所覆盖,$Pt(s)$ 的覆盖率很低。但是 X_{O_2} 提高到 0.30 后,下壁面 $Pt(s)$ 的覆盖率与 $O(s)$ 的相当。这主要是由于提高氧气浓度后,火焰温度和燃烧强度提高,促进吸附—解吸附的平衡向解吸附移动,$O(s)$ 的覆盖率减小。此外,尽管预混气中名义当量比没有改变,但是 X_{O_2} 的增加使得上壁面前段 $CO(s)$ 的覆盖率减小。这是由于氧化

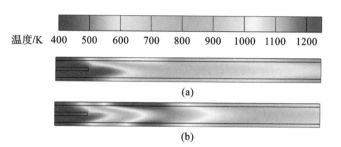

图 7.27　不同氧气浓度 X_{O_2} 时燃烧器的温度场

(a)$X_{O_2}=0.21$;(b)$X_{O_2}=0.30$

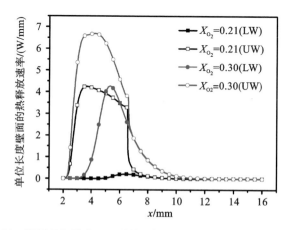

图 7.28　不同氧气浓度 X_{O_2} 时单位长度壁面的催化反应热释放速率

剂中氧气浓度提高增加了氧气的扩散速度,使氧气更快参与上壁面的催化反应。但对下壁面 CO(s)覆盖率影响不大,因为氧气从下侧入口进入燃烧器,下壁面附近氧气的量总是充足的。

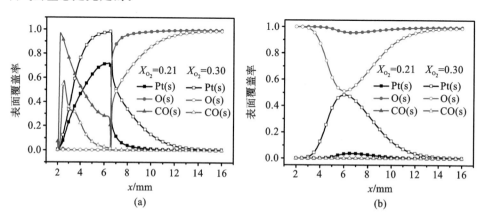

图 7.29　不同氧气浓度 X_{O_2} 时内壁面上表面组分的覆盖率

(a)上壁面表面组分覆盖率;(b)下壁面表面组分覆盖率

为了深入分析氧气浓度对燃烧过程的影响,图 7.30 给出了 $X_{O_2}=0.21$ 和 $X_{O_2}=0.30$ 时内壁面上非均相基元反应的表面平均反应速率。总体来看,当 X_{O_2} 从 0.21 增加到 0.30 时,基元催化反应的强度都得到增强。在上壁面,R-1(H_2+2Pt (s)$\longrightarrow$2H(s))、R-2(2H(s)$\longrightarrow H_2+2Pt$(s))、R-3(H+Pt(s)$\longrightarrow$H(s))、R-10 (OH+Pt(s)$\longrightarrow$OH(s))和 R-11(OH(s)$\longrightarrow$OH+Pt(s))对氧气浓度的增加更为敏感,其反应速率增大了两个数量级以上。这些反应与 H 和 OH 基有关,对提高反应强度有重要影响。在下壁面,提高氧气浓度对基元反应的增强作用更为显著,其中 R-2、R-3、R-10、R-11 和 R-24(CO(s)+Pt(s)$\longrightarrow$C(s)+O(s))的反应速率增大了四个数量级以上,而这几个反应中 R-24 是下壁面反应强度最低的反应,R-2、R-3、R-10 和 R-11 与上壁面反应强度增强最为显著的反应也是一致的。

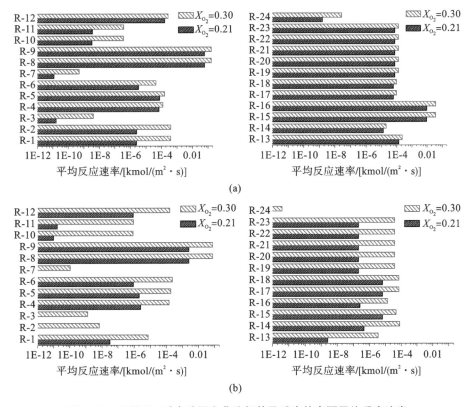

图 7.30 不同 X_{O_2} 时内壁面上非均相基元反应的表面平均反应速率

(a)上壁面非均相基元反应的反应速率;(b)下壁面非均相基元反应的反应速率

图 7.31 给出了不同 X_{O_2} 时,与甲烷氧化有关的 3 个主要气相反应(R-a:CH_4+H=CH_3+H_2,R-b:CH_4+O=CH_3+OH,R-c:CH_4+OH=CH_3+H_2O)和 1 个常用来标示热释放速率的气相反应(R-d:CH_2O+H=HCO+H_2)的最大反应强度。可以看出,在 $X_{O_2}=0.30$ 时,这些基元反应的反应速率相比 $X_{O_2}=0.21$ 时都增大

了至少一个数量级,表明气相反应作用得到增强,因此采用均相—非均相耦合机理进行计算是必要的。由于提高氧气浓度对气相和催化反应都有明显的增强作用,当 X_{O_2} 从 0.21 增加到 0.30 时,燃烧效率从 52.4% 增加到 88.2%。这说明在非预混催化燃烧中,增加氧气浓度对提高燃烧效率是非常有效的。

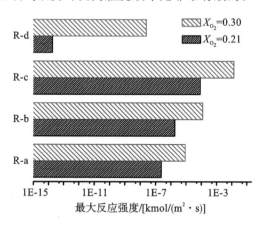

图 7.31　不同氧气浓度 X_{O_2} 时燃烧器内 4 个关键均相基元反应的最大反应速率

7.2.4　小结

(1) 燃烧器的通道高度远小于甲烷气相燃烧的淬熄直径,气相反应在均相—非均相耦合反应系统中对甲烷消耗发挥的作用很小,催化反应起主要作用。

(2) 随进气速度增大,壁面上催化反应强度和反应区域面积先增大后减小,当进气速度大于 1.2 m/s 时,反应不能发生。

(3) 随通道高度增加,壁面反应区域的位置向下游移动,反应区域的面积增大,但反应强度的峰值减小。受气体混合和壁面散热损失的综合作用,燃烧器内最高温度和燃烧效率随通道高度的增加先增大后减小,$H_0 = 0.8 \sim 1.0$ mm 时燃烧效果最好。

(4) 一般情况下,表面反应主要发生在上壁面(燃料进气侧),下壁面(氧化剂进气侧)反应强度很小,因此非预混催化燃烧的效率较低。贫燃使内壁面反应强度进一步降低,对非预混催化反应不利。富燃时,下壁面发生明显催化反应,内壁面 Pt(s) 的覆盖率提高时,上、下壁面的反应强度都显著增加,燃烧器内温度明显提升,燃烧效率随之增加。因此,适当的富燃状态对非预混催化燃烧是有利的。

(5) 增加氧化剂中氧气的浓度能够提高所有非均相基元反应的反应速率,从而增强催化反应强度。提高氧气浓度后,燃烧器下壁面能够发生显著的催化反应,气相反应强度也有所提高,燃烧器内温度升高,温度场的非对称性减弱,燃烧效率明显提升。

7.3 对称平板型微燃烧器内非预混催化 燃烧的火焰特性

从前面的结果可以看出,当燃料和空气的入口为非对称结构时,靠近燃料侧的壁面催化反应较为强烈,而空气侧的反应比较微弱,这使得燃烧效率较低,也不利于将该燃烧器应用于微型热光伏(TPV)发电器。为此,本节设计了对称的微小平板型非预混催化燃烧器,其二维结构模型如图 7.32 所示。燃烧器总长 $L_0 = 16$ mm,通道高度 $H_0 = 1.2$ mm。燃烧器入口被两块长度为 $L_1 = 2$ mm 的隔板分成三个进气通道,中间为空气入口,上下两侧为甲烷入口。空气和甲烷进气通道的高度分别为 $H_1 = 0.4$ mm 和 $H_2 = 0.2$ mm,通道壁面(W_0)和隔板(W_1)的厚度均为 0.2 mm。隔板下游的燃烧器内壁面覆盖有 Pt,覆盖 Pt 的壁面长度为 14 mm。

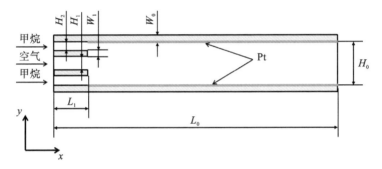

图 7.32　对称的微小平板型非预混催化燃烧器的二维结构模型

7.3.1　进气速度对燃烧特性和热性能的影响

固定名义当量比 $\phi = 1$ 来研究进气速度对非预混催化燃烧器燃烧特性和热性能的影响。图 7.33 给出了不同进气速度时通道内壁面单位长度热释放速率的分布曲线。采用 Fluent 进行二维计算时,宽度方向默认为 1 m;但考虑到实际应用于 TPV 系统的微小燃烧器的特性,本节的数据处理取燃烧器宽度为 20 mm。从图 7.33 可以看出,当进气速度相对较小时,沿流动方向,壁面催化反应强度先增大后减小,而进气速度较大时,壁面催化反应强度几乎一直增大。此外,随进气速度增大,催化反应热释放速率的峰值先增大,而后在中等进气速度($V_{\text{ave,cold}} = 1.0$ m/s 和 $V_{\text{ave,cold}} = 1.5$ m/s)时几乎保持不变,最后在速度较高时有所下降。出现这一现象的原因是在进气速度较低时,Pt 的活性区域是过剩的。随着速度增大,更多的甲烷进入燃烧器在 Pt 表面反应,热释放速率增大;当甲烷的流量达到一定数值,壁面的催化能力达到饱和,热释放速率达到最大并在一定进气速度范围内几乎保持不变;当速度进一步增大时,催化反应的起始位置向下游移动,通道内气体的停留时间大大缩短,反应热释放峰值降低。

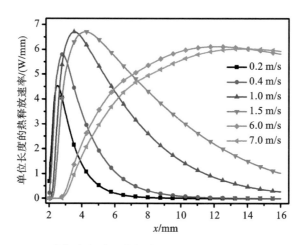

图 7.33　不同进气速度时通道内壁面单位长度热释放速率的分布曲线

图 7.34(a)给出了进气速度 $V_{ave,cold}=1.0$ m/s 时的温度场。与 7.2 节中的非预混催化燃烧器相比,进气通道对称布置后,燃烧器内温度场呈对称的"V"形分布,内壁面温度最高,通道中心线位置的温度最低。燃烧器外壁面温度分布均匀,大部分区域的温度高于 1200 K,有利于在 TPV 系统的应用。近壁面主要气相组分的摩尔分数和内壁面上主要表面组分的覆盖率曲线如图 7.34(b)和 7.34(c)所示。可以看到,在催化壁面前端,甲烷脱氢生成 H(s)和 C(s),甲烷浓度迅速降低。壁面附近氧气浓度先增加后减小,这是受催化反应强度和扩散速率相对大小影响的结果。由于上游内壁面附近氧气不足,反应生成大量一氧化碳以及少量氢气,主要表面组分为 C(s)和 CO(s)。在一氧化碳开始生成的位置下游约 1 mm 处,二氧化碳开始生成。随着壁面温度的升高以及更多氧气扩散到内壁面附近,内壁面上覆盖的 C(s)和 CO(s)逐渐消失。在通道中下游壁面,Pt(s)的覆盖率几乎一直保持在 1。对比 7.2 节中通道内壁面的组分覆盖率可以看出,进气通道采用对称分布的燃烧器后,壁面 O(s)的覆盖率大大降低,在整个内壁面的覆盖率几乎都为 0,从而避免了 O(s)对甲烷吸附和催化反应的抑制。因此燃料入口对称分布在通道两侧这种结构对增强非预混催化燃烧是非常有利的。

图 7.35 给出了进气速度 $V_{ave,cold}=0.4$ m/s 和 $V_{ave,cold}=4.0$ m/s 时主要表面组分的覆盖率分布曲线,分别代表进气速度较低和较高情况时的表面组分分布。当 $V_{ave,cold}=0.4$ m/s 时,CO(s)和 C(s)的分布曲线的变化趋势更加陡峭,这是由于进气速度较小时气体的停留时间较长,催化反应发生得更加迅速,与图 7.35 中进气速度较小时反应热释放区域更加集中的现象是对应的。此外,当 $x>4.5$ mm 后,CO(s)的覆盖率再次增加,这是进气速度较低时催化反应强度较小、壁面温度较低造成的,与富燃状态下预混催化燃烧的表面组分分布类似。因此,对于本节所研究的非预混催化燃烧器,尽管名义当量比为 1,但氧气从中间入口进入通道,壁面附近总是处于富燃的状态(考虑甲烷、一氧化碳、氢气的总量)。与低速的情况相反,

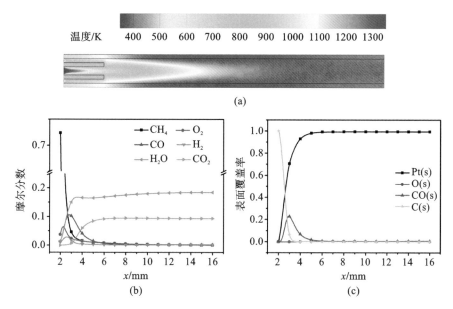

图 7.34 $V_{ave,cold}$＝1.0 m/s 时的温度场、近壁面主要气体组分的摩尔分数和内壁面上主要表面组分的覆盖率

(a)温度场;(b)近壁面主要气体组分的摩尔分数;(c)内壁面上主要表面组分的覆盖率

$V_{ave,cold}$＝4.0 m/s 时,CO(s)和 C(s)的分布曲线变化趋势较为平缓,这是由于速度较大时甲烷和氧气混合变慢,与图 7.35 中高速时较宽的反应区域是对应的。此外,由于进气速度较大时催化反应释放的热量较多、壁面温度较高、反应区域较长,壁面下游覆盖的主要表面组分为 Pt。

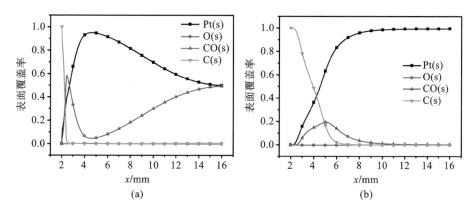

图 7.35 $V_{ave,cold}$＝0.4 m/s 和 $V_{ave,cold}$＝4.0 m/s 时主要表面组分的覆盖率分布曲线

(a)$V_{ave,cold}$＝0.4 m/s;(b)$V_{ave,cold}$＝4.0 m/s

为了对燃烧器的热性能进行综合考察,图 7.36 给出了在较低进气速度(0.2 m/s 和 0.6 m/s)、中等进气速度(1.0 m/s 和 2.0 m/s)和较高进气速度(4.0 m/s

和 6.0 m/s)时燃烧器的燃烧效率 η_c、辐射效率 η_r 和壁面输出的辐射能 E_r。这里，辐射效率 η_r 定义为燃烧器外壁面向外辐射的能量与进入燃烧器燃料的总化学能之比。可以看出，随着进气速度增加，燃烧效率单调递减，燃烧效率最大为 98.5%（$V_{ave,cold}=0.2$ m/s）。$V_{ave,cold}$ 小于 1.0 m/s 时，燃烧效率均在 95% 以上。相较 7.2 节中燃烧器在 $\phi=1$ 时最大燃烧效率为 52.4%，本节研究的对称燃烧器的催化燃烧效率得到大大提高。此外，随进气速度增大，辐射效率和壁面辐射能呈非单调变化，分别在 $V_{ave,cold}=1.0$ m/s 和 2.0 m/s 时获得最大值。进气速度不大时，随速度增加，进入燃烧器发生催化反应的燃料增多，壁面温度增加，尽管燃烧效率略有下降，但壁面辐射能量与温度的四次方成正比，因此总辐射能是增加的，辐射效率随之增大。当进气速度进一步增大，气体停留时间缩短，气体混合效果急剧恶化，导致燃烧效率大大降低，这使得燃料化学能中可转化为辐射能的部分大大减少，因此壁面辐射能和辐射效率降低。综合考虑燃烧效率、辐射效率和壁面输出的辐射能，本燃烧器在实际应用时，最佳进气速度 $V_{ave,cold}$ 应保持在 1.0 m/s 和 2.0 m/s 之间。此外，$\phi=1$ 时，对称燃烧器可燃速度下限为 0.2 m/s，可燃速度上限为 9.0 m/s，其可燃范围远大于上节的非对称燃烧器，表明对称的非预混催化燃烧器内的火焰具有较强稳定性。

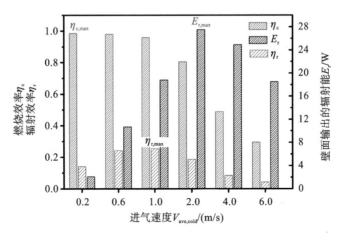

图 7.36　不同进气速度下燃烧器的燃烧效率、辐射效率和壁面输出的辐射能

7.3.2　名义当量比对燃烧特性和热性能的影响

将 $V_{ave,cold}$ 固定为 1.5 m/s，研究 ϕ 取 0.9、1.0、1.2 三个不同值时，名义当量比对非预混催化燃烧特性的影响。因为当量比小于 0.85 时，燃烧器内火焰的稳焰范围很小，因此取 $\phi=0.9$ 来代表贫燃的情况。图 7.37 给出了不同名义当量比的内壁面上单位长度的热释放速率分布，可以看出，在催化壁面上游，$\phi=0.9$ 时催化反应强度略高于 $\phi=1.0$ 的情况，而 $\phi=1.2$ 时壁面催化反应强度最小。但是，在 $x=5$ mm 附近，$\phi=0.9$ 燃烧器壁面的催化反应强度突然降低，之后在内壁面中下游，其反应强度都是最小的。这一现象出现的内在原因后续将进行详细分析。

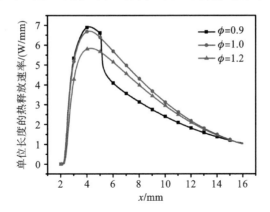

图 7.37　不同名义当量比的内壁面上单位长度的热释放速率分布

不同名义当量比时的组分分布情况如图 7.38 所示。图 7.38(a)是催化壁面附近的当地当量比分布情况。当地当量比 ϕ_{local} 定义如下式。

$$\phi_{local} = \frac{0.5(X_{H_2} + X_{H_2O}) + X_{CO_2} + X_{CO} + 2X_{CH_4}}{0.5(X_{CO} + X_{H_2O}) + X_{O_2} + X_{CO_2}} \tag{7.1}$$

式中，X_i 为 i 组分的摩尔分数。

从图 7.38(a)中可以注意到，$\phi=1.0$ 和 $\phi=1.2$ 时，整个内壁面附近的当地当量比都大于 1，即内壁面处于富燃的氛围。但是 $\phi=0.9$ 时，从全局来说，氧气是过量的。当从通道中心位置扩散到壁面附近的氧气多于壁面催化反应消耗的氧气时，壁面附近会聚集过量的氧气，从而使当地当量比小于 1，壁面处于贫燃的氛围。图 7.38(c)给出了 $\phi=0.9$ 时通道氧气的摩尔分数云图，可以看出，在催化壁面前端，催化反应强度较小，氧气摩尔分数相对较高。随着催化反应增强，壁面附近氧气浓度迅速减小，在燃烧器内形成较大的纵向浓度梯度。在通道中游，随着反应强度减小，纵向氧气扩散导致壁面附近氧气浓度反弹。因此，从图 7.38(a)可以看到，$\phi=0.9$ 时，在 $x=5$ mm 附近，当地当量比降低的幅度会突然增加，从 $x=6$ mm 附近开始，壁面附近当地当量比减小到 1 以下，壁面处于贫燃氛围。同时，由于壁面附近氧气浓度的升高，从图 7.38(b)可以看到，在 $x=5$ mm 和 $x=6$ mm 之间，Pt(s)的覆盖率有一个突降，而 O(s)的覆盖率却有一个突增，这对催化反应起抑制作用。因此，从 $x=5$ mm 位置开始，$\phi=0.9$ 的燃烧器壁面催化反应强度会突然降低。

为了深入研究名义当量比对催化燃烧的影响，对每个非均相基元反应的具体反应速率进行分析。不同名义当量比时内壁面上非均相基元反应的平均反应速率如图 7.39 所示。可以看到，在三个不同当量比情况下，R-8、R-9、R-15 和 R-16 的反应速率都较大，其平均反应速率在 10^{-2} 或 10^{-1} kmol/(m² · s) 量级。此外，$\phi=0.9$ 时 R-4、R-5、R-6、R-10、R-11、R-12 和 R-14 的反应速率也较大，这些反应与氧

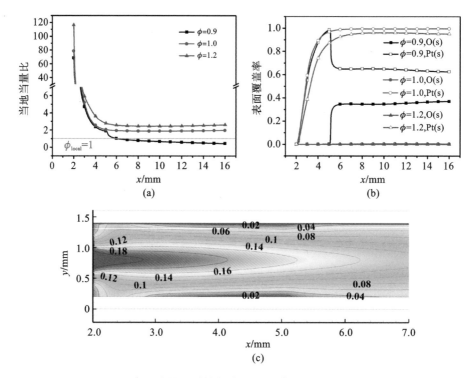

图 7.38 不同名义当量比时的当地当量比、表面覆盖率和氧气分布情况

(a)内壁面附近的当地当量比;(b)内壁面上表面组分的覆盖率;(c)$\phi=0.9$时通道上游氧气的摩尔分数云图

气的吸附、解吸附和消耗有关。在富燃条件下($\phi=1.2$),R-1、R-2、R-13、R-15、R-16、R-19、R-20、R-21、R-22 和 R-23 的反应速率较大,这些反应与甲烷的脱氢和消耗有关。还可以看出,在贫燃、化学恰当比、富燃三种情况下,R-6 的反应速率变化最大。为此,图 7.40 给出了内壁面上 R-6($2O(s)\longrightarrow O_2+2Pt(s)$)的反应速率分布。在 $\phi=1.0$ 和 1.2 时,$O(s)$ 被 $C(s)$ 和 $H(s)$ 快速消耗,因此 R-6 的反应速率很小。当 $\phi=0.9$ 时,R-6 的反应强度在 $x=5$ mm 附近急剧增加。这是因为氧气在此位置的积累导致 $O_2+2Pt(s)\longrightarrow 2O(s)$(R-4 和 R-5)的反应强度增加;贫燃时,消耗 $O(s)$ 的主要组分 $C(s)$、$H(s)$ 和 $CO(s)$ 在燃烧器中游相对较少,从而导致 $O(s)$ 重新生成氧气。

最后,对不同名义当量比工况下的辐射效率和燃烧效率进行计算。$\phi=0.9$、1.0 和 1.2 时,燃烧效率分别为 84.5%、89.4% 和 68.9%,辐射效率分别为 18.4%、22.4% 和 15.4%。当量比为 1.0 时,燃烧效率和辐射效率均为最大,富燃时由于过量的燃料不能被消耗,燃烧效率和辐射效率均最小。这一结果与 7.2 节完全不同的原因如下:7.2 节中,空气进口侧壁面催化反应强度很低,需要通过富燃来提高其反应强度、增加燃烧效率,因此富燃条件下燃烧效率更高;本节采用通道上下两侧为甲烷入口、中间为空气入口的对称结构后,在化学恰当比条件下壁面也总能处

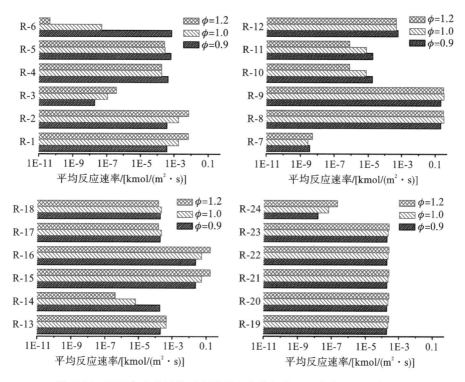

图 7.39　不同名义当量比时内壁面上非均相基元反应的平均反应速率

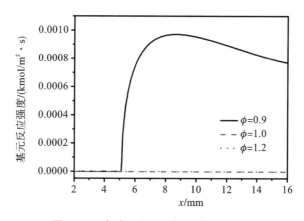

图 7.40　内壁面上 R-6 的反应速率分布

于富燃状态,两侧壁面均发生较强的催化反应。因此,在实际应用时,采用对称的燃烧器后,不再需要通过增加名义当量比来提高燃烧效率。

7.3.3　小结

(1)冷态流动时,中间空气入口与两侧甲烷入口的流速差在隔板下游形成对称分布的两个回流区,大大加速了甲烷和空气的混合。

（2）燃烧器采用对称结构后，上下侧内壁面均发生显著的催化反应，壁面温度明显提高，燃烧器内温度场对称分布，燃烧效率显著提升。

（3）随着进气速度增加，壁面催化反应强度先升高，然后保持几乎不变，最后又降低。进气速度较小时，中上游壁面主要表面组分为 Pt(s)，下游壁面 CO(s) 覆盖率增大；进气速度较大时，C(s) 覆盖率较大的区域增大，中下游壁面的主要表面组分为 Pt(s)；O(s) 的覆盖率在不同进气速度下都很低，对甲烷吸附的抑制作用降低。

（4）随进气速度增大，燃烧效率随之降低，而壁面输出的辐射能和辐射效率则呈先增加后降低趋势，并在 $V_{\text{ave,cold}} = 1.0$ m/s 和 $V_{\text{ave,cold}} = 2.0$ m/s 之间取得最好综合性能。

（5）名义当量比为 1.0 和 1.2 时，壁面处于富燃状态，反应较强的区域面积较大；名义当量比为 0.9 时，由于过量的氧气扩散到壁面附近，$x = 5$ mm 附近壁面 O(s) 覆盖率突增，催化反应强度突然降低。三种情况下，化学恰当比（$\phi = 1.0$）时的燃烧效率最高。

7.4　本 章 小 结

本章对微细通道中甲烷/空气的预混和非预混催化燃烧进行了初步研究，得到以下结论。

（1）模拟和实验均表明，在微细通道壁面上温度合适的位置上敷设一小段催化剂可以有效抑制不稳定火焰的发生。在中高进气速度下，壁面非均相反应对通道内的均相反应起负面作用，而在较低进气速度下，壁面非均相反应对通道内的均相反应是正面作用。

（2）通过数值模拟证实了在间距小于预混燃烧淬熄直径的微细通道内，甲烷/空气的非预混催化燃烧能够发生，且表面反应主要发生在燃料侧壁面。受气体混合和壁面散热损失的综合作用，燃烧器内最高温度和燃烧效率随通道高度增加先增大后减小。增加氧气的浓度能够提高所有非均相基元反应的反应速率，从而增强催化反应强度。燃烧器采用对称结构后，上下侧内壁面均发生显著的催化反应，壁面温度明显提高，燃烧器内温度场对称分布，燃烧效率显著提升。

8 燃料或氧化剂掺混燃烧稳焰技术

增强燃烧反应的强度也能有效防止火焰在低速下因散热过大而熄灭以及在高速下被吹熄的情形,一般可以通过两种途径来实现:其一,掺混燃烧速度更快的燃料或者燃烧反应的中间产物;其二,提高氧气浓度或者更换氧化剂中的稀释剂。已有研究表明,在甲烷中掺混少量氢气能扩大吹熄极限,也有一些研究者采用纯氧或者臭氧来做氧化剂促进微小尺度燃烧,或者同时采用掺氢和纯氧两种措施。

本章将介绍笔者三个方面的相关工作:对甲烷掺混少量氢气或一氧化碳以抑制 Maruta 等发现的反复"熄火—再着火"的动态行为;通过掺混氢气来扩大甲烷微射流火焰可燃范围;通过提高氧化剂中的氧气浓度或者将氮气替换为氦气来抑制微细通道凹腔燃烧器中贫燃氢气火焰的尖端分裂现象。

8.1 甲烷掺混氢气或一氧化碳抑制不稳定火焰

本节通过数值模拟研究通过在甲烷掺混少量氢气或一氧化碳来抑制微细通道中出现的反复"熄火—再着火"的甲烷动态火焰行为。

8.1.1 物理模型

图 8.1 展示了二维微细通道的计算区域及边界条件。通道长 $L=6$ mm,高度 $H=0.6$ mm。名义当量比为 1.0 的燃料/空气预混气在常温下($T_0=300$ K)以 $U_0=0.1$ m/s 的速度进入通道,出口为压力出口条件(压力设置为 1 个标准大气压)。通道壁面为无滑移边界,并将其温度沿程变化曲线设置为双曲正切函数(以体现固体壁面的热循环效应):壁温在最初 1 mm 长度内由进口处的 300 K 上升至 1400 K,并在剩余的 5 mm 长度内保持该温度值。

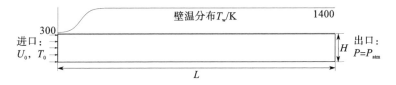

图 8.1 二维微细通道的计算区域及边界条件设置

计算中采用 21 组分、84 步基元反应的 DRM-19 机理,该机理能准确预测火焰传播速度、燃烧热释放速率以及点火延迟时间。在 0.75 至 0.8 倍通道长度范围内设置为高温(2000 K),用于开启最初的点火过程。定义掺混比 r 为掺混组分与甲烷的摩尔分数之比,并保持燃料(甲烷+掺混组分)/空气的总体化学当量比为 $\varphi=$ 1.0。

8.1.2　氢气或一氧化碳掺混对不稳定火焰的抑制效果

图 8.2 展示了无掺混以及掺混氢气或一氧化碳($r=0.1$)时微细通道内的火焰传播特性,CH_3 摩尔分数的峰值位置指示火焰锋面。对于纯甲烷燃烧,在 $t=0.5$ ms 点火完毕后,火焰改变其曲率方向并迅速向通道上游传播。当火焰运动至通道入口附近时,由于低壁温导致大量热损失,火焰传播速度急剧下降至低于预混气来流速度,在 $t=1.5$ ms 之后造成 CH_3 自由基峰值位置向下游移动。图 8.3 展示了通道内气体与壁面的总换热速率 Q_w 随时间的变化曲线,Q_w 由以下积分式(沿整个上、下壁面积分)计算。

$$Q_w = -\int \lambda_g \frac{\partial T}{\partial y}\bigg|_w \mathrm{d}x \tag{8.1}$$

式中,λ_g 为紧贴壁面处的气体热导率;下标 w 代表壁面处;x 与 y 分别代表流向与展向方向坐标。Q_w 为负值时代表火焰熄灭阶段,而 Q_w 重新回到正值时可作为火焰复燃的标识。

由图 8.3(a)可见,纯甲烷火焰第一次熄灭发生在 $t=1.5\sim6.2$ ms 内。在该阶段,包含 CH_3、OH、HCO 等在内的微量自由基被来流未燃气体推向通道下游,并被高温壁面持续加热直至气体再着火。火焰锋面的移动在此后发生转向,重新向上游传播。这种反复"熄火—再着火"的动态火焰行为在接下来的时间内反复发生,其空间振荡幅度在 $t=15$ ms 之后呈现出较为恒定的水平,大约为 2 mm 左右。

当掺混少量氢气或一氧化碳时($r=0.1$),该类火焰不稳定性得到了有效抑制。由图 8.2(b)可见,在经历了数个振荡周期后,掺混工况下的火焰最终锚定在接近入口处的通道位置($x=1$ mm)。图 8.3(b)所示的气体与壁面总换热速率 Q_w 在大约 $t=20$ ms 之后达到较为稳定的水平。火焰熄灭现象($Q_w<0$)也仅发生在第一个振荡周期(掺氢气工况 $t=1.5\sim4.4$ ms,掺一氧化碳工况 $t=1.5\sim4.1$ ms)。尽管掺混氢气或一氧化碳均能达到稳定火焰的效果,两种工况实际上也存在着细微差别。由图 8.3(b)可见,相较掺混氢气而言,掺混一氧化碳的火焰在初始传播阶段($t<5$ ms)振荡更小,但在后期($t>20$ ms)呈现出稍高的振荡幅度。

8.1.3　掺混氢气或一氧化碳对不稳定火焰的抑制机理

为分析掺混氢气与一氧化碳对甲烷/空气火焰振荡的抑制机理,图 8.4 给出了无掺混和 $r=0.1$ 时通道内 THRR 随 CH_3 峰值位置的变化。可以看出 THRR 和火焰锋面位置曲线为逆时针旋转的螺旋线轨迹,并且掺混工况较纯甲烷火焰而言

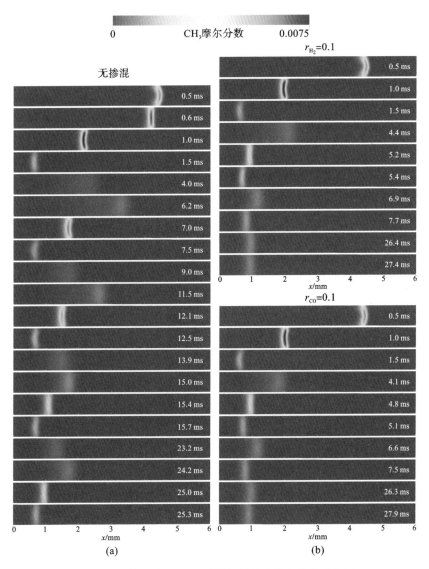

图 8.2 无掺混和 r＝0.1 时微细通道内的火焰传播特性

展现出更大的振荡衰减特性。各工况"熄火—再着火"的第一个周期在图 8.4(b)
中进行局部放大。由前文讨论可知,当火焰传播至上游入口附近时,剧烈的热损失
使得燃烧难以维持,THRR 迅速下降。之后火焰被来流气体推向下游,并伴随着
气体—壁面的总换热速率 Q_w 由正值向负值的转变,预示着熄火阶段的到来。火焰
在向下游移动的过程中,壁面的预热作用逐渐增强(入口至火焰锋面位置距离增
加),THRR 因此得以逆转其下降趋势并开始缓慢增加。由于热释放速率与火焰
传播速度的正相关性,火焰速度也因此缓慢上升,并在所谓的"转向点"超过当地流
速。对于第一个"熄火—再着火"周期而言,CH_3 峰值在无掺混、$r_{H_2}＝0.1$ 与 $r_{CO}＝$

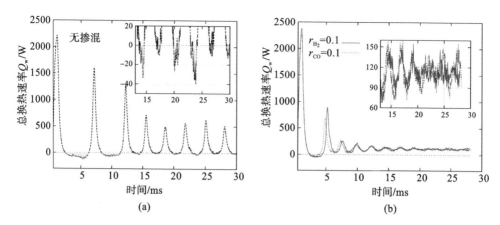

图 8.3　无掺混和 $r=0.1$ 时通道内气体与壁面的总换热速率随时间的变化曲线

0.1 工况下分别在 $t=6.2$ ms、4.4 ms 与 4.1 ms 达到转向点,位置分别为 $x=3.31$ mm、2.09 mm 与 1.82 mm。此后,火焰锋面开始重新向通道上游传播。值得注意的是,此时气体—壁面的总换热速率 Q_w 也重新回到正值,标志着再着火的发生。相较纯甲烷火焰,掺混工况的火焰在向下游运动的熄火阶段时保持着相对较高的 THRR 水平,因此其传播速度能在更短的时间内重新超过来流速度,使火焰发生转向。

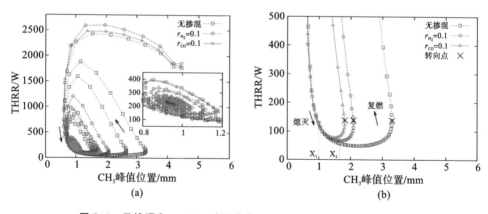

图 8.4　无掺混和 $r=0.1$ 时通道内 THRR 随 CH$_3$ 峰值位置的变化

(a)全模拟时间内;(b)熄火-再着火的第一个周期

图 8.5 给出了火焰锋面在数个特定位置下的一些重要基元反应的热释放速率占比,这些反应的热释放速率之和占 THRR 的 90% 以上,图中各基元反应的编号与 DRM-19 机理保持一致。数个特定位置分别为 $x_1=1.0$ mm(熄火阶段开始)、$x_2=1.65$ mm(熄火阶段中)、再着火转向点(对于无掺混、$r_{H_2}=0.1$ 与 $r_{CO}=0.1$ 工况,分别为 $x=3.31$ mm、2.09 mm 与 1.82 mm)。

火焰锋面位于 $x_1=1.0$ mm 时,无掺混、$r_{H_2}=0.1$ 与 $r_{CO}=0.1$ 工况的 THRR 值较为相近,分别为 129.7 W、124.8 W 与 127.5 W(图 8.4)。从图 8.5 可以发现,

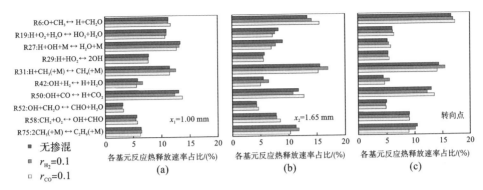

图 8.5 无掺混和 $r=0.1$ 时重要基元反应的热释放速率占比

(a)$x_1=1.0$ mm；(b)$x_2=1.65$ mm；(c)各工况转向点处

此时掺混工况下某些基元反应已有略微增强。对于掺混氢气的工况而言，由于更多 H 原子的存在(如 R2：$O+H_2 \longleftrightarrow H+OH$ 与 R42：$OH+H_2 \longleftrightarrow H+H2O$)，$CH_3$ 到甲烷的重要再复合反应 R31：$H+CH_3(+M) \longleftrightarrow CH_4(+M)$ 得到了强化，较无掺混工况有着更高的热释放速率(由 14.9 W 到 15.7 W)与 THRR 占比(由 11.5% 到 12.6%)。对于掺混一氧化碳的工况而言，一氧化碳向二氧化碳氧化的主要反应 R50：$OH+CO \longleftrightarrow H+CO_2$ 相较无掺混情况得到了强化，展现出更大的热释放速率(由 16.9 W 到 17.5 W)。此外，由于 R50 推动着甲烷到二氧化碳的氧化路径($CH_4 \rightarrow CH_3 \rightarrow CH_2O \rightarrow HCO \rightarrow CO \rightarrow CO_2$)向前发展，作为其中的氧化子路径反应，R6：$O+CH_3 \longleftrightarrow H+CH_2O$ 也因此得到了一定的强化。

在火焰锋面继续向下游移动的过程中，这些关键基元反应在有/无掺混的情况下体现出更大的差异。火焰锋面位于 $x_2=1.65$ mm 时，无掺混、$r_{H_2}=0.1$ 与 $r_{CO}=0.1$ 工况的 THRR 相较之前 x_1 位置已有大幅下降，分别为 56.8 W、66.6 W 与 81.8 W。然而，由于掺混工况下基元反应 R31(氢气掺混)与 R6(一氧化碳掺混)对 THRR 展现出突出的贡献(如 R31 贡献率已达到 17.0%)，其 THRR 值下降幅度较无掺混时更为缓慢。因此，掺混工况仅需要较短的预热长度即可实现其再着火过程，这也代表着其火焰经历着更小幅度的空间振荡。

最后，火焰速度在转向点处与当地流速达到了平衡，尽管各工况有不同的转向点位置，它们却具有相同的 THRR 值(约 138 W)。虽然不同工况下各基元反应对 THRR 的贡献比例仍不尽相同，但掺混工况只需更短的预热距离便能使 THRR 达到临界值，继而使火焰发生转向。

8.1.4 掺混比对不稳定火焰抑制作用的影响

图 8.6 展示了不同的氢气和一氧化碳掺混比($r=0.1\sim0.3$)时通道内 THRR 随时间的变化曲线。可以看出，与 $r=0.1$ 工况相比，提高氢气或一氧化碳的掺混比可以有效减小火焰在初始阶段的振荡衰减时间，但对于后期火焰(于入口段)锚

定后的小幅空间振荡的影响并无显著区别。另外,在掺混比 r 一定的情况下,掺混氢气或一氧化碳对火焰稳定性的影响也存在微小差别:在前期($t<5$ ms),掺混一氧化碳的火焰振荡更小;但在后期($t>20$ ms),掺混氢气的火焰却呈现出更稳定的特征。

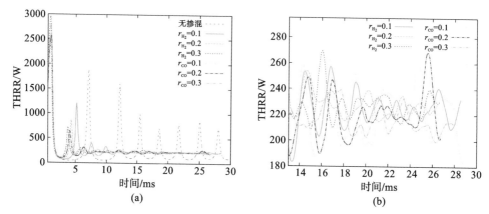

图 8.6　不同氢气或一氧化碳掺混比时通道内 THRR 随时间的变化曲线

(a)全模拟时间内;(b)$t=13$ ms 后的局部放大图

8.2　甲烷掺氢微管射流火焰的吹熄极限

家用燃气灶消耗了大量的天然气,排放了大量的二氧化碳。为了实现我国的"双碳"目标,天然气掺氢燃烧具有很大的应用前景。在家用燃气灶系统中,天然气经引射器获取的一次空气系数一般为 $0.6\sim0.65$,对应的当量比 $\phi=1.5\sim1.7$,属于部分预混射流火焰。本节以单个圆形火孔为射流火焰的喷嘴,研究掺氢比对可燃极限的影响。

8.2.1　甲烷掺氢微管射流火焰的稳焰极限

1. 物理模型

图 8.7 为燃气灶圆形火孔的二维轴对称几何模型和计算域。在实际应用当中,为提高家用燃气灶的安全性,防止微管发生堵塞,其微管半径一般为 $1\sim3$ mm,而微管高度应取直径的 $2\sim3$ 倍。这里取微管直径为 3 mm,即半径 $R_{in}=1.5$ mm。微管高度取直径的 3 倍,即 $h=9$ mm。微管壁厚 $\delta=0.5$ mm。微管材料选取不锈钢材质,其导热系数 $\lambda_s=16.27$ W/(m·K),外表面发射率为 0.65,计算域大小经无关性验证,最终取计算域高度 $H=600$ mm,半径 $R=60$ mm。为便于计算,用甲烷代替天然气,并将所有工况下预混燃气的当量比 ϕ 固定为 1.7。

掺氢比 β 的定义为混合燃气中氢气的摩尔分数与氢气和甲烷摩尔分数之和的比值,即 $\beta=X_{H_2}/(X_{CH_4}+X_{H_2})$,其中 X 代表组分摩尔分数。Molnarne 等对天然气掺氢的爆炸范围进行了研究,结果表明掺氢比为 10% 时对爆炸范围影响微弱,但掺氢比大于 25% 后,混合燃气的爆炸范围显著增加。为保证实际应用的安全性,本节将掺氢比 β 控制在 25% 以内,选取 $\beta = 0\%$、5%、10%、15%、20% 和 25% 六种水平。微管进口设置为速度入口边界,燃料/空气混合物的进气温度为 300 K,其中甲烷、氢气、氧气和氮气的浓度根据当量比计算得到。环境温度为 300 K,大气压力为 0.1 MPa,大空间流域边界条件均设置为压力出口,外界空气由氧气和氮气组成。考虑重力的影响,重力加速度取 $9.8 \ \text{m/s}^2$。微管下壁面设置为绝热边界条件,微管与流体接触面设置为耦合换热边界,微管轴线设置为轴对称边界条件。

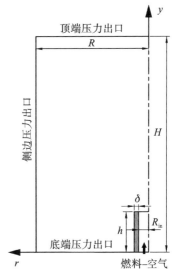

图 8.7 燃气灶圆形火孔的二维轴对称几何模型和计算域

2. 计算方法

由于本模型中的特征尺度(微管内径)比气体平均自由程大很多,Kn 数远小于临界值 0.001,因此流体满足连续介质假设,Navier-Stokes 方程仍适用于本研究。此外,最大进气速度 $V_{in} = 8.2 \ \text{m/s}$,对应的雷诺数 Re = 1600,因此采用层流流动模型,燃烧模型采用层流有限速率模型。为节省计算资源,选取由 GRI 3.0 简化的 DRM-19 机理计算燃烧基元反应速率。采用二阶迎风格式对方程进行离散,选取 Fluent 的双精度求解器进行求解。考虑到不同反应步的反应速率差别较大,所以选用刚性求解器。压力与速度之间的耦合选择"Coupled"算法。考虑燃气燃烧后产生的三原子气体辐射传热的影响,气体吸收率的计算采用 WSGG(灰气体加权和)模型。微管内壁面之间的辐射传热选用 DO 模型,同时考虑微管外壁面与环境之间的对流换热和辐射换热。

采用非均匀结构化网格划分方法,在微管和火焰区域设置细网格,在远离火焰和靠近计算域边界的位置设置粗网格。对网格数量进行无关性验证,最终选用数量为 120900 的网格系统。当前甲烷掺氢微管射流火焰的实验研究鲜有研究,因此选用文献[329]中的甲烷射流燃烧实验进行了验证,吹熄极限和熄火极限的最大误差分别为 4.4% 和 8.7%。可见实验和模拟结果吻合良好,因此可以认为本节所采用的数值计算方法与燃烧机理是可靠的。

3. 不同掺氢比的火焰结构和稳焰极限

图 8.8 为掺氢比 $\beta = 25\%$ 时,不同进气速度下的 OH 摩尔分数云图(白色区域代表微管,虚线内部为 OH 摩尔分数分布 5 倍放大图)。在燃烧数值模拟中,OH 自由基一般用于标识火焰位置,因此通过 OH 摩尔分数云图可以直观显示火焰结

构的变化趋势。可以发现,在不同掺氢比下火焰结构随进气速度呈现类似的变化
规律,在低进气速度下火焰区域非常小,如进气速度 $V_{in}=0.07$ m/s 时,火焰近似
呈椭圆形,火焰区域位于微管上方;当 $V_{in}=0.10$ m/s 时,火焰区域变大,呈现半球
形。随着进气速度的增大($V_{in}\leqslant0.50$ m/s),在未燃预混气流的拉伸作用下火焰下
表面开始向上凸起,且凸起位置的曲率半径越来越小。然后当进气速度进一步提
高后($V_{in}>0.50$ m/s),火焰区域开始变得细长,火焰下表面凸起的高度逐渐提升,
火焰顶部曲率半径减小,且火焰核心区域(OH 摩尔分数大于 0.0045)的尖端将发
生明显分裂,呈左右两个区域。当进气速度小于某临界值后,火焰会发生熄火,该
临界速度定义为熄火极限。与之对应,当进气速度大于某临界值后,火焰也会被吹
熄(脱离管口发生熄火),该临界速度定义为吹熄极限。

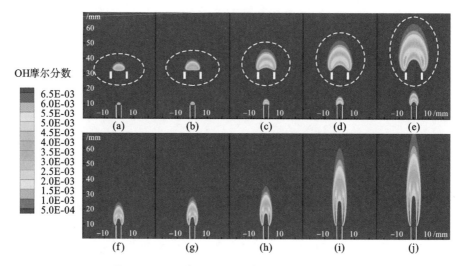

图 8.8　掺氢比 $\beta=25\%$ 时,不同进气速度下的 OH 摩尔分数云图

(a)$V_{in}=0.07$ m/s;(b)$V_{in}=0.1$ m/s;(c)$V_{in}=0.2$ m/s;(d)$V_{in}=0.3$ m/s;(e)$V_{in}=0.5$ m/s;
(f)$V_{in}=0.8$ m/s;(g)$V_{in}=1.0$ m/s;(h)$V_{in}=1.4$ m/s;(i)$V_{in}=2.8$ m/s;(j)$V_{in}=3.4$ m/s

火焰高度也是反映火焰结构的一个重要参数,这里将其定义为 OH 摩尔分数
$\geqslant0.001$ 时火焰区域内最高和最低位置的高度差。计算表明,在相同进气速度下,
随着掺氢比的增加,火焰高度逐渐降低。但 $\beta=25\%$ 的火焰高度与 $\beta=0\%$(纯甲
烷)的相比,仅降低了 4.03%,这表明在掺氢比较低时,掺氢比对火焰高度的影响
不太显著。

不同掺氢比的火焰吹熄极限与熄火极限如图 8.9 所示。可以看出,随着掺氢
比 β 增加,吹熄极限逐渐增大。当掺氢比 $\beta=25\%$ 时,其吹熄极限为 8.4 m/s,而纯甲
烷($\beta=0\%$)工况下,其吹熄极限仅为 3.4 m/s,前者比后者提高了 147.1%。对于熄火
极限,整体呈随着掺氢比的增加而有逐渐降低的趋势,但减小趋势不明显。在纯甲烷
($\beta=0\%$)工况下,熄火极限为 0.07 m/s;当 β 位于 5%~15% 时,熄火极限下降至
0.06 m/s;当掺氢比进一步增加到 20%~25% 时,熄火极限进一步减小为 0.05 m/s。

总体来讲,随着掺氢比的增大,甲烷微管射流火焰的稳焰区间显著拓宽,意味着火焰稳定性明显增强,即不易发生熄火和吹熄。为探究掺氢比对提高甲烷微管射流火焰吹熄极限和降低熄火极限的机理,下一节将分别分析掺氢比对燃烧化学反应以及火焰与管壁之间换热的影响。

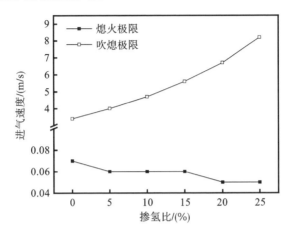

图 8.9   不同掺氢比的火焰吹熄极限和熄火极限

4. 不同掺氢比时的熄火动力学过程

本小节将研究不同掺氢比的微管射流火焰的熄火过程(掺氢比略有差别),为保证熄火前后条件一致,首先所有工况在 $V_{in}=0.07$ m/s 时达到稳定燃烧状态,然后将进气速度突然减小为 0.04 m/s,通过瞬态模拟观察其熄火过程。图 8.10 给出了不同掺氢比时,减小进气速度后 THRR 和火焰温度随时间的变化趋势,可以看出,在选取的四个不同掺氢水平下($\beta=0\%$、10%、20% 和 30%),THRR 最终均降为 0,表明燃烧化学反应已经停止,即发生熄火。火焰温度则是在熄火时刻降低至 1000 K 左右。

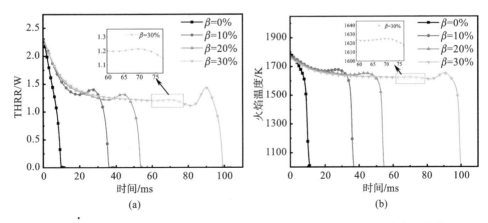

图 8.10   不同掺氢比时,减小进气速度后 **THRR** 和火焰温度随时间的变化趋势

具体来看,不同掺氢比下 THRR 随时间的变化规律存在明显差异。当 $\beta=0\%$ 时,THRR 在 $t=0$ 到 10.0 ms 的时段内由 2.30 W 迅速下降为 0 W。当 $\beta=10\%$ 时,THRR 变化曲线中出现一个波峰,在 $t=0$ 到 19.6 ms 内由 2.29 W 迅速降低至 1.31 W,然后在 $t=19.6$ ms 至 27.0 ms 间又上升至 1.40 W,随后在 $t=37.0$ ms 降低至 0 W。当 $\beta=20\%$ 时,与 $\beta=10\%$ 的变化趋势相似,熄火过程中也存在一个波峰,即在 $t=0$ 到 14.1 ms 内 THRR 迅速降低,然后下降速率有所减缓,在 $t=35.0$ ms 时刻达到波谷,此时 THRR 为 1.22 W,随后在 $t=44.2$ ms 时刻达到波峰为 1.32 W,最终在 $t=54.6$ ms 降为 0 W。当掺氢比增加到 $\beta=30\%$ 时,THRR 随时间的变化曲线上出现了两个波峰,分别为 $t=70$ ms 时刻的一次波峰和 $t=90.0$ ms 时刻的二次波峰,且二次波峰的振动幅度远大于一次波峰,在二次波峰过后,THRR 便迅速下降,最终在 $t=99.8$ ms 降低到 0 W,即发生熄火。

火焰温度随时间的变化规律与 THRR 基本保持一致,即当 $\beta=0\%$ 时,熄火过程中未出现振荡现象;当 $\beta=10\%$ 和 20% 时,在发生熄火前出现一次振荡现象;而 β 进一步增加到 30% 时,熄火过程中将出两次振荡现象,其中第一次较为微弱,而第二次要比第一次更显著。

图 8.11 和图 8.12 分别展示了 $\beta=0\%$ 和 $\beta=30\%$ 时,熄火过程中典型时刻的 OH 摩尔分数云图。具体来说,$\beta=0\%$ 时,随着时间的推移,反应区逐渐由半圆形转变为椭圆形,且区域面积逐渐减小,最终发生熄火。当 $\beta=30\%$ 时,在 $t_1=1.0$ ms 至 $t_3=35.0$ ms 之间,OH 摩尔分数最大值和反应区面积均迅速减小,然后在 $t_3=35.0$ ms 到 $t_4=61.6$ ms 之间反应区缓慢减小。接着在 $t_4=61.6$ ms 至 $t_6=70.0$ ms 之间,反应区略微扩大,随后 $t_6=70.0$ ms 至 $t_8=81.7$ ms 又逐渐减小,但此时并没有直接熄火,而是在 $t_8=81.7$ ms 至 $t_{10}=90.0$ ms 内,反应区再次扩大,最后才发生熄火。此外,随着掺氢比 β 的增加,燃烧反应区域更靠近管口,这是因为 β 越大,混合燃料的层流燃烧速度越大,使得火焰根部向管内移动。此外,还可以发现不同掺氢比时熄火过程的持续时间是不同的。$\beta=30\%$ 与 $\beta=0\%$ 时的工况相比,熄火持续时间延长了约 90 ms,表明掺氢后的燃烧稳定性增强。

5. 讨论与分析

1) 掺氢对燃烧化学反应的影响

甲烷掺入氢气后,混合燃气的燃料特性与纯甲烷相比将发生改变。为此,计算了 $\phi=1.7$ 时,不同掺氢比的混合燃气的比热容、低位热值和层流燃烧速度 S_L,如表 8.1 所示。其中,层流燃烧速度 S_L 是通过 CHEMKIN 软件计算得到。从表 8.1 可见,随着掺氢比 β 的增大,混合燃气的低位热值逐渐降低,而预混气的层流燃烧速度逐渐增加。具体来说,当 $\beta=25\%$ 时,混合燃气的低位热值比纯甲烷低 1.86%,但预混气的层流燃烧速度却高出 42.6%。这是因为每摩尔氢气的低位热值 (285.0 kJ/mol) 比甲烷 (890.0 kJ/mol) 低,而其层流燃烧速度 (210.0 cm/s) 却比甲烷 (40.0 cm/s) 快很多。

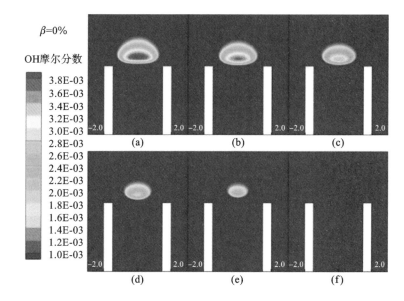

图 8.11 β＝0％时熄火过程中典型时刻的 OH 摩尔分数云图

(a)t_1＝1.0 ms；(b)t_2＝3.0 ms；(c)t_7＝5.0 ms；(d)t_{11}＝7.4 ms；(e)t_{12}＝8.5 ms；(f)t_{13}＝9.5 ms

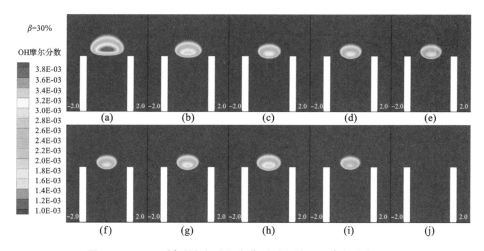

图 8.12 β＝30％时熄火过程中典型时刻的 OH 摩尔分数云图

(a)t_1＝1.0 ms；(b)t_2＝12.0 ms；(c)t_3＝35.0 ms；(d)t_4＝61.6 ms；(e)t_6＝70 ms；(f)t_8＝81.7 ms；(g)t_9＝86.6 ms；(h)t_{10}＝90.0 ms；(i)t_{11}＝95.4 ms；(j)t_{13}＝98.8 ms

图 8.13 给出了不同掺氢比下 V_{in}＝1.0 m/s 时,沿中心轴线的热释放速率分布曲线。可以看出,掺氢后中心轴线上的最大热释放速率逐渐升高。具体来说,β＝25％与 β＝0％相比,最大热释放速率提高了 45.8％,表明掺氢后总的燃烧反应增强。此外,掺氢后最大热释放速率所在高度降低,即火焰区域随着掺氢比的增加逐渐向上游移动。

表 8.1　$\phi=1.7$ 时,不同掺氢比的混合燃气的比热容、低位热值和层流燃烧速度 S_L

燃气掺氢比 $\beta/(\%)$	比热容 $/[kJ/(kg \cdot K)]$	低位热值 $/(kJ/mol)$	层流燃烧速度 $S_L/(cm/s)$
0	1.123	121.73	6.86
5	1.130	121.34	7.40
10	1.137	120.92	7.81
15	1.144	120.46	8.30
20	1.152	119.98	9.05
25	1.162	119.46	9.78

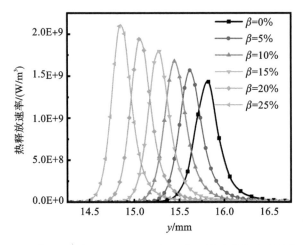

图 8.13　不同掺氢比下 $V_{in}=1.0$ m/s 时,沿中心轴线的热释放速率分布曲线

为了揭示掺氢对甲烷微管射流火焰熄火极限和吹熄极限的影响机理,选取纯甲烷对应的两个燃烧极限进行分析,即熄火极限 $V_{in}=0.07$ m/s 和吹熄极限 $V_{in}=3.4$ m/s。这两个速度下的重要组分(OH、H、氧气、一氧化碳)摩尔分数沿中心轴线的分布分别如图 8.14 和图 8.15 所示。从图 8.14(a)~图 8.14(c)可以看出,当 $V_{in}=0.07$ m/s 时,微管内部($y<9$ mm)已经产生了 OH、H 和一氧化碳。与之相对应,氧气的摩尔分数在管内也开始出现下降,表明低进气速度下燃烧化学反应已经在管内提前发生,而且随着掺氢比 β 增大,反应开始发生的位置越靠近上游。从图8.15(a)~图 8.15(c)可以看出,当 $V_{in}=3.40$ m/s 时,微管内并没有发生燃烧化学反应。但随着掺氢比 β 增大,OH、H 和一氧化碳的波峰以及氧气的波谷位置均逐渐向管口($y=9$ mm)移动(图 8.15(d)),这也验证了掺氢越多,层流燃烧速度越快(表 8.1),火焰越靠近管口。

从图 8.14 和图 8.15 还可以看出,在 $V_{in}=3.4$ m/s 时,掺氢对 H 和 OH 的影响比 $V_{in}=0.07$ m/s 时更为显著,且掺氢对这几种组分峰值的影响是不完全相同

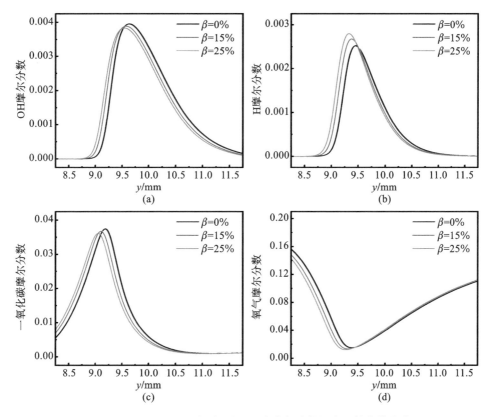

图 8.14　$V_{in} = 0.07$ m/s 时，重要组分摩尔分数沿中心轴线的分布

(a)OH；(b)H；(c)CO；(d)O₂

的。具体来说，掺氢会使得 H 摩尔分数的峰值增大，而导致 CO 的峰值减小。对于 OH 来说，掺氢的影响变得更为复杂，表现为在低进气速度下（$V_{in} = 0.07$ m/s）使得 OH 的峰值略有减小，而高进气速度下（$V_{in} = 3.4$ m/s）则显著增大。此外，在高进气速度下 OH 沿中心线的分布曲线出现了双峰现象（图 8.15(a)）。

　　图 8.16 和图 8.17 分别给出了 $V_{in} = 0.07$ m/s 时和 $V_{in} = 3.40$ m/s 时三个重要基元反应 R22（$H + O_2 \longleftrightarrow OH + O$）、R50（$OH + CO \longleftrightarrow H + CO_2$）和 R80（$HCO + H_2O \longleftrightarrow H + CO + H_2O$）的反应速率沿中心轴线的分布。由图 8.16 可见，在 $V_{in} = 0.07$ m/s 时，三个基元反应在管内（$y < 9$ mm）已经发生，而且其峰值位置随着掺氢比的增大而向上游移动，但是反应速率的峰值却逐渐减小。根据名义当量比的定义可知，在名义当量比一定时，掺氢比 β 越大，未燃气体混合物中氧气的摩尔分数越低，又因进气速度较小，此时火焰区域主要位于管口附近，外界氧气不易扩散至火焰上游。因此掺氢比越高，氧气摩尔分数越小，导致 R22 的反应速率降低。另一方面，掺氢后甲烷的摩尔分数减少，中间产物 HCO 摩尔分数降低，使得 R80 的反应速率减小。最后，由于 R80 的产物 CO 和 R22 的产物 OH 均减少，导致 R50 的反应速率也随之降低。

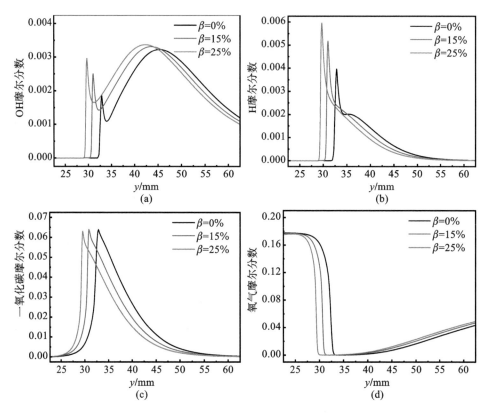

图 8.15 $V_{in}=3.4$ m/s 时，重要组分摩尔分数沿中心轴线的分布
(a)OH；(b)H；(c)一氧化碳；(d)氧气

从图 8.17 可以发现，在 $V_{in}=3.4$ m/s 时，燃烧化学反应并没有提前在微管内发生，且随着掺氢比的增大，基元反应速率显著增强。火焰锋面在高速工况下发生弯曲，燃烧反应区域被明显拉长。在 $y=25.0$ mm 处（火焰锋面上游），由于外界空气被卷吸或扩散至火焰内部，使得三个不同掺氢比下的氧气摩尔分数差别很小。掺氢后燃烧反应产生的 H 自由基增加，导致 R22 明显增强，这与 $V_{in}=0.07$ m/s 时是相反的。图 8.15(a) 中 OH 摩尔分数沿中心线的变化出现两个峰值，其中出现一次峰是因为 R22 生成了大量的 OH 自由基。与此同时，由于 R80 的反应速率急剧增加，一氧化碳摩尔分数也处于峰值，从而增强了 R50 的反应速率。此时，R22消耗了大量的氧气，一次峰过后 R22 的反应速率开始减小，OH 自由基浓度出现下降。

对于二次峰出现的原因，以掺氢比 $\beta=25\%$ 为例，图 8.18 给出了 $V_{in}=0.07$ m/s 时 OH 沿中心线首次波峰所在高度（$y=9.55$ mm）和 $V_{in}=3.4$ m/s 时 OH 沿中心线二次波峰所在高度（$y=42.20$ mm）上，OH 摩尔分数沿径向的分布趋势。可以看出，OH 摩尔分数径向分布最大值在 $V_{in}=0.07$ m/s 时位于中心线上，而在 $V_{in}=3.40$ m/s 并未出现在中心线上，而是在偏离中心线约 2 mm 的位置。由于 R22

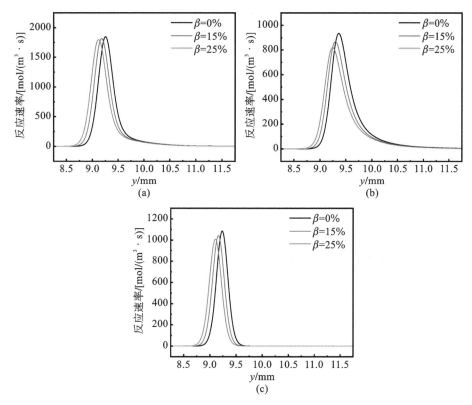

图 8.16 $V_{in} = 0.07$ m/s 时, 三个重要基元反应的反应速率沿中心轴线的分布
(a)R22;(b)R50;(c)R80

沿中心线的分布并没有出现两个峰值, 所以能够推测第二个 OH 峰值是由于火焰在高进气速度下被分裂, 位于中心线两侧火焰区内产生的 OH 不断向中心区域扩散形成的。随着燃烧反应不断向下游推进, 火焰两侧和尾部产生的 OH 越来越少, 二次波峰过后中心线上的 OH 摩尔分数又逐渐下降, 最终出现双峰现象。

因此, 掺氢后在临近熄火极限和吹熄极限时, 反应产生的 H 自由基浓度均得到提高, 但临近熄火极限时, 掺氢后燃料携带的氧气含量降低, 对主要基元反应产生了抑制作用; 临近吹熄极限时, 由于外部空间氧气的自由扩散和受到卷吸作用, 削弱了预混燃气中氧气含量浓度降低带来的影响, 使得掺氢后燃烧反应速率增强。

2) 掺氢对热循环效应的影响

壁面的热循环效应通过两个环节来实现: 首先是火焰与燃烧器壁面之间的换热, 然后是燃烧器壁面与未燃预混气之间的换热。图 8.19 和图 8.20 分别是 $V_{in} = 0.07$ m/s 和 $V_{in} = 3.4$ m/s 时, 三个不同掺氢比($\beta = 0\%$、15% 和 25%)对应的热释放速率云图。由图 8.19 可见, 当 $V_{in} = 0.07$ m/s 时, 随着 β 增大, 反应区域逐渐向管内移动。图 8.20 显示, 当 $V_{in} = 3.4$ m/s 时, 火焰根部与微管上壁面之间的距离(抬升距离 S)随着 β 的增大而减小。

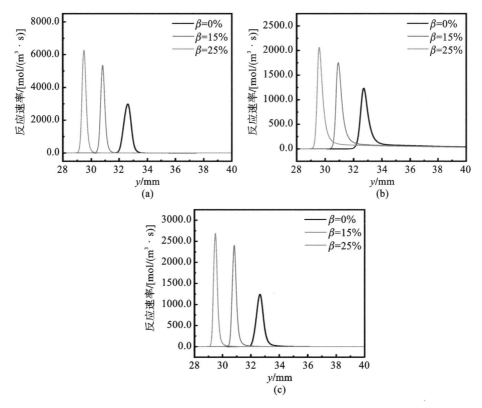

图 8.17 $V_{in} = 3.4$ m/s 时，三个重要基元反应的反应速率沿中心轴线的分布
(a)R22；(b)R50；(c)R80

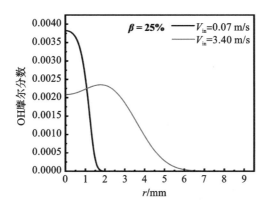

图 8.18 峰值高度上 OH 摩尔分数的径向分布（0.07
m/s 为首次波峰；3.40 m/s 为二次波峰）

图 8.21 给出了 $V_{in} = 0.07$ m/s 和 $V_{in} = 3.4$ m/s 时，不同掺氢比的微管内壁面温度分布。可以看出，随着掺氢比 β 的增大，由于火焰向上游移动，增强了火焰与管壁之间的换热，导致微管内壁温度也随之升高。当 $V_{in} = 3.4$ m/s 时，$\beta = 15\%$ 与

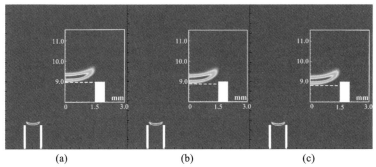

图 8.19　$V_{in}=0.07$ m/s 时，三个不同掺氢比对应的热释放速率云图

(a)$\beta=0\%$；(b)$\beta=15\%$；(c)$\beta=25\%$

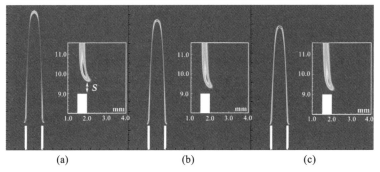

图 8.20　$V_{in}=3.4$ m/s 时，三个不同掺氢比对应的热释放速率云图

(a)$\beta=0\%$；(b)$\beta=15\%$；(c)$\beta=25\%$

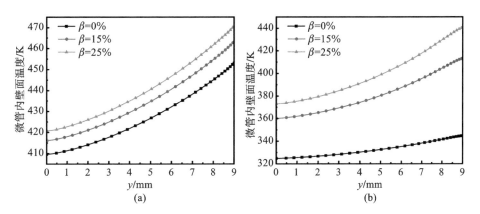

图 8.21　不同掺氢比的微管内壁面温度分布

(a)$V_{in}=0.07$ m/s；(b)$V_{in}=3.4$ m/s

$\beta=0\%$相比,内壁温度升高显著,表明掺氢在高进气速度下对内壁面温度分布的影响更加明显。图8.22给出了$V_{in}=0.07$ m/s和$V_{in}=3.4$ m/s时,不同掺氢比下微管的内壁面热流密度分布,需要说明的是,负值表示管内气体从微管内壁面吸热,正值则代表管内气体向微管传热。由于$V_{in}=0.07$ m/s时,火焰区域的一部分已经位于管内,因此在微管上部是火焰向管壁传热(q_{in}为正值),而靠近微管入口的下部则是未燃预混气从管壁吸热(q_{in}为负值)。此时掺氢比β越大,火焰底部越靠近管口,因此内壁面热流密度q_{in}越大。当$V_{in}=3.4$ m/s时,由于火焰根部位于管口上方,此时火焰主要通过微管上壁面和外壁面向微管传热,而管内未燃气体混合物则从整个内壁面吸收热量。同理,掺氢比β越大,内壁面热流密度q_{in}也越大。

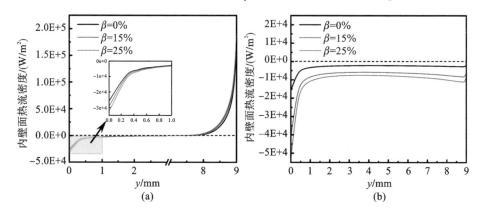

图8.22　不同掺氢比下微管的内壁面热流密度分布

(a)$V_{in}=0.07$ m/s;(b)$V_{in}=3.40$ m/s

为进一步探究微管与火焰间的换热对燃烧极限的影响,在此引入未燃气体混合物的预热温升ΔT_{pre}来评价其热循环效果,如图8.23所示。可以看出,掺氢比β越高,预热温升ΔT_{pre}越大。此外,随着进气速度增加,ΔT_{pre}呈急剧减小的趋势。具体来说,在进气速度$V_{in}=0.07$ m/s时,预热温升高达233~277 K($\beta=0\%$~

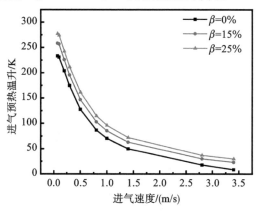

图8.23　不同掺氢比下未燃气体混合物的预热温升 ΔT_{pre}随进气速度的变化

25%），而 $V_{in}=3.4$ m/s 时，预热温升只有 8～29 K。因此，掺氢将有利于增强热循环效应，提升火焰燃烧稳定性，但在高进气速度下的热循环作用要远小于低进气速度工况，即在临近熄火状态下的热循环效应对燃烧稳定性的影响更为显著，而在临近吹熄状态下热循环效应的影响将非常有限。

8.3　氧气浓度对微通道凹腔燃烧器燃烧效率的影响

第 2 章关于微细通道凹腔燃烧器的研究表明，甲烷/空气预混火焰在较低进气速度下能够很好地被凹腔稳定，且能够获得较大的火焰吹熄极限。然而，对微细通道凹腔燃烧器中的氢气/空气火焰进行研究时，发现虽然火焰能够在很高的进气速度下不被吹熄，但是火焰尖端（顶部）发生了分裂，导致大量氢气未经燃烧直接泄漏出去，燃烧效率急剧下降。这是因为贫燃氢气/空气混合物的有效刘易斯数小于1，火焰顶部在受到较大拉伸效应的情况下发生局部熄火，即"尖端分裂现象（tip opening phenomenon）"。为了抑制这种不利现象，可以通过提高空气中的氧气浓度，来增强反应强度，从而防止火焰顶部发生熄火。

8.3.1　不同氧气浓度下燃烧效率随进气速度的变化

将氧气浓度 x_{O_2} 定义为氧气在氧化剂（氧气/氮气混合物）中的体积分数，$x_{O_2}=21\%$ 时即为平时计算所用的标准空气。为了对比，选取四个不同氧气浓度，分别为21%、24%、27% 与 30%。将当量比固定为 $\phi=0.4$，计算获得了四个氧气浓度下燃烧效率随进气速度的变化（见图 8.24）。可以看出，在进气速度相对较低时（$V_{in}=16$ m/s），四个不同氧气浓度对应的燃烧效率都在 99% 左右。随着进气速度的增加，氧气浓度越低的工况，燃烧效率下降的速度越快。在进气速度为 36 m/s 时，$x_{O_2}=21\%$ 的工况已经很难稳定燃烧，这主要与火焰的尖端分裂有关。而 $x_{O_2}=30\%$ 的燃烧效率仍然在 98% 以上，并且 $x_{O_2}=24\%$ 的燃烧效率在 $V_{in}=24$ m/s 时才开始有明显的下降，说明少量提高氧气浓度即可有效地抑制氢气火焰的尖端分裂现象。

图 8.25 给出了 $V_{in}=24$ m/s 和 $V_{in}=32$ m/s 时不同氧气浓度下燃烧器出口的氢气摩尔分数分布曲线。从图 8.25（a）可以看出，在标准空气状态下（$x_{O_2}=21\%$），$V_{in}=24$ m/s 时的氢气分布曲线明显隆起，表明该工况下氢气火焰出现了尖端分裂，因此有未燃的氢气泄漏出来。当氧气浓度提升到 24% 时，出口氢气的摩尔分数下降了两个数量级，而且曲线上的波峰也消失了，说明火焰尖端分裂现象得到了抑制。当 $V_{in}=32$ m/s 时，$x_{O_2}=24\%$ 工况下的氢气分布也出现了明显的峰值，并且 $x_{O_2}=27\%$ 时的燃烧器出口也有少量氢气泄漏，这都会导致燃烧效率的降低。对于 $x_{O_2}=30\%$ 的情况，在图 8.25（b）中仍然看不到峰值的存在，说明在氧气浓度上升到一定范围之后，可以完全抑制火焰尖端分裂现象的产生。

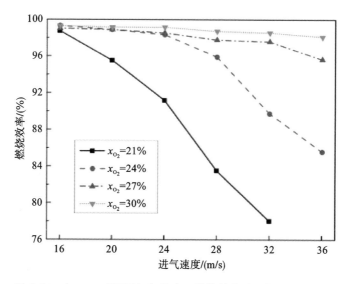

图 8.24　$\phi=0.4$ 时不同氧气浓度下燃烧效率随进气速度的变化

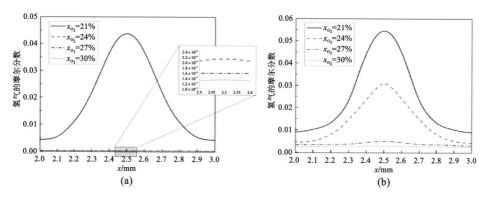

图 8.25　不同氧气浓度下燃烧器出口的氢气摩尔分数分布曲线

(a)$V_{in}=24\ \text{m/s}$；(b)$V_{in}=32\ \text{m/s}$

8.3.2　氧气浓度对基元反应速率与热释放速率的影响

化学反应的反应速度与反应物的浓度和温度呈正相关,氧气浓度升高时,燃烧器中的火焰温度也会显著升高。另外,在相同的当量比下,氢气浓度也会随着氧气浓度的升高而升高。因此,提高氧气浓度会极大地加快燃烧反应速度。这里将氢气/氧气详细反应机理中的 19 个基元反应分成四组,将其在火焰尖端处的反应速率绘在图 8.26 中,并进行对比。可以看出,基元反应速率随着氧气浓度的升高而急剧上升。以 R-3 为例,在氧气浓度从 21% 依次提高到 30% 的过程中,其反应速率依次提升了 134%、260% 和 444%,说明提高氧气浓度可以有效地提高燃烧反应的速率。

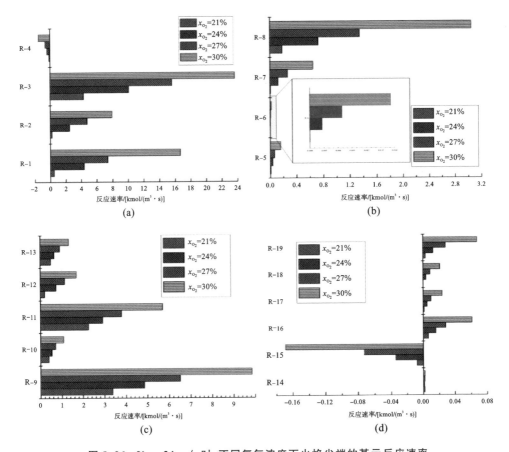

图 8.26　V_{in}＝24 m/s 时，不同氧气浓度下火焰尖端的基元反应速率

（a）H_2/O_2 的链式反应；（b）H_2/O_2 的分解与重组反应；（c）HO_2 的生成与消耗反应；（d）H_2O_2 的生成与消耗反应

　　由于基元反应速率升高，单个基元反应的热释放速率也会增加，而化学反应的总热释放速率可以很好地表现燃烧反应的强度，图 8.27 给出了 V_{in}＝24 m/s 时，不同氧气浓度下燃烧反应的总热释放速率沿燃烧器轴线的变化，热释放速率的峰值即代表火焰尖端，可以看到，热释放速率的峰值随着氧气浓度的升高而增大。此外，热释放速率峰值的位置也随着氧气浓度的提高而往燃烧器上游移动，表明燃烧速度大大地增强了，而且火焰高度也减小了，即氧气浓度越高，氢气被消耗的速度也越快，燃烧效率也就越高。

8.3.3　氧气浓度对有效刘易斯数与火焰锋面拉伸率的影响

　　由于提高氧气浓度会增加氢气的绝热燃烧温度，预混气的有效刘易斯数也会有所改变。图 8.28 为 ϕ＝0.4 时，不同氧气浓度下预混气的有效刘易斯数。同时，将拉伸率随氧气浓度的变化绘制于图 8.29 中（拉伸率的计算方法参见第 6 章）。

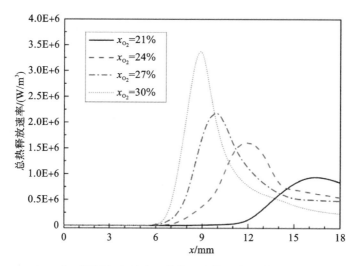

图 8.27　$V_{in} = 24$ m/s 时不同氧气浓度下燃烧反应的总热释放速率沿燃烧器轴线的变化

综合图 8.28 和图 8.29,可以看到到当氧气浓度上升时,氢气的燃烧速度会增加,火焰高度减小,因此火焰尖端处的曲率减小。负拉伸率的绝对值减小,也表明了局部的燃烧速度加快,同时混合气体的有效刘易斯数会变大,进一步增加火焰尖端的反应速率,这将会大大改善火焰尖端分裂的现象。因而,增加氧气浓度会极大地增加氢气燃烧效率。

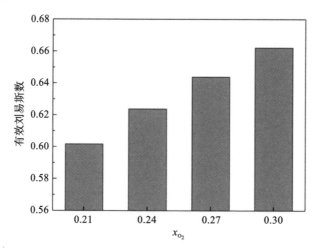

图 8.28　不同氧气浓度下预混气的有效刘易斯数

8.3.4　小结

本节的研究表明,略微增加氧气浓度时,可以显著提高微细通道凹腔燃烧器中贫燃氢气/空气的燃烧效率。一方面,提高氧气浓度可以促进燃烧反应速度,使火焰高度减小,火焰顶部曲率变小,从而降低拉伸率,抑制火焰尖端分裂现象的发生。

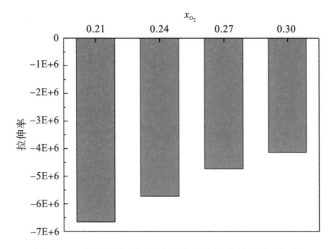

图 8.29　不同氧气浓度下火焰尖端处的拉伸率/(1/s)

另一方面,氧气浓度的增大使得气体混合物的有效刘易斯数增大,火焰尖端发生分裂的倾向得到一定程度的抑制。在这些因素的共同作用下,氢气的燃烧效率得到了显著的提高。

8.4　稀释剂对微通道凹腔燃烧器燃烧效率的影响

抑制火焰尖端分裂现象的另一种方法是提高预混气的有效刘易斯数。如果将空气中的天然稀释剂(氮气)替换为另外一种惰性气体(如氩气),使预混气的有效刘易斯数得到一定程度的提高,从而抑制火焰尖端分裂,提高燃烧效率。由于常压情况下,第三体反应并不会显著影响影响到燃烧进程,因此本节的计算机理中没有涉及第三体反应,仍然固定当量比 $\phi=0.4$,下文不再重复提及。

8.4.1　氩气稀释剂对燃烧效率的影响

图 8.30 是分别采用氮气和氩气作为氧气的稀释剂时,氢气的燃烧效率随进气速度的变化。可以看出,随着进气速度的上升,氮气作为稀释剂时燃烧效率下降迅速,在 $V_{in}=32$ m/s 时就已经下降到 78% 左右。而氩气作为稀释剂时,在 $V_{in}=32$ m/s 时仍有高达 98% 的燃烧效率。由此可见,更换稀释剂是一种非常有效地提高微细通道凹腔燃烧器中贫燃氢气火焰燃烧效率的方法。

为了更直观地对比氢气在两种不同稀释剂下的消耗情况,图 8.31 给出了 $V_{in}=24$ m/s 时,两种稀释剂对应的氢气摩尔分数分布情况。由 8.31 可以看出,在氮气氛围下氢气直到燃烧器出口都还没有完全燃尽,这是由于氢气火焰尖端出现了局部熄

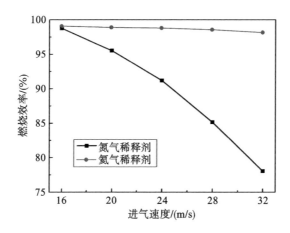

图 8.30   两种稀释剂对应的燃烧效率随进气速度的变化

火,有一部分氢气从火焰尖端分裂的位置泄漏出去。而在氦气氛围下,火焰高度明显变短,氢气在距离凹腔不远的下游处便被完全消耗掉,因此燃烧效率非常高。

8.4.2   氦气稀释剂对温度场、有效刘易斯数和拉伸率的影响

火焰尖端发生局部熄火而导致的分裂和燃料泄漏是多种原因共同影响的结果。氮气与氦气的不同点首先在于两者的热物性(如密度与比热容),而这些热物性会对温度场、基元反应速率以及绝热燃烧温度等方面产生影响,进而对燃烧速率和火焰尖端分裂现象有着较大的影响。

常温常压下,氮气与氦气的定压体积比热容分别是 1.181 kJ/(m³·K) 与 0.845 kJ/(m³·K),后者仅为前者的 72%。在贫燃氢气/氧化剂混合物中,稀释剂所占的体积分数是最大的,一般为 70% 以上,因此稀释剂的比热容对燃烧温度有很大的影响。在同样的当量比下,若氢气燃烧产生的热量相同,氦气由于其比热容较小,燃烧器中的气体温度势必会更高。图 8.32 为 $V_{in}=24$ m/s 时,气体温度沿燃烧器中心轴线的变化。可以看到,氦气氛围下的气体温度水平明显高于氮气氛围,且气体沿燃烧器轴线的升温速度也快得多。

热物性的不同会影响到混合物的热扩散系数、各组分的质扩散系数以及绝热燃烧温度。由于混合物的有效刘易斯数是与这几种变量有关的函数,因此,在更换稀释剂之后有效刘易斯数也会发生改变。从图 8.33 可以看到,$\phi=0.4$ 时氮气稀释剂预混气的有效刘易斯数是 0.57,而将稀释剂换为氦气之后,有效刘易斯数上升到 0.60。有效刘易斯数增大会增加燃烧反应速度,防止火焰尖端发生局部熄火而产生分裂现象。图 8.34 是 $V_{in}=24$ m/s 时,两种稀释剂对应的火焰尖端处拉伸率。由于微细通道凹腔燃烧器内的氢气火焰形状是凸型的,因此负拉伸率的绝对值越大,其燃烧速度越小。图中氮气与氦气氛围下的拉伸率分别是 -6.39×10^6 s^{-1} 和 -5.93×10^6 s^{-1}。即氦气作为稀释剂时,火焰尖端受到的拉伸效应更弱,不易发生尖端分裂现象。

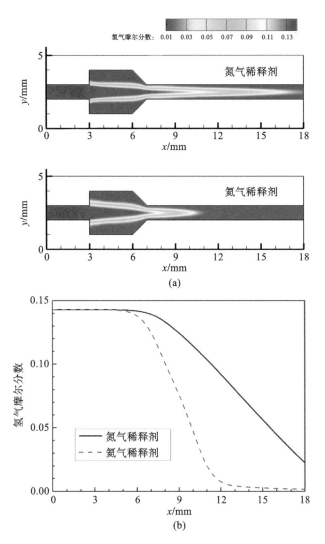

图 8.31　V_{in} ＝ 24 m/s 时，两种稀释剂对应的氢气摩尔分数分布情况

（a）燃烧器内的氢气摩尔分数云图；（b）沿燃烧器中心轴线的氢气摩尔分数分布

8.4.3　氦气稀释剂对燃烧反应速度的影响

前面的讨论表明了稀释剂对燃烧温度、有效刘易斯数以及火焰锋面拉伸率的影响，这些因素毫无疑问会对化学反应速率产生影响。ϕ ＝ 0.4 时，氢气在氮气与氦气氛围中的层流燃烧速度分别是 0.33 m/s 与 1.10 m/s。此外，将 ϕ ＝ 0.4，V_{in} ＝ 24 m/s 时，火焰尖端处的基元反应速率进行了对比，如图 8.35 所示。可以看到，对氢气燃烧影响较大的基元反应，如链式反应 R1～R4 等，在更换稀释剂后其反应速率有了大幅的提高，其中，R3 的反应速率增加了 4 倍多。

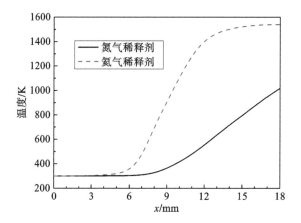

图 8.32　$V_{in} = 24$ m/s 时，气体温度沿燃烧器中心轴线的变化

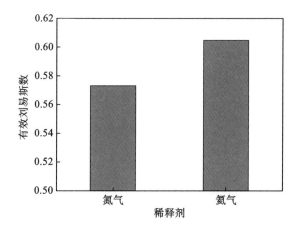

图 8.33　两种稀释剂对应的预混气体有效刘易斯数

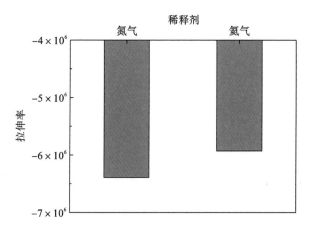

图 8.34　$V_{in} = 24$ m/s 时，两种稀释剂对应的火焰尖端拉伸率

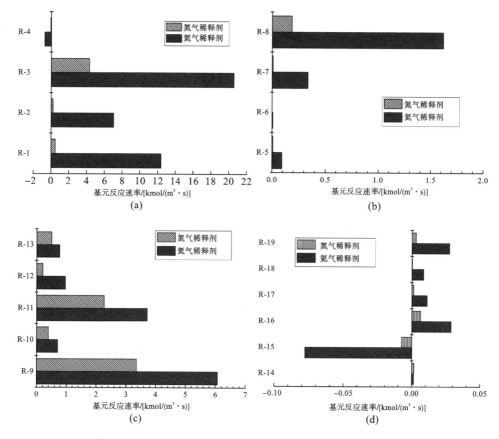

图 8.35 $\phi=0.4, V_{in}=24$ m/s 时，火焰尖端处的基元反应速率

(a)H_2/O_2 的链式反应；(b)H_2/O_2 的分解与重组反应；(c)HO_2 的生成与消耗反应；(d)H_2O_2 的生成与消耗反应

单个基元反应速率的提高最终会影响总的燃烧反应的强度。图 8.36 给出了 $\phi=0.4, V_{in}=24$ m/s 时，两种稀释剂下燃烧总热释放速率沿燃烧器轴线的变化曲线，其中，峰值的大小体现了火焰尖端处燃烧反应的强度，而峰值的坐标则表示火焰尖端的位置。可以看出，氦气氛围下火焰尖端处燃烧更剧烈，而且由于反应速度的增加，其火焰锋面位置更靠近上游，这与图 8.31 所反映的趋势也是一致的。

8.4.4 小结

本节的研究表明，将稀释剂由氮气更换成氦气之后，微细通道凹腔燃烧器内贫燃氢气火焰的燃烧效率得到了显著提高，这主要是因为氦气的物性与氮气不同，导致燃烧强度不同。首先，氦气的比热容比氮气更低，因此燃烧温度会更高。其次，氦气稀释剂混合物的有效刘易斯数比氮气作为稀释剂时要大。最后，将稀释剂换成氦气后，燃烧速度更快，火焰高度明显减小，火焰尖端的拉伸率更小。在以上因

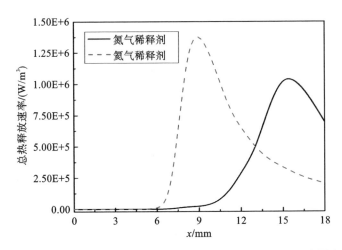

图 8.36 $\phi=0.4$，$V_{in}=24$ m/s 时，两种稀释剂下燃烧总热释放速率沿燃烧器中心线的变化

素的共同作用下，火焰的燃烧速率大大增加，尖端分裂现象也被抑制，燃料的泄漏显著减少。

8.5 本 章 小 结

本章以数值模拟方法研究了甲烷掺混少量氢气或一氧化碳对微细通道中反复"熄火—再着火"的火焰不稳定性的影响、甲烷掺氢对微管射流火焰稳焰极限的影响、提高氧气浓度或者将氮气更换为氩气对微细通道凹腔燃烧器内贫燃氢气火焰燃烧效率的影响。主要结论如下。

（1）掺混氢气或一氧化碳后的甲烷/空气预混火焰在低进气速度下反复"熄火—再着火"的空间振荡特性能够得到有效抑制，这是因为一些关键的基元反应在掺混氢气或一氧化碳后获得了明显增强，这些反应对于燃烧总热释放速率有着突出贡献，继而提升了火焰传播速度。少量掺混即能达到抑制振荡效果，继续增加掺混比例并不能带来火焰稳定性提升的显著收益。

（2）甲烷掺氢后显著拓宽了微管射流火焰的稳焰区间，并延长了熄火过程。临近熄火极限时，掺氢后的预混气中氧气含量降低，使得反应速率减小，但强化了火焰与微管间的换热，未燃预混气的预热效应加强，使得燃烧稳定性增强。临近吹熄状态时，火焰根部远离微管出口，且进气质量流量高，未燃气的预热效果有限，但由于外部氧气的卷吸和扩散，以及掺氢后 H 自由基浓度的增加，使得整体燃烧反应速率加强，进而提高燃烧稳定性。

（3）略微提高氧气浓度可显著增大微细通道凹腔燃烧器内贫燃氢气火焰的燃烧效率。这是因为反应速度、火焰温度均会随着氧气浓度的上升而上升，而火焰高度则会减小，同时混合物的有效刘易斯数也有所增大，从而可以增强燃烧反应强度,减小火焰尖端的拉伸率,有效抑制火焰尖端的局部熄火和火焰尖端分裂现象。

（4）将空气中的稀释剂由氮气更换为氦气后,微细通道凹腔燃烧器内贫燃氢气火焰的燃烧效率显著提高。这主要是由于氦气的比热容比氮气低,因此燃烧温度更高,燃烧速度更快,火焰高度更小。此外,氦气稀释剂混合物的有效刘易斯数也比氮气作为稀释剂时更大。因此,火焰尖端的拉伸率更小,火焰尖端分裂现象被抑制,燃烧效率更高。

9 复合稳焰技术

前面几章介绍的都是单一的稳焰技术,包括利用台阶、钝体和凹腔形成回流区,采用瑞士卷结构和多孔介质强化热循环,壁面涂覆催化段等方法。实际上,各种稳焰技术各有其优缺点,例如,回流区有利于扩大火焰吹熄极限,但对浓度极限效果不明显;瑞士卷燃烧器则能有效拓宽贫燃极限。如果将 2 种或 2 种以上的稳焰方法结合起来,则有望达到可燃进气速度范围和浓度范围同时扩大的目的。目前,已有许多这方面的研究,例如,在微细通道壁面上设置多个凹腔,同时在相邻两个凹腔之间的壁面涂覆催化剂;在瑞士卷燃烧器的中心布置多孔催化剂。本章将介绍两种基于回流区和热循环的复合稳焰技术。

9.1 带钝体的微型瑞士卷燃烧器

9.1.1 有/无钝体的瑞士卷燃烧器的火焰吹熄极限

1. 物理模型与计算方法

带钝体的微型瑞士卷燃烧器的结构示意如图 9.1 所示。燃烧器的长宽高分别为 36 mm、30 mm 和 6 mm,上、下盖板厚度均为 1 mm。通道宽度为 2 mm,小于标准状态下甲烷/空气预混气的熄火距离(约 2.5 mm)。通道隔板的壁厚为 0.5 mm。燃烧室中心横截面积约为 50 mm²(忽略钝体所占面积)。图 9.1(b)和图 9.1(c)给出了燃烧器二维截面图,蓝色箭头代表入口,红色箭头代表出口。钝体位于燃烧室中心处,其形状为边长 2.5 mm 的等边三角形,阻塞比 ξ 定义为钝体边长与燃烧室宽度之比。

由于燃烧器的特征长度比气体分子的平均自由程大很多,因此此流体可以看作连续性介质,Navier-Stokes 方程仍然适用。Kuo 和 Ronney 指出,当雷诺数 $Re >$ 500 时,湍流模型比层流模型更适用于模拟微型瑞士卷燃烧器。对于本燃烧器来说,雷诺数 $Re = 500$ 对应的进气速度约为 2.5 m/s。由于燃烧器的可燃速度下限大于 2.5 m/s,故采用标准 k-ε 湍流模型。Chen 和 Ronney 指出基于三维模型模拟获得的吹熄极限和温度分布与实验结果的吻合度比二维模型更高,他们也发现采用甲烷的四步反应机理获得的结果比一步总包反应机理更可靠。因此,本研究采用三维稳态模型和 C_1 反应机理,其中包括 18 种组分和 58 个基元反应。动量方程、组分方程和能量方程采用二阶精度的迎风格式离散求解。燃烧器内表面之间的辐射换热选择 DO 模型进行计算。压力-速度之间的耦合采用 SIMPLE 算法。在计

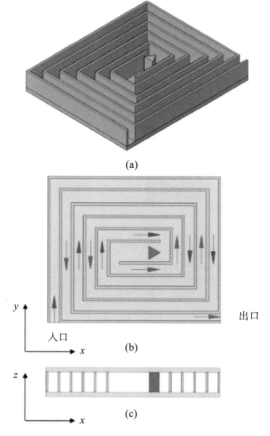

图 9.1　带钝体的微型瑞士卷燃烧器的结构示意

(a)三维图;(b)水平截面;(c)纵向截面

算中设置点火温度为 1500 K,作用于流体区域,来启动燃烧反应。混合物的密度采用理想气体状态方程计算,比热容、黏度和导热系数由各组分的数值通过质量分数加权平均计算。考虑到链式反应的不同反应速率相差较大,选用刚性求解器进行求解。离散后的代数方程组采用 Fluent 6.3.26 的三维双精度稳态求解器进行计算。

边界条件设置如下:入口采用速度进口,即给定进气速度以及各组分的质量分数,入口预混气体温度为 300 K;出口采用 1.05×10^5 Pa 的压力出口;内壁面采用非滑移、无法向组分扩散的边界条件;外壁面同时考虑辐射散热和自然对流散热。

2. 吹熄极限

图 9.2 给出了在名义当量比 $\phi = 0.5$ 时,有/无钝体的微型瑞士卷燃烧器的吹熄极限对比。可以看出,钝体阻塞比 $\xi = 0.625$ 时燃烧器的吹熄极限为 40 m/s,而无钝体的燃烧器仅为 30 m/s。图 9.3 展示了燃烧室中心区域的流场,其中把速度小于 0 的区域定义为回流区。可以看出,钝体后方形成了明显的回流区,而无钝体的燃烧室则在靠近上壁面的拐弯处形成了回流区。因此,两者的流场特性有着明

显不同,这对火焰的稳定能力有一定影响。

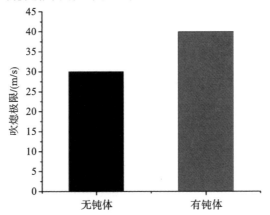

图 9.2　有/无钝体的微型瑞士卷燃烧器的吹熄速度极限对比(阻塞比 $\xi = 0.625$)

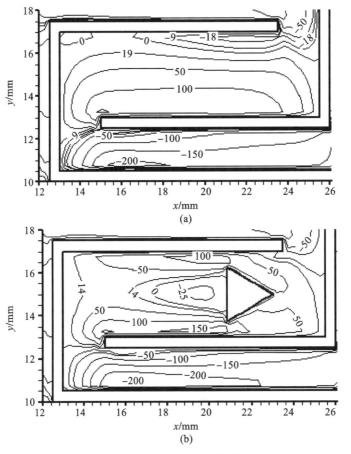

图 9.3　$\phi = 0.5$,$V_{in} = 25$ m/s 时,燃烧器水平中心截面($z = 3$ mm)沿 x 方向的速度分量等值线分布

(a)无钝体;(b)有钝体

　　除了回流区之外,还可能存在一些其他因素影响燃烧器的稳焰能力。图 9.4
给出了不同进气速度时,有/无钝体的微型瑞士卷燃烧器水平中心截面($z=3$ mm)
的温度场,从图 9.4 中可见,有钝体的燃烧器内火焰温度达到了 1900 K,超过了相
同当量比下绝热火焰温度(约 1500 K),这表明在热循环型的瑞士卷燃烧器内发生
了"超焓燃烧"。此外,有钝体的瑞士卷燃烧器的温度水平比无钝体的稍高,而且前
者的温度分布比较均匀,最高温度位于燃烧室的中心,而无钝体的燃烧器的最高温
度随着进气速度的增大向下游移动。无钝体的瑞士卷燃烧器中火焰只能稳定于燃
烧室上壁面的回流区,如图 9.4(a)中带箭头的黑线所指,而有钝体的情况下,火焰
关于燃烧腔的上下壁面近似对称分布。从图 9.4(a)、图 9.4(c)、图 9.4(e)中还看
到另外一个重要现象,即在燃烧室出口处火焰倾向于分裂,如图 9.4(e)中箭头所
指。初步猜测是该处流场中存在强烈的拉伸效应导致的。

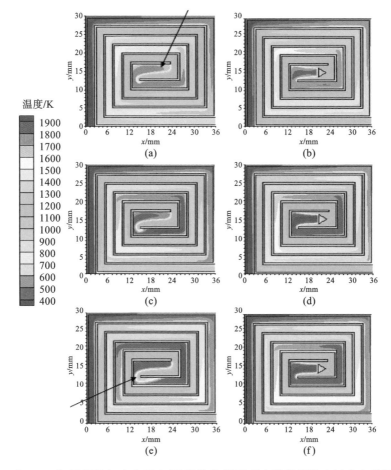

图 9.4　$\phi=0.5$ 时,不同进气速度下有/无钝体的微型瑞士卷燃烧器水平中心截面($z=3$
mm)的温度场

(a)$V_{in}=15$ m/s,无钝体;(b)$V_{in}=15$ m/s,有钝体;(c)$V_{in}=20$ m/s,无钝体;
(d)$V_{in}=20$ m/s,有钝体;(e)$V_{in}=25$ m/s,无钝体;(f)$V_{in}=25$ m/s,有钝体

为了证实这种猜想,在图 9.5 中给出了 $V_{in}=25\ \mathrm{m/s}$ 时,有/无钝体的瑞士卷燃烧器水平中心截面的应变率场。从图 9.5 可知,在燃烧室出口的右侧,无钝体燃烧器的最大应变率为 $35\times10^4\ \mathrm{s^{-1}}$,而有钝体燃烧器的仅为 $20\times10^4\ \mathrm{s^{-1}}$。一旦火焰分裂现象发生,两段火焰将被吹出。总之,钝体的应用不仅仅产生了直接稳定火焰的回流区,也改善了燃烧器中心区域的流场,防止因过大的拉伸效应导致局部熄火,大大拓展了微型瑞士卷燃烧器中贫燃甲烷/空气火焰的吹熄极限。

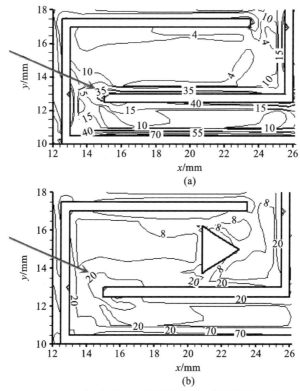

图 9.5　$V_{in}=25\ \mathrm{m/s}$ 时,有/无钝体的瑞士卷燃烧器水平中心截面的应变率场(单位:$10^4\ \mathrm{s^{-1}}$)

(a)无钝体;(b)有钝体

9.1.2　固体材料对有钝体的瑞士卷燃烧器吹熄极限的影响

数值模拟采用的三种固体材料分别为石英(quartz)、不锈钢(SS)和碳化硅(SiC),它们的导热系数和外表面发射率见表 9.1。

表 9.1　三种材料的热物性

材　　料	导热系数/[W/(m·K)]	外表面发射率
石英	1.18	0.92
不锈钢	12.63	0.20
碳化硅	52.08	0.90

1. 吹熄极限比较

图 9.6 给出了 $\phi=0.5$ 时三个燃烧器吹熄极限之间的比较,石英、不锈钢和碳化硅燃烧器的吹熄极限分别为 40 m/s、50 m/s 和 35 m/s。从表 9.1 可知,三种材料的导热系数和外表面发射率的大小排序如下:$\lambda_{quartz} < \lambda_{SS} < \lambda_{SiC}$,$\varepsilon_{SS} < \varepsilon_{SiC} < \varepsilon_{quartz}$。由此可见,火焰吹熄极限随着固体导热系数和外表面发射率的增加均呈现非单调性的变化规律,表明吹熄极限不只受导热系数和外表面发射率单方面的影响,而是二者的综合作用。下面将从散热损失、热循环效应和回流区三个方面来进行全面的分析与讨论。

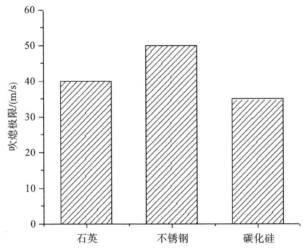

图 9.6 $\phi=0.5$ 时,不同材料的带钝体的瑞士卷燃烧器的吹熄极限对比

2. 分析与讨论

下面选取 $\phi=0.5$,$V_{in}=20$ m/s 时的工况进行分析与讨论,为简单起见,具体条件不再提及。

1)散热损失的影响

壁面散热损失主要和表面温度和外壁面的表面发射率有关。图 9.7(a)给出了三种不同材料的瑞士卷燃烧器的外壁面中心线温度分布,可以看出,不锈钢燃烧器的温度水平最高,石英燃烧器表现出不一样的温度特性,温度呈现波动性的变化,并有多处波峰、波谷。通过比对燃烧器的位置发现,波峰和波谷位置分别对应燃烧器的排气通道和进气通道。排气温度高于进气温度,而且石英的导热系数太小,导致温度梯度较大,造成了波峰、波谷的产生。至于碳化硅燃烧器,由于它的导热系数最大,因此它的外壁面温度在三个燃烧器中分布最为均匀。

图 9.7(b)给出了三个燃烧器的外壁面总散热损失量,可以看出,碳化硅燃烧器的散热损失最大(185 W),然后是石英燃烧器(153 W)和不锈钢燃烧器(108 W)。由此可见,尽管不锈钢燃烧器的壁温水平是最高的,但它的散热损失却是最小的,这是由于不锈钢材料的外表面发射率只有 0.2,远远小于碳化硅和石英的发

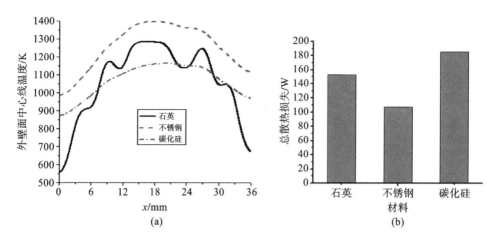

图 9.7 三种不同材料的瑞士卷燃烧器的外壁面中心线温度分布和总散热损失量

(a) 外壁面中心线温度分布; (b) 总散热损失量

射率。碳化硅的外表面发射率比石英略小,但是碳化硅燃烧器的散热损失大于石英燃烧器,这是由于它的导热系数最大,整体壁温水平高于石英燃烧器。

2) 热循环的影响

燃烧室入口处($x=24$ mm, $y=13\sim17$ mm)的气体温度分布可以反映热循环的整体效果,如图 9.8 所示。可以看出,不锈钢燃烧器中心入口处的气体温度水平最高,然后依次是石英燃烧器和碳化硅燃烧器。这表明不锈钢燃烧器对未燃预混气的预热效果最好,碳化硅燃烧器反而最差。热循环效果不仅对燃烧反应有显著影响,也会对燃烧室入口的气体速度产生影响,从而导致钝体后的回流区长度产生差异。

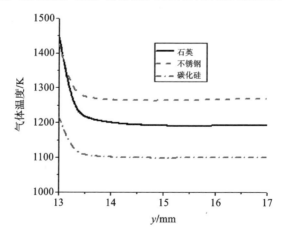

图 9.8 三种不同材料的瑞士卷燃烧器燃烧室入口处的气体温度分布

3) 回流区的影响

开口系统的燃烧过程通常被认为是定压过程。因此,按照理想气体状态方程,气体混合物的密度与温度成反比,说明在相同进气流量下,气体流动速度与温度成正比。因此,根据图 9.8 可以推导出,不锈钢燃烧室入口处的气体速度最大,石英燃烧器次之,最后是碳化硅燃烧器。图 9.9 给出了三种瑞士卷燃烧器水平中心截面内钝体附近的局部速度场。横向速度小于 0 的区域被定义为回流区,红色的虚线标示了回流区的终端位置。计算可知,碳化硅燃烧器、石英燃烧器和不锈钢燃烧器的回流区长度分别为 4.35 mm、3.4 mm 和 3.37 mm。即碳化硅燃烧器的回流区最长,不锈钢燃烧器最短,这与钝体两侧的气体流速大小相反。对比三个燃烧器的回流区长度和火焰吹熄极限的规律,可以看出吹熄极限的大小与回流区长度不一致,例如,不锈钢燃烧器的吹熄极限最大,但其回流区长度却是最小的。这进一步表明带钝体的瑞士卷燃烧器的稳焰能力是由多因素共同决定的。

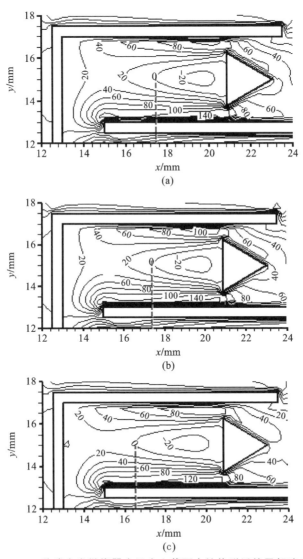

图 9.9　三种瑞士卷燃烧器水平中心截面内钝体附近的局部速度场

(a)石英;(b)不锈钢;(c)碳化硅

4）小结

通过对上文关于散热损失、热循环和回流区的分析,总结出三种不同材料的燃烧器的吹熄极限产生差异的原因如下。①对于不锈钢燃烧器,虽然它的回流区最短,但它的壁面散热损失最小,同时热循环效果最好,后两者的正面作用超过了前者的不利影响,因此它的吹熄极限最大。②对于石英燃烧器,它的散热损失、热循环效果以及回流区长度均居于中间,三者的综合影响导致它的吹熄极限居于中间。③对于碳化硅燃烧器,虽然其回流区最长,但由于它的散热损失最大,且热循环效果最差,后两者的不利影响超过了前者的正面作用,因此,碳化硅燃烧器的吹熄极限最小。

9.2　带预热通道和稳焰板的微燃烧器

9.2.1　几何模型与计算方法

由于平板型结构易于加工制作,因此,笔者提出了一种带预热通道和稳焰板的微燃烧器,其二维结构示意见图 9.10。为了便于后面的定量分析,将整个燃烧器分为两部分,一是预热通道,二是燃烧室,以图中的蓝色虚线为界。另外,固体壁面被红色虚线分为 6 个部分,即一个稳焰板、一个预热通道的外壁面、两个预热通道的内壁面和两个燃烧室壁面。壁面厚度和入口宽度均为 0.5 mm,稳焰板长度为 L_b。

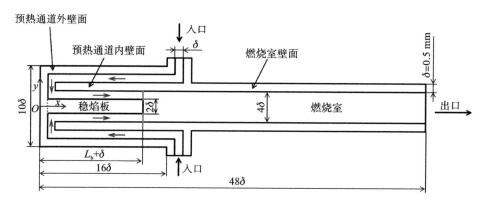

图 9.10　带预热通道和稳焰板的微燃烧器的结构示意图

本节将通过数值模拟来研究该燃烧器的稳焰能力,燃烧模型为层流有限速率模型。考虑到链式反应中不同反应的速率相差较大,选择刚性求解器进行处理。采用均匀的速度进口边界条件,进气温度为 300 K。出口为出流边界条件。燃烧器的外壁面散热考虑自然对流和辐射散热两种方式。考虑到此燃烧器为上下对称结构，为了节约计算资源，故只选取一半的燃烧器进行计算。采取结构化网格划分，计算前对网格独立性进行验证，最终的网格尺寸为 $\Delta x = \Delta y = 50\ \mu m$，对局部的网格进行了加密。选取二阶迎风格式对微分方程进行差分求解，使用 Fluent 6.3.26 软件的二维双精度求解器整体模拟。

9.2.2　火焰锋面的定义

为了便于定量化讨论，首先对火焰锋面进行定义。Najm 等指出 HCO 与烃类燃烧的热释放速率有紧密关系，Kedia 和 Ghoniem 也指出用 HCO 的质量分数 Y_{HCO} 来表示火焰锋面是合适的。图 9.11 是 $\phi = 0.7$、$V_{in} = 3.0\ m/s$、$L_b = 6.0\ mm$ 时，15% Y_{HCO} 最大值的等值线（蓝色虚线）和甲烷的净反应速率云图的叠合图，它们都已被各自的最大值标准化。由图 9.11 可知，甲烷在 15% HCO 质量分数最大值的等值线内基本被消耗完全（蓝色虚线内），表明使用 15% 的 Y_{HCO} 最大值等值线来表示火焰锋面是合理的。

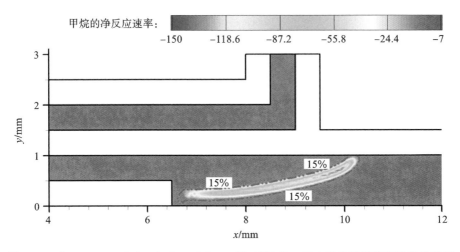

图 9.11　$\phi = 0.7$、$V_{in} = 3.0\ m/s$、$L_b = 6.0\ mm$ 时，15% Y_{HCO} 最大值的等值线和甲烷的净反应速率云图的叠合图

9.2.3　固体材料对火焰吹熄极限的影响

选用不锈钢、碳化硅和铜三种材料分别作为燃烧器壁面，它们的导热系数分别为 24.0 W/(m·K)、32.8 W/(m·K) 和 360 W/(m·K)，外表面发射率分别为 0.2、0.9 和 0.45。稳焰板的长度固定为 $L_b = 6.0\ mm$。

1. 不同材料的燃烧器的吹熄极限对比

图 9.12 给出了三种不同材料的燃烧器在 $\phi = 0.6$ 和 $\phi = 0.7$ 时的火焰吹熄极

限。由该图可知,虽然燃烧室的通道间距只有 2 mm(小于常温化学恰当比($\phi=1.0$)甲烷/空气预混气的火焰淬熄距离 2.5 mm),但是预热通道和稳焰板的结合使得低当量比($\phi=0.6$ 和 $\phi=0.7$)下的火焰吹熄极限依然很大。例如,由不锈钢、碳化硅和铜制成的燃烧器在 $\phi=0.7$ 时的吹熄极限分别为 5.5 m/s、4.5 m/s 和 10 m/s,是对应预混气层流燃烧速度的几十倍。同时可以看到,铜燃烧器的吹熄极限最大,而碳化硅燃烧器的吹熄极限最小。另外,还可以发现,吹熄极限随着材料导热系数的增大先减小后增大,但随着外表面发射率的增大先增大后减小,即随导热系数或发射率的单参数变化呈现出非单调变化规律。下面以 $\phi=0.7$,$V_{in}=3.0$ m/s 时的工况为例,从散热损失、热循环和流场等多个方面进行全面分析。

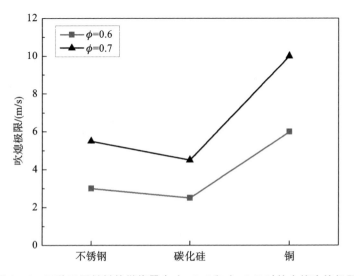

图 9.12   三种不同材料的燃烧器在 $\phi=0.6$ 和 $\phi=0.7$ 时的火焰吹熄极限

2. 分析与讨论

1) 散热损失的影响

图 9.13 为三种不同材料燃烧器的温度场,可以看到,铜燃烧器内的气体温度最高,而碳化硅燃烧器内的气体温度最低,这与火焰吹熄极限的变化规律是相同的。另外,图 9.14 为不同材料燃烧器的外层预热通道外壁面($y=2.5$ mm,0 mm $\leqslant x \leqslant 8.0$ mm)和燃烧室外壁面($y=1.5$ mm,9.5 mm $\leqslant x \leqslant 24$ mm)的温度分布。由此图可知,铜燃烧器的外层预热通道的外壁面温度最高(见图 9.14(a)),而不锈钢燃烧器的燃烧室外壁面温度最高(见图 9.14(b))。这主要是由不同材料的导热系数和外表面发射率共同造成的。由于铜的导热系数最大,更多的热量能传递到上游壁面,这使得铜燃烧器的外层预热通道的外壁面温度最高。与此相反,不锈钢燃烧器的导热系数最小,更多的热量聚集在燃烧室下游壁面。因此,不锈钢燃烧室的外壁面温度是最高的。

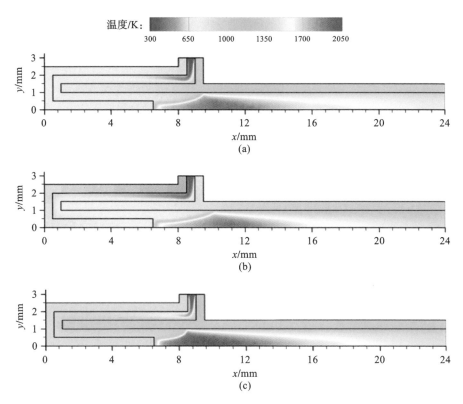

图 9.13 三种不同材料燃烧器的温度场

(a)不锈钢;(b)碳化硅;(c)铜

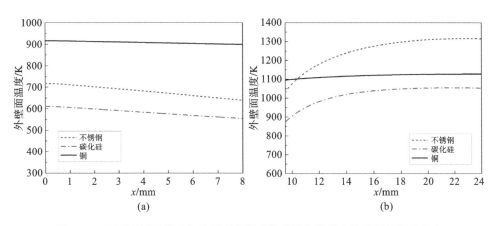

图 9.14 不同材料燃烧器的外层预热通道外壁面和燃烧室外壁面的温度分布

(a)预热通道外壁面;(b)燃烧室外壁面

图 9.15 为不同材料燃烧器外壁面的散热损失比。由此图可知,不锈钢和铜燃烧器的对流换热损失比碳化硅燃烧器的要大一些,这是因为前两者的外壁面温度较高。与此相反,碳化硅燃烧器的辐射热损失最大,这是因为其外表面发射率最大。与此同时,最小的外表面发射率使得不锈钢燃烧器的辐射热损失最小。由图 9.15 还可知,对于每个燃烧器来说,辐射热损失比对流热损失都要大。不锈钢、碳化硅和铜燃烧器的总散热损失比分别为 24.73%、36.01% 和 35.49%。而铜质燃烧器的吹熄极限比不锈钢燃烧器的要大,说明散热损失比不是决定吹熄极限的主要原因。

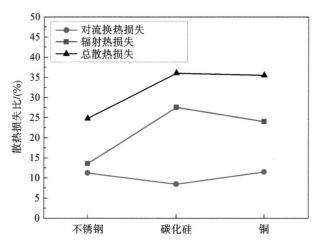

图 9.15 不同材料燃烧器的外壁面散热损失比

2)热循环作用

图 9.16 为不同材料的燃烧器在 $x=2$ mm、4 mm 和 6 mm 截面处的气体和固体温度分布,由此图可知,铜燃烧器的气体和固体温度水平最高,而碳化硅燃烧器的温度水平最低。这是因为铜质燃烧器的导热系数较大,从而使得其温度水平较高,而对于碳化硅燃烧器,其较大的散热损失使得其温度水平最低。另外,这三个燃烧器的固体温度都比较均匀。此外,还可以发现预热通道的内壁面(1.0 mm $\leqslant y$ $\leqslant$ 1.5 mm)的温度水平比稳焰板(0 mm $\leqslant y \leqslant$ 0.5 mm)的温度高,而这两者比预热通道的外壁面(2.0 mm $\leqslant y \leqslant$ 2.5 mm)温度高。这是因为燃烧室的下游壁面温度较高,能传递较多的热量到预热通道内壁面。从图 9.16 中还可以看到,不锈钢燃烧器的稳焰板温度比部分预热通道内的气体温度要高,这是由不锈钢的导热系数和发射率最小造成的。不锈钢燃烧器的上游预热通道温度较低,使得气体的预热效果较差,导致气体温度较低,而不锈钢的低导热系数使稳焰板温度较高,因此,平板稳焰器会对气体进行一定程度的预热。对于预热通道的外壁面(2.0 mm $\leqslant y \leqslant$ 2.5 mm)来说,来流气体只在靠近入口处的通道内被预热(见图 9.16(c))。由以上讨论可知,来流气体主要是被预热通道的内壁面预热。

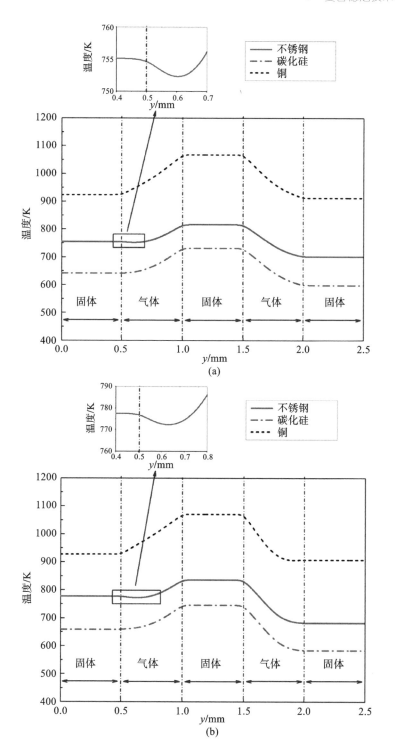

图 9.16　不同材料燃烧器在 $x=2$ mm、4 mm 和 6 mm 截面处的气体和固体温度分布

(a)$x=2$ mm；(b)$x=4$ mm；(c)$x=6$ mm

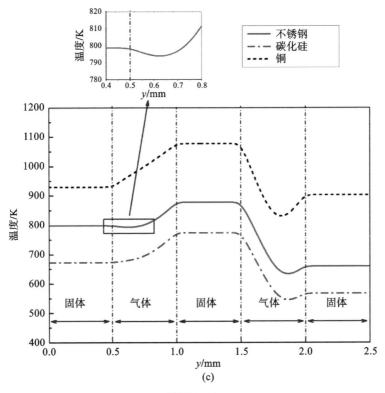

续图 9.16

图 9.17 为不同材料燃烧器预热通道与气体之间的总传热速率,由此图可知,不锈钢、碳化硅和铜燃烧器的总传热速率分别为 916.2 W、704.8 W 和 1276.7 W(假设燃烧器宽度为 1.0 m)。这进一步证明铜燃烧器预热通道内的气体能得到最好的预热,接下来依次是不锈钢和碳化硅燃烧器。预热通道对气体的预热作用大小可以直接从燃烧室入口($x = 6.5$ mm,0.5 mm$\leqslant y \leqslant 1.0$ mm)的气体温度得知,图 9.18 表明不锈钢、碳化硅和铜燃烧器的燃烧室入口处气体平均温度分别为 827.1 K、715.8 K 和 1006.4 K。这一差异对火焰锋面的反应速率产生了重要影响。

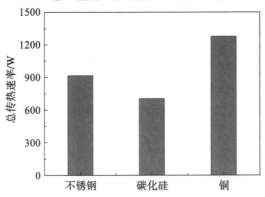

图 9.17 不同材料燃烧器预热通道与气体之间的总传热速率

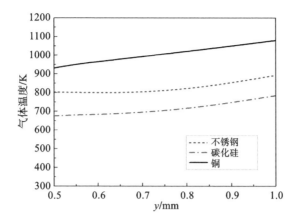

图 9.18　不同材料燃烧器的燃烧室入口处气体温度分布

　　热循环也对火焰锋面的反应速率有着显著的影响。图 9.19(a)给出了稳焰板后壁面附近(火焰根部)的重要基元反应 R-4($\mathrm{H+CH_2O \Longrightarrow HCO+H_2}$)的反应速率分布。由此图可知,R-4 的反应速率最大值的变化趋势与未燃混合气的预热温度相一致,铜燃烧器内火焰根部与燃烧室中央的距离最长,然后依次是不锈钢燃烧器和碳化硅燃烧器。这意味着铜质燃烧器内的火焰锋面更加平坦,所受到的剪应力较小,从而使铜燃烧器内火焰根部锚定能力最强,而碳化硅燃烧器内的火焰根部锚定能力最弱。同样,热循环对火焰顶部(靠近燃烧室内壁面)的反应速率也有很大影响,图 9.19(b)给出了火焰顶部的 R-4 反应速率分布,可以看出热循环较好的燃烧器内反应也能更早地进行。具体来说,不锈钢、碳化硅和铜燃烧器内火焰顶部的位置分别为 9.51 mm、10.17 mm 和 8.48 mm。

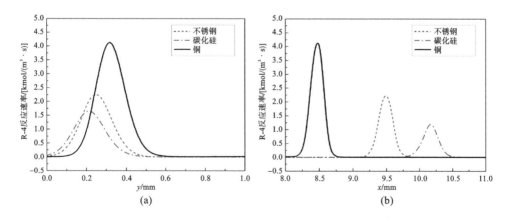

图 9.19　不同材料的燃烧器内 R-4($\mathrm{H+CH_2O \Longrightarrow HCO+H_2}$)反应速率分布

(a)火焰根部($x=7.0$ mm,0 mm$\leqslant y \leqslant$1 mm);(b)火焰顶部($y=0.975$ mm,8 mm$\leqslant x \leqslant$11 mm)

　　火焰锋面的总体形状也依赖于火焰根部和火焰顶部的位置。图 9.20 为不同材料燃烧器内的火焰锋面形状。定义火焰根部与火焰顶部的距离为火焰高度,通过计算可知,不锈钢、碳化硅和铜燃烧器的火焰高度分别为 3.01 mm、3.69 mm 和 2.03 mm,即火焰高度随热循环的增强而减小。此外,不锈钢、碳化硅和铜燃烧器的火焰根部与燃烧室中央的距离分别为 0.24 mm、0.13 mm 和 0.37 mm,表明火焰锋面的形状主要取决于火焰顶部的位置。铜燃烧器内的火焰锋面最短,接下来依次是不锈钢燃烧器和碳化硅燃烧器。狭长的火焰锋面可能会导致较大的剪应力和较小的吹熄极限,因此,导热系数较大时,较好的热循环能缩短火焰长度,抑制拉伸效应导致的火焰吹熄。

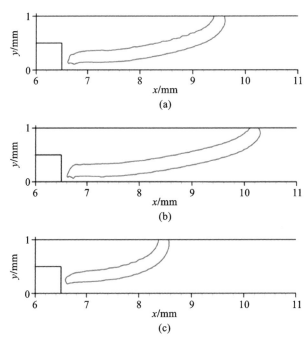

图 9.20　不同材料燃烧器内的火焰锋面形状
(a)不锈钢;(b)碳化硅;(c)铜

　3) 流场对火焰锚定的作用

　图 9.21 为不同材料燃烧器内稳焰板附近火焰锋面(蓝色实线)与流场的叠合图(黑色实线)。可以看出稳焰板后存在明显的回流区,不仅能为化学反应提供反应自由基,也能延长反应组分的停留时间,有利于燃料的完全转化。更重要的是,回流区能阻止火焰根部被拉向下游,即火焰根部能被这个区域锚定。此外,还可以看出,不锈钢、碳化硅和铜质燃烧器内回流区长度分别为 0.76 mm、0.81 mm 和 0.67 mm,这与火焰吹熄极限的变化趋势相反,表明回流区长度不是火焰吹熄极限的决定性因素。

　4) 小结

　以上结果表明,铜质燃烧器的吹熄极限最大,而碳化硅燃烧器的吹熄极限最

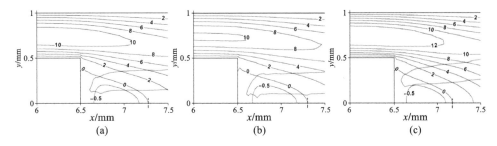

图 9.21 不同材料燃烧器内稳焰板附近火焰锋面(蓝色实线)与流场的叠合图

(a)不锈钢;(b)碳化硅;(c)铜

小。综合以上几方面的分析可知:在结构尺寸相同的前提下,燃烧器的火焰吹熄极限主要是由热循环决定,而热循环受材料的导热系数影响较大。因此,较大导热系数的材料有助于该燃烧器获得更宽的稳焰范围。

9.2.4 稳焰板长度对火焰吹熄极限的影响

为了进一步改善有预热通道和稳焰板的微燃烧器的稳焰性能,本节通过数值模拟来研究稳焰器长度对火焰吹熄极限的影响。选用不锈钢作为燃烧器的材料,稳焰板长度分别为 $L_b=0.5$ mm、1.0 mm、2.0 mm、3.0 mm、4.0 mm、5.0 mm 和 6.0 mm。

1. 火焰吹熄极限和吹熄动态过程

图 9.22 为不同稳焰器长度的燃烧器在 $\phi=0.6$ 和 $\phi=0.7$ 时的火焰吹熄极限。可以看出,火焰吹熄极限随着稳焰板长度的增大而先增大后减小,$L_b=1.0$ mm 时火焰吹熄极限最大,$\phi=0.6$ 和 $\phi=0.7$ 对应的吹熄极限分别为 5.0 m/s 和 7.75 m/s,分别是常温下对应的层流燃烧速度的 43 倍和 50 倍。下面以 $\phi=0.7$,$V_{in}=3.75$ m/s,$L_b=0.5$ mm 对应的工况为例,复现火焰吹熄的动态过程。

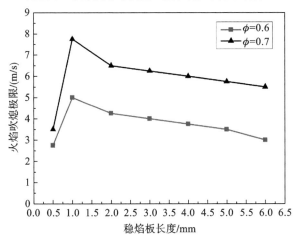

图 9.22 不同稳焰板长度的燃烧器的火焰吹熄极限

图 9.23 通过给出火焰吹熄过程中不同时刻的温度场和 15% Y_{HCO} 最大值的叠合图来展示火焰的吹熄过程。由图 9.23(a)可知,燃烧室入口处的上、下两个火焰锋面随时间推移会相互靠近并开始合为一体,见图 9.23(b)。随后,合并处的火焰锋面越变越薄(见图 9.23(c))。然后,剪应力和热损失使得合并处的火焰锋面局部熄灭(见图 9.23(d)),这一现象称为"火焰夹断"。整个火焰锋面被分成上、下游两部分,其中上游部分位于稳焰器后的回流区附近。此后,上游小火焰继续变弱,且上下游两个火焰之间的距离越来越远(见图 9.23(e))。接下来,上游火焰会完全熄灭,而下游的火焰锋面会先被吹得平坦些(见图 9.23(f)),然后变成凸状向下游移动(见图 9.23(g)和图 9.23(h))。最后,下游部分的火焰被吹出燃烧室而熄灭。

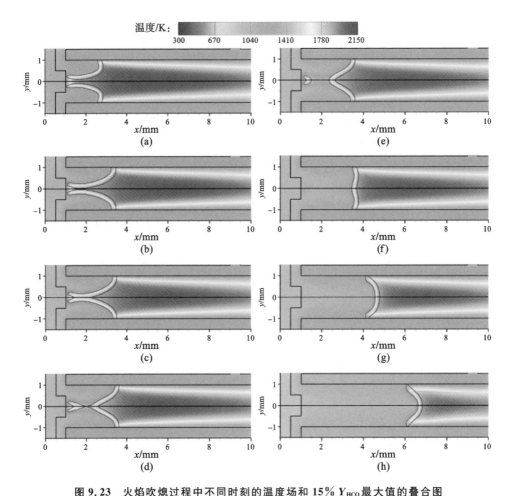

图 9.23   火焰吹熄过程中不同时刻的温度场和 15% Y_{HCO} 最大值的叠合图

(a)$t=0.0$ ms;(b)$t=0.50$ ms;(c)$t=0.80$ ms;(d)$t=0.95$ ms;(e)$t=1.10$ ms;(f)$t=1.30$ ms;
(g)$t=1.65$ ms;(h)$t=1.95$ ms

2. 分析与讨论

通过观察上述的火焰吹熄过程可知,火焰吹熄主要是由火焰锋面的形状和上下火焰锋面的位置决定的,而这两方面影响因素可能与预热通道的热循环作用和燃烧室入口附近的流场有关系。由于固体材料相同,所以稳焰器长度对热循环效果和局部流场同时产生的影响起主要作用。为了分析稳焰器长度对吹熄极限的非单调影响规律,这里选取 $L_b=0.5$ mm、1.0 mm 和 2.0 mm 的三个燃烧器来进行比较和分析。

1) 热循环效应

图 9.24 给出了 $L_b=0.5$ mm、1.0 mm 和 2.0 mm 的燃烧器的温度场。由此图可知,燃烧室内的高温区随稳焰板长度的增大向下游移动。另外,图 9.25 给出了 $L_b=0.5$ mm、1.0 mm 和 2.0 mm 的燃烧器预热通道外壁的内表面($y=2.0$ mm,0.5 mm$\leqslant x \leqslant 8.5$ mm)和内壁的上表面($y=1.5$ mm,1.0 mm$\leqslant x \leqslant 9.0$ mm)的温度分布,可以看出壁面温度分布随着稳焰板长度的缩短而升高,且内壁上表面温度比外壁内表面温度高。由图 9.25(b)可知,内壁上表面温度曲线存在峰值,这主要是因为火焰锋面直接与燃烧室内壁接触,而燃烧室内高温区随着稳焰板长度的减小而向上游移动。这一壁面温度分布对预热未燃预混气有重要影响。

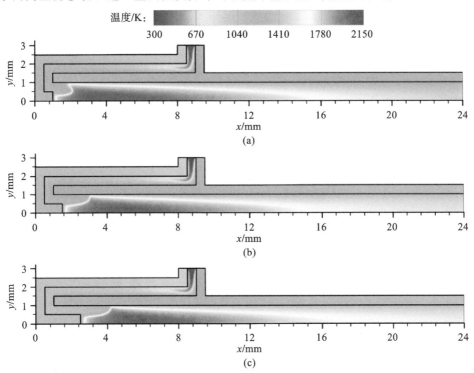

图 9.24 $\phi=0.7$,$V_{in}=3.0$ m/s 时,不同长度稳焰板的燃烧器温度场

(a)$L_b=0.5$ mm;(b)$L_b=1.0$ mm;(c)$L_b=2.0$ mm

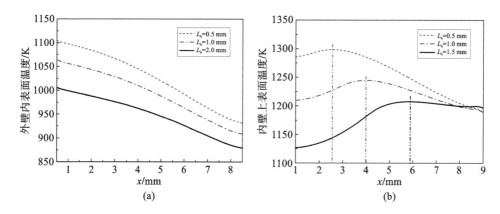

图 9.25　$\phi=0.7$,$V_{in}=3.0$ m/s 时,不同长度稳焰板的燃烧器预热通道的壁面温度分布

(a)外壁内表面($y=2.0$ mm,0.5 mm$\leqslant x\leqslant 8.5$ mm);(b)内壁上表面($y=1.5$ mm,1.0 mm$\leqslant x\leqslant 9.0$ mm)

为了定量比较预热通道对未燃预混气的预热效果,通过积分计算得到了 $L_b=0.5$ mm、1.0 mm 和 2.0 mm 时,燃烧器从预热通道传给气体的总传热速率分别为 1660.5 W、1598.2 W 和 1484.3 W(设水平宽度为 1.0 m),即 $L_b=0.5$ mm 时的热循环效果最好。预热作用的不同会造成燃烧室入口截面($L_b=0.5$ mm、1.0 mm 和 2.0 mm 时 $x=1.0$ mm、1.5 mm 和 2.5 mm,0.5 mm$\leqslant y\leqslant 1.0$ mm)的气体温度分布不同,如图 9.26 所示。可以看出燃烧室入口未燃预混气的气体温度随着稳焰板长度的缩短而升高,$L_b=0.5$ mm、1.0 mm 和 2.0 mm 时对应的气体平均温度分别为 1179.6 K、1149.4 K 和 1072.5 K。未燃预混气预热温度的不同不仅会影响火焰锋面的燃烧强度,而且会显著影响燃烧室的流场。

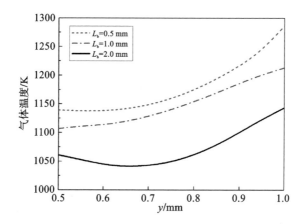

图 9.26　$\phi=0.7$,$V_{in}=3.0$ m/s 时,不同长度稳焰板的燃烧室入口截面的气体温度分布

2)流场特性

上述研究已经表明,当稳焰板较短时,火焰与预热通道的壁面接触较多,未燃气体混合物受到的预热作用更强。因此,热膨胀导致的气体流速增大更显著。一方面,L_b＝0.5 mm、1.0 mm 和 2.0 mm 时,对应的燃烧室入口截面的平均气体速度分别为 11.43 m/s、9.75 m/s 和 9.14 m/s。另一方面,不同长度的稳焰板使得燃烧室入口截面的速度分布也不同,从而使稳焰板后面的局部流场产生差异,如图9.27 所示。以燃烧室入口中心处(y＝0.75 mm,x＝1.0 mm、1.5 mm 和 2.5 mm)为例,L_b＝0.5 mm、1.0 mm 和 2.0 mm 时的水平平均速度分量分别为 13.92 m/s、15.76 m/s 和 14.96 m/s,竖直平均速度分量分别为 －8.99 m/s、－0.08 m/s 和－0.93 m/s(负号表示流动方向与 y 的正向相反),与此对应的速度矢量与水平方向的夹角(锐角)分别为 32.85°、0.28° 和 3.56°,即 L_b＝1.0 mm 时燃烧室入口处的流动方向与水平方向的夹角最小。燃烧室入口流场结构(包括流动速度的大小和方向)的差异使得稳焰器后的回流区(水平速度为负的区域)长度也不相同。具体来说,L_b＝0.5 mm、1.0 mm 和 2.0 mm 时的回流区长度分别为 0.41 mm、0.72 mm 和 0.63 mm,即 L_b＝1.0 mm 对应的回流区最长,能够更好地锚定火焰。

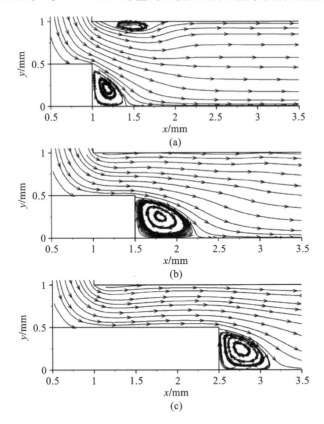

图 9.27   不同长度稳焰板的燃烧室入口附近的流线图

(a)L_b＝0.5 mm;(b)L_b＝1.0 mm;(c)L_b＝2.0 mm

3)火焰结构

火焰锋面的形状主要受热循环作用和流场结构的影响。由前文所述的火焰吹熄过程可知,较大的上下火焰锋面距离不易发生火焰吹熄。图 9.28 为 $\phi=0.7,V_{in}$ $=3.0$ m/s 时,不同稳焰板长度的燃烧室入口附近的竖直速度场与火焰锋面的叠合图。计算表明,$L_b=0.5$ mm、1.0 mm 和 2.0 mm 时,上下两个火焰锋面之间的最短距离分别为 0.31 mm、0.52 mm 和 0.49 mm,即 $L_b=1.0$ mm 时上下火焰锋面之间的间距最大。因此,$L_b=1.0$ mm 时最不容易发生火焰夹断现象,即此刻火焰吹熄极限最大。

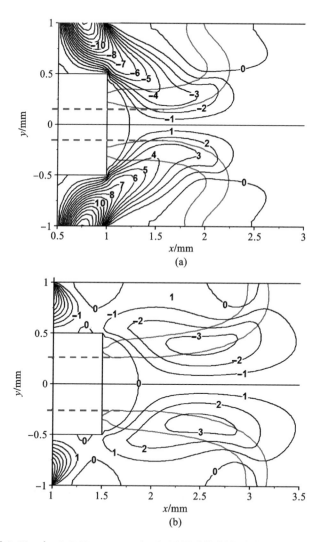

图 9.28　$\phi=0.7,V_{in}=3.0$ m/s 时,不同稳焰板长度的燃烧室入口附近的竖直速度场与火焰锋面的叠合图

(a)$L_b=0.5$ mm;(b)$L_b=1.0$ mm;(c)$L_b=2.0$ mm

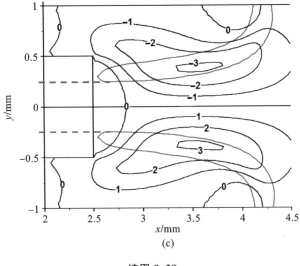

(c)

续图 9.28

9.3　本章小结

本章介绍了两种基于热循环和回流区的复合稳焰技术,即带钝体的瑞士卷燃烧器和有预热通道与稳焰板的燃烧器。通过数值模拟研究了这两种燃烧器内甲烷火焰的稳定性,并分析了各自的稳焰机理。具体结论如下。

(1) 在瑞士卷燃烧器的中心安装一个钝体,不仅在其后面形成了回流区,同时对气流起到整流作用,使得通道内的速度场更加对称。此外,安装钝体还可以削弱拐弯处的离心力效应,使得火焰不至于受到强烈拉伸效应而局部熄火,从而增大了瑞士卷燃烧器的火焰吹熄极限。

(2) 对于有预热通道和稳焰板的燃烧器来说,高速下两侧火焰在某处发生合并,并受到强烈的拉伸效应,导致了火焰在该处发生局部熄火,即出现"夹断现象",然后造成整个火焰被吹熄。稳焰板的长度能改变局部流场的速度方向,对火焰因发生夹断现象而吹熄有较大的影响。

(3) 固体材料的热物性对两种燃烧器火焰吹熄极限的影响不太相同,这也反映了具有复合稳焰技术的微燃烧器的传热过程非常复杂。具体来说,对带钝体的瑞士卷燃烧器来说,表面散热损失对火焰吹熄极限的影响最大,而对有预热通道和稳焰板的燃烧器来说,热循环效应的强弱对火焰稳定性至关重要。

参 考 文 献

[1] FERNANDEZ-PELLO A C. Micro power generation using combustion: Issues and approaches[J]. Proceedings of the Combustion Institute, 2002, 29 (1):883-899.

[2] JU Y, MARUTA K. Microscale combustion: Technology development and fundamental research[J]. Progress in Energy and Combustion Science, 2011, 37(6):669-715.

[3] MARUTA K. Micro and mesoscale combustion[J]. Progress in Energy and Combustion Science, 2011, 33(1):125-150.

[4] WALTHER D C, AHN J. Advances and challenges in the development of power-generation systems at small scales[J]. Progress in Energy and Combustion Science, 2011, 37(5):583-610.

[5] KAISARE N S, VLACHOS D G. A review on microcombustion: Fundamentals, devices and applications[J]. Progress in Energy and Combustion Science, 2012, 38(3):321-359.

[6] DUNN-RANKIN D, LEAL E M, WALTHER D C. Personal power systems [J]. Progress in Energy and Combustion Science, 2005, 31(5-6):422-465.

[7] CHOU S K, YANG W M, CHUA K J, et al. Development of micro power generators—a review[J]. Applied Energy, 2011, 88(1):1-16.

[8] CHIA L C, FENG B. The development of a micropower (micro-thermophotovoltaic) device[J]. Journal of Power Sources, 2007, 165 (1): 455-480.

[9] SHIRSAT V, GUPTA A K. A review of progress in heat recirculating meso-scale combustors[J]. Applied Energy, 2011, 88(12):4294-4309.

[10] SPALDING D B. A theory of inflammability limits and flame-quenching [J]. Proceedings of the Royal Society of London, 1957, 240(1220):83-100.

[11] WILLIAMS F A. Combustion Theory [M]. 2nd ed. Menlo Park: The Benjamin/Cummings Publishing Company, 1985.

[12] BALLAL D R, LEFEBVRE A H. Weak extinction limits of turbulent flowing mixtures[J]. Journal of Engineering for Power, 1979, 101 (3): 343-348.

[13] DODDS W J, BAHR D W. Combustion system design, In: Design of modern gas turbine combustors [M]. Massachusetts: Academic Press Limited,1990.

[14] ZELDOVICH Y B, BARENBLATT G I, LIBROVICH V B, et al. Mathematical Theory of Combustion and Explosion [M]. New York: Consultants Bureau,1985.

[15] ZAMASCHIKOV V V. Combustion of gases in thin-walled small-diameter tubes[J]. Combustion, Explosion, and Shock Waves,1995,31(1):20-22.

[16] DAVY H. Some researches on flame[J]. Philosophical Transactions of the Royal Society of London,1817:45-76.

[17] TURNS S R. An introduction to combustion[M]. 2nd ed. New York: Mc GRAW-Hill,2000.

[18] EPSTEIN A H, SENTURIA S D, AL-MIDANI U, et al. Micro-heat engines, gas turbines and rocket engines—the MIT microengine project [C]//Proceeding of the Twenty-Eighth AIAA Fluid Dynamics Conference. 1997.

[19] EPSTEIN A H, SENTURIA S D, ANATHASURESH G, et al. Power MEMS and microengines[C]//Proceedings of International Solid, State Sensors and Actuators conference, (Transducers' 97). IEEE 1997, 2: 753-756.

[20] MEHRA A, WAITZ I A. Development of a hydrogen combustor for a microfabricated gas turbine engine[C]//Solid State Sensor and Actuator Workshop. Hilton Head Island,1998.

[21] WAN J L, FAN A W, MARTA K, et al. Experimental and numerical investigation on combustion characteristics of premixed hydrogen/air flame in a micro-combustor with a bluff body [J]. International Journal of Hydrogen Energy,2012,37(24):19190-19197.

[22] WAN J L, FAN A W, LIU Y, et al. Experimental investigation and numerical analysis on flame stabilization of CH_4/air mixture in a mesoscale channel with wall cavities [J]. Combustion and Flame, 2015, 162 (4): 1035-1045.

[23] LI L H, YANG W, FAN A W. Effect of the cavity aft ramp angle on combustion efficiency of lean hydrogen/air flames in a micro cavity-combustor[J]. International Journal of Hydrogen Energy,2019,44(11): 5623-5632.

[24] WAN J L, FAN A W, YAO H. Effect of the length of a plate flame holder

on the flame blowout limit in a micro-combustor with preheating channels [J]. Combustion and Flame,2016,170:53-62.

[25] LAW C K. Combustion physics[M]. Cambridge: Cambridge University Press,2010.

[26] YUAN Z L, FAN A W. The effects of aspect ratio on CH_4/air flame stability in rectangular mesoscale combustors[J]. Journal of the Energy Institute,2020,93(2):792-801.

[27] WAN J L, YANG W, FAN A W, et al. A numerical investigation on combustion characteristics of H_2/air mixture in a micro-combustor with wall cavities[J]. International Journal of Hydrogen Energy,2014,39(15): 8138-8145.

[28] MARUTA K, PARC J K, OH K C, et al. Characteristics of microscale combustion in a narrow heated channel[J]. Combustion, Explosion and Shock Waves,2004,40:516-523.

[29] MARUTA K, KATAOKA T, KIM N I, et al. Characteristics of combustion in a narrow channel with a temperature gradient[J]. Proceedings of the Combustion Institute,2005,30(2):2429-2436.

[30] MINAEV S, MARUTA K, FURSENKO R. Nonlinear dynamics of flame in a narrow channel with a temperature gradient[J]. Combustion Theory and Modeling,2007,11(2):187-203.

[31] FAN A W, MINEV S, SERESHCHENKO E, et al. Dynamic behavior of splitting flames in a heated channel[J]. Combustion, Explosion and Shock Waves,2009,45:245-250.

[32] MINEV S, SERESHCHENKO E, FURSENKO R, et al. Splitting flames in a narrow channel with a temperature gradient in the walls [J]. Combustion, Explosion and Shock Waves,2009,45:119-125.

[33] NAKAMURA H, FAN A W, MINEV S, et al. Bifurcations and negative propagation speeds of methane/air premixed flames with repetitive extinction and ignition in a heated microchannel[J]. Combustion and Flame,2012,159(4):1631-1643.

[34] WANG S X, FAN A W. Numerical investigation of CH_4/H_2/air flame bifurcations in a micro flow reactor with controlled wall temperature profile[J]. Combustion and Flame,2022,241:112070.

[35] WANG S X, FAN A W. Effect of CO-to-H_2 ratio on syngas flame behaviors in a micro flow reactor with controlled wall temperature gradient [J]. Fuel,2023,331:125959.

[36] WANG S X, FAN A W. Combustion regimes of syngas flame in a micro flow reactor with controlled temperature profile: A numerical study[J]. Combustion and Flame, 2021, 230: 111457.

[37] PIZZA G, FROUZAKIS C E, MANTZARAS J, et al. Dynamics of premixed hydrogen/air flames in microchannels [J]. Combustion and Flame, 2008, 152(3): 433-450.

[38] KURDYUMOV V N, PIZZA G, FROUZAKIS C E, et al. Dynamics of premixed flames in a narrow channel with a step-wise wall temperature [J]. Combustion and Flame, 2009, 156(11): 2190-2200.

[39] AILIPOOR A, MAZHERI K, POUR A S, et al. Asymmetric hydrogen flame in a heated micro-channel: role of Darrieus-Landau and thermal-diffusive instabilities[J]. International Journal of Hydrogen Energy, 2016, 41(44): 20407-20417.

[40] KURDYUMOV V N. Lewis number effect on the propagation of premixed flames in narrow adiabatic channels: Symmetric and non-symmetric flames and their linear stability analysis[J]. Combustion and Flame, 2011, 158(7): 1307-1317.

[41] KUMAR S, MARUTA K, MINAEV S. Pattern formation of flames in radial microchannels with lean methane-air mixtures[J]. Physical Review E, 2007, 75(1): 016208.

[42] KUMAR S, MARUTA K, MINAEV S. On the formation of multiple rotating Pelton-like flame structures in radial microchannels with lean methane—air mixtures[J]. Proceedings of the Combustion Institute, 2007, 31(2): 3261-3268.

[43] KUMAR S, MARUTA K, MINAEV S. Experimental investigations on the combustion behavior of methane—air mixtures in a micro-scale radial combustor configuration[J]. Journal of Micromechanics and Microengineering, 2007, 17(5): 900-908.

[44] KUMAR S, MARUTA K, MINAEV S. Appearance of target pattern and spiral flames in radial microchannels with CH_4-air mixtures[J]. Physics of Fluids, 2008, 20(2): 024101.

[45] FAN A W, MINAEV S, KUMAR S, et al. Regime diagrams and characteristics of flame patterns in radial microchannels with temperature gradients[J]. Combustion and Flame, 2008, 153(3): 479-489.

[46] FAN A W, MINAEV S, KUMAR S, et al. Experimental study on flame pattern formation and combustion completeness in a radial microchannel

[J]. Journal of Micromechanics and Microengineering, 2007, 17 (2):
2398-2406.

[47] FAN A W, MINAEV S, SERESHCHENKO E, et al. Experimental and numerical investigations of flame pattern formation in a radial microchannel[J]. Proceedings of the Combustion Institute, 2009, 32(2):3059-3066.

[48] MINAEV S, FURSENKO R, SERESHCHENKO E, et al. Oscillating and rotating flame patterns in radial microchannels[J]. Proceedings of the Combustion Institute, 2013, 34(2):3427-3434.

[49] FAN A W, MARUTA K, NAKAMURA H, et al. Experimental investigation of flame pattern transitions in a heated radial microchannel [J]. Applied Thermal Engineering, 2012, 47:111-118.

[50] FAN A W, MARUTA K, NAKAMURA H, et al. Experimental investigation on flame pattern formations of DME-air mixtures in a radial microchannel[J]. Combustion and Flame, 2010, 157(9):1637-1642.

[51] CURRAN H J, FISCHER S L, DRYER F L. The reaction kinetics of dimethyl ether. II: low-temperature oxidation in flow reactors [J]. International Journal of Chemical Kinetics, 2000, 32(12):741-759.

[52] OSHIBE H, NAKAMURA H, TEZUKA T, et al. Stabilized three-stage oxidation of DME/air mixture in a micro flow reactor with a controlled temperature profile[J] Combustion and Flame, 2010, 157(8):1572-1580.

[53] XU B, JU Y G. Experimental study of spinning combustion in a mesoscale divergent channel[J]. Proceedings of the Combustion Institute, 2007, 31 (2):3285-3292.

[54] TAYWADE U W, Deshpande A A, Kumar S. Thermal performance of a micro combustor with heat recirculation[J]. Fuel Processing Technology, 2013, 109:179-188.

[55] RICHECOEUR F, KYRITSIS D C. Experimental study of flame stabilization in low Reynolds and Dean number flows in curved mesoscale ducts [J]. Proceedings of the Combustion Institute, 2005, 30 (2):
2419-2427.

[56] XIANG Y, YUAN Z L, WANG S X, et al. Effects of flow rate and fuel/air ratio on propagation behaviors of diffusion H_2/air flames in a micro combustor[J]. Energy, 2019, 179:315-322.

[57] XIANG Y, WANG S X, YUAN Z L, et al. Effects of channel length on propagation behaviors of non-premixed H_2-air flames in Y-shaped micro combustors[J]. International Journal of Hydrogen Energy, 2020, 45 (39):

20449-20457.

[58] XIANG Y, FAN A W. A numerical study on diffusion H_2/air flames in Y-shaped mesoscale combustors[J]. Fuel, 2020, 275:117935.

[59] MIESSE C M, MASEL RI, JENSEN C D, et al. Submillimeter-scale combustion[J]. AIChE Journal, 2004, 50(12):3206-3214.

[60] MIESSE C, MASEL R, SHORT M, et al. Diffusion flame instabilities in a 0.75 mm non-premixed microburner[J]. Proceedings of the Combustion Institute, 2005, 30(2):2499-2507.

[61] MIESSE C, MASEL R, SHORT M, et al. Experimental observations of methane-oxygen diffusion flame structure in a sub-millimeter microburner [J]. Combustion Theory and Modeling, 2005, 9(1):77-92.

[62] XIANG Y, ZHAO M, HUANG H, et al. Experimental investigation on the scale effects on diffusion H_2/air flames in Y-shaped micro-combustors[J]. International Journal of Hydrogen Energy, 2019, 44(57):30462-30471.

[63] XU B, JU Y G. Experimental studies of flame street in a mesoscale channel [C]//5th US Combustion Meeting. Combustion Institute, 2007:3725-3728.

[64] XU B, JU Y G. Studies on non-premixed flame streets in a mesoscale channel [J]. Proceedings of the Combustion Institute, 2009, 32 (1): 1375-1382.

[65] MOHAN S, MATALON M. Diffusion flames and diffusion flame-streets in three dimensional micro-channels[J]. Combustion and Flame, 2017, 177: 155-170.

[66] KANG X, SUN B W, WANG J Y, et al. A numerical investigation on the thermo-chemical structures of methane-oxygen diffusion flame-streets in a microchannel[J]. Combustion and Flame, 2019, 206:266-281.

[67] SUN B W, KANG X, WANG Y. Numerical investigations on the methane-oxygen diffusion flame street phenomena in a microchannel: Effects of wall temperatures, inflow rates and global equivalence ratios on flame behaviors and combustion performances[J]. Energy, 2020, 207:118194.

[68] KANG X, WANG Y. Transient process of methane-oxygen diffusion flame-street establishment in a microchannel [J]. Frontiers in Energy, 2023, 16(4):988-999.

[69] WAN J L, FAN A W. Recent progress in flame stabilization technologies for combustion-based micro energy and power systems[J]. Fuel, 2021, 286:119391.

[70] WAN J L, FAN A W, LIU Y, et al. The effect of the blockage ratio on the blow-off limit of a hydrogen/air flame in a planar micro-combustor with a

bluff body[J]. International Journal of Hydrogen Energy,2013,38(26):
11438-11445.

[71] FAN A W,WAN J L,LIU Y,et al. Effect of bluff body shape on the blow-
off limit of hydrogen/air flame in a planar micro-combustor[J]. Applied
Thermal Engineering,2014,62(1):13-19.

[72] WAN J L,FAN A W,YAO H,et al. Experimental investigation and
numerical analysis on the blow-off limits of premixed CH_4/air flames in a
mesoscale bluff-body combustor[J]. Energy,2016,113:193-203.

[73] ZHANG L,ZHU J C,YAN Y F,et al. Numerical investigation on the
combustion characteristics of methane/air in a micro-combustor with a
hollow hemispherical bluff body[J]. Energy Conversion and Management,
2015,94:293-299.

[74] NIU J T,RAN J Y,Li L Y,et al. Effects of trapezoidal bluff bodies on
blow out limit of methane/air combustion in a micro-channel[J]. Applied
Thermal Engineering,2016,95:454-461.

[75] YAN Y F, YAN H, ZHANG L, et al. Numerical investigation on
combustion characteristics of methane/air in a micro-combustor with a
regular triangular pyramid bluff body [J]. International Journal of
Hydrogen Energy,2018,43(15):7581-7590.

[76] PAN J,ZHANG C,PAN Z,et al. Investigation on the effect of bluff body
ball on the combustion characteristics for methane/oxygen in micro
combustor[J]. Energy,2020,190:116465.

[77] PAN J,ZHU J,Liu Q,et al. Effect of micro-pin-fin arrays on the heat
transfer and combustion characteristics in the micro-combustor [J].
International Journal of Hydrogen Energy,2017,42(36):23207-23217.

[78] TANG A,DENG J,XU Y,et al. Experimental and numerical study of
premixed propane/air combustion in the micro-planar combustor with a
cross-plate insert[J]. Applied Thermal Engineering,2018,136:177-184.

[79] WAN J L,SHANG C,ZHAO H. Dynamics of methane/air premixed flame
in a meso-scale diverging combustor with/without a cylindrical flame
holder[J]. Fuel,2018,232:659-665.

[80] WAN J L,SHANG C,ZHAO H. Anchoring mechanisms of methane/air
premixed flame in a mesoscale diverging combustor with cylindrical flame
holder[J]. Fuel,2018,232:591-599.

[81] WAN J L,ZHAO H. Effect of conjugate heat exchange of flame holder on
laminar premixed flame stabilization in a meso-scale diverging combustor

[J]. Energy,2020,198:117294.

[82] BAGHERI G,HOSSEINI S E,WAHID M A. Effects of bluff body shape on the flame stability in premixed micro-combustion of hydrogen—air mixture[J]. Applied Thermal Engineering,2014,67(1-2):266-272.

[83] FAN A W, WAN J L, MARUTA K, et al. Interactions between heat transfer,flow field and flame stabilization in a micro-combustor with a bluff body[J]. International Journal of Heat and Mass Transfer,2013,66:72-79.

[84] MICHAELS D,GHONIEM A F. Impact of the bluff-body material on the flame leading edge structure and flame-flow interaction of premixed $CH_4/$ air flames[J]. Combustion and Flame,2016,172:62-78.

[85] WAN J L,FAN A W. Effect of channel gap distance on the flame blow-off limit in mesoscale channels with cavities for premixed CH_4/air flames[J]. Chemical Engineering Science,2015,132:99-107.

[86] WAN J L,FAN A W,YAO H,et al. A non-monotonic variation of blow-off limit of premixed CH_4/air flames in mesoscale cavity-combustors with different thermal conductivities[J]. Fuel,2015,159:1-6.

[87] WAN J L,FAN A W,YAO H,et al. Effect of pressure on the blow-off limits of premixed CH_4/air flames in a mesoscale cavity-combustor[J]. Energy,2015,91:102-109.

[88] WAN J L, FAN A W, YAO H, et al. Flame-anchoring mechanisms of a micro cavity-combustor for premixed H_2/air flame [J]. Chemical Engineering Journal,2015,275:17-26.

[89] SU Y,SONG J L,CHAI J L,et al. Numerical investigation of a novel micro combustor with double cavity for micro-thermophotovoltaic system[J]. Energy Conversion and Management,2015,106:173-180.

[90] PENG Q G,E J Q,ZHANG Z Q,et al. Investigation on the effects of front-cavity on flame location and thermal performance of a cylindrical micro combustor[J]. Applied Thermal Engineering,2018,130:541-551.

[91] YANG W M, CHOU S K, SHU C, et al. Development of microthermophotovoltaic system[J]. Applied Physics Letters, 2002, 81 (27):5255-5257.

[92] KHANDELWAL B,DESHPANDE A A,KUMAR S. Experimental studies on flame stabilization in a three step rearward facing configuration based micro channel combustor[J]. Applied Thermal Engineering,2013(1-2),58 (1-2):363-368.

[93] E J Q, ZUO W, LIU X L, et al. Effects of inlet pressure on wall temperature and exergy efficiency of the micro-cylindrical combustor with a step[J]. Applied Energy,2016,175:337-345.

[94] E J Q, ZUO W, LIU H J, et al. Field synergy analysis of the micro-cylindrical combustor with a step[J]. Applied Thermal Engineering,2016, 93:83-89.

[95] PENG Q G, WU Y, E J Q, et al. Combustion characteristics and thermal performance of premixed hydrogen-air in a two-rearward-step micro tube [J]. Applied Energy,2019,242:424-438.

[96] ZUO W, E J Q, LIU X L, et al. Orthogonal experimental design and fuzzy grey relational analysis for emitter efficiency of the micro-cylindrical combustor with a step [J]. Applied Thermal Engineering, 2016, 103: 945-951.

[97] AKRAM M, KUMAR S. Experimental studies on dynamics of methane-air premixed flame in meso-scale diverging channels [J]. Combustion and Flame,2011,158(5):915-924.

[98] KHANDELWAL B, KUMAR S. Experimental investigations on flame stabilization behavior in a diverging micro channel with premixed methane-air mixtures [J]. Applied Thermal Engineering, 2010, 30 (17-18): 2718-2723.

[99] KUMAR S. Numerical studies on flame stabilization behavior of premixed methane-air mixtures in diverging mesoscale channels [J]. Combustion Science and Technology,2011,183(8):779-801.

[100] YANG X, YANG W M, DONG S K, et al. Flame stability analysis of premixed hydrogen/air mixtures in a swirl micro-combustor[J]. Energy, 2020,209:118495.

[101] YANG X, LI M H, YIN Z Y, et al. Effect of swirler vane angle on the combustion characteristics of premixed lean hydrogen-air mixture in a swirl micro-combustor[J]. Chemical Engineering and Processing:Process Intensification,2023,183:109238.

[102] NORTON D G, VLACHOS D G. Combustion characteristics and flame stability at the microscale:a CFD study of premixed methane/air mixtures [J]. Chemical Engineering Science,2003,58(21):4871-4882.

[103] NORTON D G, VLACHOS D G. A CFD study of propane/air microflame stability[J]. Combustion and Flame,2004,138(1-2):97-107.

[104] VEERARAGAVAN A, CADOU C. Flame speed predictions in planar

micro/mesoscale combustors with conjugate heat transfer[J]. Combustion and Flame,2011,158(11):2178-2187.

[105] LEE D K,MARUTA K. Heat recirculation effects on flame,propagation and flame structure in a mesoscale tube[J]. Combustion Theory and Modeling,2012,16(3):507-536.

[106] WATSON G M G,BERGTHORSON J M. The effect of chemical energy release on heat transfer from flames in small channels[J]. Combustion and Flame,2012,159(3):1239-1252.

[107] GAUTHIER G P, WATSON G M G, BERGTHORSON J M. Burning rates and temperatures of flames in excess-enthalpy combustors: A numerical study of flame propagation in small heat-recirculating tubes [J]. Combustion and Flame,2014,161(9):2348-2360.

[108] KANG X, VEERARAGAVAN A. Experimental investigation of flame stability limits of a mesoscale combustor with thermally orthotropic walls [J]. Applied Thermal Engineering,2015,85:234-242.

[109] VEERARAGAVAN A. On flame propagation in narrow channels with enhanced wall thermal conduction[J]. Energy,2015,93:631-640.

[110] FAN A W,LI L H,YANG W,et al. Comparison of combustion efficiency between micro combustors with single-and double-layered walls: A numerical study [J]. Chemical Engineering and Processing-Process Intensification,2019,137:39-47.

[111] ZHANG Y, PAN J F, ZHU Y J, et al. The effect of embedded high thermal conductivity material on combustion performance of catalytic micro combustor[J]. Energy Conversion and Management,2018,174:730-738.

[112] RONNEY P D. Analysis of non-adiabatic heat-recirculating combustors [J]. Combustion and Flame,2003,135(4):421-439.

[113] CHEN M,BUCKMASTER J. Modelling of combustion and heat transfer in Swiss roll micro-scale combustors [J]. Combustion Theory and Modeling,2004,8(4):701-720.

[114] KIM N I,KATO S,KATAOKA T,et al. Flame stabilization and emission of small Swiss-roll combustors as heaters[J]. Combustion and Flame,2005,141(3):229-240.

[115] KIM N I,AIZUMI S,YOKOMORI T,et al. Development and scale effects of small Swiss-roll combustors [J]. Proceedings of the Combustion Institute,2007,31(2):3243-3250.

[116] KUO C H，RONNEY P D. Numerical modeling of non-adiabatic heat-recirculating combustors[J]. Proceedings of the Combustion Institute，2007,31(2):3277-3284.

[117] TSAI B J，WANG Y L. A novel Swiss-Roll recuperator for the microturbine engine[J]. Applied Thermal Engineering，2009,29(2-3):216-223.

[118] SHIH H Y，HUANG Y C. Thermal design and model analysis of the Swiss-roll recuperator for an innovative micro gas turbine[J]. Applied Thermal Engineering,2009,29(8-9):1493-1499.

[119] ZHONG B J，WANG J H. Experimental study on premixed CH_4/air mixture combustion in micro Swiss-roll combustors[J]. Combustion and Flame,2010,157(12):2222-2229.

[120] VIJAYAN V,GUPTA A K. Combustion and heat transfer at meso-scale with thermal recuperation[J]. Applied Energy,2010,87(8):2628-2639.

[121] CHEN C H，RONNEY P D. Three-dimensional effects in counterflow heat-recirculating combustors [J]. Proceedings of the Combustion Institute,2011,33(2):3285-3291.

[122] CHEN C H，RONNEY P D. Scale and geometry effects on heat-recirculating combustors[J]. Combustion Theory and Modeling,2013,17(5):888-905.

[123] JU Y G，CHOI C W. An analysis of sub-limit flame dynamics using opposite propagating flames in mesoscale channels[J]. Combustion and Flame,2003,133(4):483-493.

[124] YANG W M,CHOU S K,CHUA K J,et al. An advanced micro modular combustor-radiator with heat recuperation for micro-TPV system application[J]. Applied Energy,2012,97:749-753.

[125] LI J W,HUANG J H,CHEN X J,et al. Effects of heat recirculation on combustion characteristics of n-heptane in micro combustors[J]. Applied Thermal Engineering,2016,109:697-708.

[126] TANG A K，CAI T，DENG J, et al. Experimental investigation on combustion characteristics of premixed propane/air in a micro-planar heat recirculation combustor[J]. Energy Conversion and Management,2017,152:65-71.

[127] TANG A K,CAI T，HUANG Q H,et al. Numerical study on energy conversion performance of micro thermophotovoltaic system adopting a heat recirculation micro-combustor [J]. Fuel Processing Technology,

2018,180:23-31.

[128] ZUO W, E J, LIN R. Numerical investigations on an improved counterflow double-channel micro combustor fueled with hydrogen for enhancing thermal performance[J]. Energy Conversion and Management, 2018,159:163-174.

[129] JIANG L Q, ZHAO D Q, WANG X H, et al. Development of a self-thermal insulation miniature combustor [J]. Energy Conversion and Management,2009,50(5):1308-1313.

[130] JIANG L Q, ZHAO D Q, GUO C M. Experimental study of a plat-flame micro combustor burning DME for thermoelectric power generation[J]. Energy Conversion and Management,2011,52(1):596-602.

[131] JIANG L Q, ZHAO D Q, YAMASHITA H. Study on a lower heat loss micro gas turbine combustor with porous inlet[J]. Combustion Science and Technology,2015,187(9):1376-1391.

[132] YANG W M, CHOU S K, CHUA K J, et al. Research on modular micro combustor-radiator with and without porous media [J]. Chemical Engineering Journal,2011,168(2):799-802.

[133] KANG X, VEERARAGAVAN A. Experimental demonstration of a novel approach to increase power conversion potential of a hydrocarbon fuelled, portable, thermophotovoltaic system [J]. Energy Conversion and Management,2017,133:127-137.

[134] PAN J F, WU D, LIU Y X, et al. Hydrogen/oxygen premixed combustion characteristics in micro porous media combustor[J]. Applied Energy, 2015,160:802-807.

[135] LI J, WANG Y T, SHI J R, et al. Dynamic behaviors of premixed hydrogen-air flames in a planar micro-combustor filled with porous medium[J]. Fuel,2015,145:70-78.

[136] LI J, WANG Y T, CHEN J X, et al. Experimental study on standing wave regimes of premixed H_2—air combustion in planar micro-combustors partially filled with porous medium[J]. Fuel,2016,167:98-105.

[137] LI Q, LI J, SHI J, et al. Effects of heat transfer on flame stability limits in a planar micro-combustor partially filled with porous medium [J]. Proceedings of the Combustion Institute,2019,37(4):5645-5654.

[138] LI J, LI Q, WANG Y T, et al. Fundamental flame characteristics of premixed H_2-air combustion in a planar porous micro-combustor[J]. Chemical Engineering Journal,2016,283:1187-1196.

［139］ LI J,LI Q,SHI J,et al. Numerical study on heat recirculation in a porous micro-combustor[J]. Combustion and Flame,2016,171:152-161.

［140］ WANG W,ZUO Z,LIU J. Experimental study and numerical analysis of the scaling effect on the flame stabilization of propane/air mixture in the micro-scale porous combustor[J]. Energy,2019,174:509-518.

［141］ WANG W,ZUO Z,LIU J. Numerical study of the premixed propane/air flame characteristics in a partially filled micro porous combustor［J］. Energy,2019,167:902-911.

［142］ YANG G,FAN A. Experimental study on combustion characteristics of n-C4H10/air mixtures in a meso-scale tube partially filled with wire mesh [J]. Fuel,2022,319:123783.

［143］ YANG H L,MINAEV S,GEYNCE E,et al. Filtration combustion of methane in high-porosity micro-fibrous media[J]. Combustion Science and Technology,2009,181(4):654-669.

［144］ FURSENKO R,MINAEV S,MARUTA K,et al. Characteristic regimes in premixed gas combustion in high-porosity micro-fibrous porous media [J]. Combustion Theory and Modeling,2010,14(4):571-581.

［145］ LIU Y,FAN A W,YAO H,et al. Numerical investigation of filtration gas combustion in a mesoscale combustor filled with inert fibrous porous medium[J]. International Journal of Heat and Mass Transfer,2015,91:18-26.

［146］ LIU Y,FAN A W,YAO H,et al. A numerical investigation on the effect of wall thermal conductivity on flame stability and combustion efficiency in a mesoscale channel filled with fibrous porous medium[J]. Applied Thermal Engineering,2016,101:239-246.

［147］ LIU Y, NING D G, AN A W, et al. Experimental and numerical investigations on flame stability of methane/air mixtures in mesoscale combustors filled with fibrous porous media[J]. Energy Conversion and Management,2016,123:402-409.

［148］ NING D G,LIU Y,XIANG Y,et al. Experimental investigation on non-premixed methane/air combustion in Y-shaped meso-scale combustors with/without fibrous porous media ［J］. Energy Conversion and Management,2017,138:22-29.

［149］ MARUTA K, TAKEDA K, AHN J. Extinction limits of catalytic combustion in microchannels ［J］. Proceedings of the Combustion Institute,2002,29(1):957-963.

[150] CHEN J J, LIU B F, GAO X H, et al. Experimental and numerical investigation of hetero-/homogeneous combustion-based HCCI of methane-air mixtures in free-piston microengines[J]. Energy Conversion and Management, 2016, 119: 227-238.

[151] CHEN J J, YAN L F, SONG W Y. Study on catalytic combustion characteristics of the micro-engine with detailed chemical kinetic model of methane-air mixture[J]. Combustion Science and Technology, 2015, 187 (4): 505-524.

[152] SITZKI L, BORER K, SCHUSTER E, et al. Combustion in microscale heat-recirculating burners [C]//Proceedings of the Third Asia-Pacific Conference on Combustion. 2001.

[153] PIZZA G, MANTZARAS J, FROUZAKIS C E, et al. Suppression of combustion instabilities of premixed hydrogen/air flames in micro channels using heterogeneous reactions [J]. Proceedings of the Combustion Institute, 2009, 32(2): 3051-3058.

[154] CHEN J J, SONG W Y, GAO X H, et al. Hetero-/homogeneous combustion and flame stability of fuel-lean propane—air mixtures over platinum in catalytic micro-combustors[J]. Applied Thermal Engineering, 2016, 100: 932-943.

[155] PAN J F, ZHANG R, LU Q B, et al. Experimental study on premixed methane-air catalytic combustion in rectangular micro channel [J]. Applied Thermal Engineering, 2017, 117: 1-7.

[156] PAN J F, MIAO N, LU Z, et al. Zhang, Experimental and numerical study on the transition conditions and influencing factors of hetero-/homogeneous reaction for H_2/air mixture in micro catalytic combustor [J]. Applied Thermal Engineering, 2019, 154: 120-130.

[157] CHEN G B, CHAO Y C, CHEN C P. Enhancement of hydrogen reaction in a micro-channel by catalyst segmentation[J]. International Journal of Hydrogen Energy, 2008, 33(10): 2586-2595.

[158] WANG S, LI L, FAN A. Suppression of flame instability by a short catalytic segment on the wall of a micro channel with a prescribed wall temperature profile[J]. Fuel, 2018, 234: 1329-1336.

[159] WANG S, LI L, XIA Y, et al. Effect of a catalytic segment on flame stability in a micro combustor with controlled wall temperature profile [J]. Energy, 2018, 165: 522-531.

[160] YANG W, WANG Y, ZHOU J, et al. Simulation of hetero/homogeneous combustion characteristics of CH_4/air in a half packed-bed catalytic

combustor[J]. Chemical Engineering Science,2020,211:115247.

[161] ZHANG X, YANG W, ZHU X Y, et al. Combustion characteristics change induced by n-decane catalytic reactions and its effects on the coupled combustion occurrence[J]. Fuel Processing Technology, 2021, 220:106894.

[162] ZHANG X, YANG W, SHI P S, et al. Heterogeneous reaction and homogeneous reaction coupled combustion process and mechanism of n-decane on partially packed bed combustor [J]. Chemical Engineering Science,2022,251:117437.

[163] SPADACCINI C M,PECK J,WAITZ I A. Catalytic combustion systems for micro-scale gas turbine engines[C]//Turbo Expo:Power for Land, Sea and Air. 2005,4725:259-274.

[164] ZADE A Q, RENKSIZBULUT M, FRIEDMAN J. Contribution of homogeneous reactions to hydrogen oxidation in catalytic microchannels [J]. Combustion and Flame,2012,159(2):784-792.

[165] WANG Y F, YANG W J, ZHOU J H, et al. Heterogeneous reaction characteristics and their effects on homogeneous combustion of methane-air mixture in micro channels I. Thermal analysis[J]. Fuel, 2018, 234: 20-29.

[166] WANG Y F, YANG W J, ZHOU J H, et al. Heterogeneous reaction characteristics and its effects on homogeneous combustion of methane-air mixture in microchannels II. Chemical analysis [J]. Fuel, 2019, 235: 923-932.

[167] LI L H,WANG S X,ZHAO L,et al. A numerical investigation on non-premixed catalytic combustion of $CH_4/(O_2 + N_2)$ in a planar micro-combustor[J]. Fuel,2019,255:115823.

[168] LI L H, YANG G Y, FAN A W. Non-premixed combustion characteristics and thermal performance of a catalytic combustor for micro-thermophotovoltaic systems[J]. Energy,2021,214:11893.

[169] E J J,CAI L,LI J T,et al. Effects analysis on the catalytic combustion and heat transfer performance enhancement of a non-premixed hydrogen/air micro combustor[J]. Fuel,2022,309:122125.

[170] KANG X,GOLLAN R J,JACOBS P A,et al. Suppression of instabilities in a premixed methane-air flame in a narrow channel via hydrogen/carbon monoxide addition[J]. Combustion and Flame,2016,173:266-275.

[171] WANG Y, WANG J, PAN J, et al. Effects of hydrogen-addition on the

FREI dynamics of methane/oxygen mixture in meso-scale reactor[J]. Fuel,2022,311:122506.

[172] TANG A K,XU Y M,J. F. PAN,et al. Combustion characteristics and performance evaluation of premixed methane/air with hydrogen addition in a micro-planar combustor[J]. Chemical Engineering Science,2015,131: 235-242.

[173] YAN Y F,PAN W,ZHANG L,et al. Numerical study on combustion characteristics of hydrogen addition into methane-air mixture [J]. International Journal of Hydrogen Energy,2013,38(30):13463-13470.

[174] YAN Y F,TANG W M,ZHANG L,et al. Numerical study of the effect of hydrogen addition fraction on catalytic micro-combustion characteristics of methane-air[J]. International Journal of Hydrogen Energy,2014,39 (4):1864-1873.

[175] GAO J,HOSSAIN A,NAKAMURA Y. Flame base structures of micro-jet hydrogen/methane diffusion flames[J]. Proceedings of the Combustion Institute,2017,36(3):4209-4216.

[176] HOU B,FAN A. A numerical study on the combustion limits of mesoscale methane jet flames with hydrogen addition[J]. International Journal of Hydrogen Energy,2022,47(71):30639-30652.

[177] HOU B,LI J,FAN A. Numerical study on the extinction dynamics of partially premixed meso-scale methane-air jet flames with hydrogen addition[J]. International Journal of Hydrogen Energy, 2022, 47(86): 36703-36715.

[178] BAIGMOHAMMADI M,TABEJAMAAT S,FARSIANI Y. An experimental study of methane—oxygen—carbon dioxide premixed flame dynamics in non-adiabatic cylindrical meso-scale reactors with the backward facing step[J]. Chemical Engineering and Processing-Process Intensification, 2015, 95: 105-123.

[179] BAIGMOHAMMADI M, TABEJAMAAT S, FARSIANI Y. Experimental study of the effects of geometrical parameters,Reynolds number and equivalence ratio on methane—oxygen premixed flame dynamics in non-adiabatic cylindrical meso-scale reactors with the backward facing step[J]. Chemical Engineering Science,2015,132:215-233.

[180] YANG W,FAN A. Effect of oxygen enrichment on combustion efficiency of lean $H_2/N_2/O_2$ flames in a micro cavity-combustor [J]. Chemical Engineering and Processing:Process Intensification,2018,127:50-57.

［181］ XIAO S，ZHANG Y，LU Q，et al. Numerical simulation and emission analysis of ammonia/oxygen premixed combustion process in micro-combustor with baffle［J］. Chemical Engineering and Processing：Process Intensification，2022，174：108871.

［182］ ZHANG Y，LU Q，FAN B，et al. Effect of intake method on ammonia/oxygen non-premixed combustion in the micro combustor with dual-inlet ［J］. Fuel，2022，317：123504.

［183］ JIANG C，PAN J，Yu H，ZHANG Y，et al. Effects of mixing ozone on combustion characteristics of premixed methane/oxygen in meso-scale channels［J］. Fuel，2022，312：122792.

［184］ FAN A，XIANG Y，YANG W，et al. Enhancement of hydrogen combustion efficiency by helium dilution in a micro-combustor with wall cavities［J］. Chemical Engineering ＆ Processing：Process Intensification 2018，130：201-207.

［185］ MALUSHTE M，KUMAR S. Flame dynamics in a stepped micro-combustor for non-adiabatic wall conditions［J］. Thermal Science and Engineering Progress，2019，13：100394.

［186］ YADAV S，YAMASANI P，KUMAR S. Experimental studies on a micro power generator using thermo-electric modules mounted on a micro-combustor［J］. Energy Conversion and Management，2015，99：1-7.

［187］ ARAVIND B，RAGHURAM G K S，KISHORE V R，et al. Compact design of planar stepped micro combustor for portable thermoelectric power generation［J］. Energy Conversion and Management，2018，156：224-234.

［188］ ARAVIND B，KHANDELWAL B，KUMAR S. Experimental investigations on a new high intensity dual microcombustor based thermoelectric micropower generator［J］. Applied Energy，2018，228：1173-1181.

［189］ ARAVIND B，KHANDELWAL B，RAMAKRISHNA P A，et al. Towards the development of a high power density，high efficiency，micro power generator［J］. Applied Energy，2020，261：114386.

［190］ FAN A W，ZHANG H，WAN J L. Numerical investigation on flame blow-off limit of a novel microscale Swiss-roll combustor with a bluff-body［J］. Energy，2017，123：252-259.

［191］ WAN J L，FAN A W. Effect of solid material on the blow-off limit of CH_4/air flames in a micro combustor with a plate flame holder and preheating channels［J］. Energy Conversion and Management，2015，101：

552-560.

[192] WAN J L,FAN A W,YAO H. Effect of the length of a plate flame holder on the flame blowout limit in a micro-combustor with preheating channels [J]. Combustion and Flame,2016,170:53-62.

[193] WAN J L, ZHAO H B. Experimental study on blow-off limit of a preheated and flame holder-stabilized laminar premixed flame [J]. Chemical Engineering Science,2020,223:115754.

[194] WAN J L,ZHAO H B. Flammability limit of methane-air nonpremixed mixture in a micro preheated combustor with a flame holder[J]. Chemical Engineering Science,2020,227:115974.

[195] MA L,XU H,WANG X T,et al. A novel flame-anchorage micro-combustor:Effects of flame holder shape and height on premixed CH_4/air flame blow-off limit[J]. Applied Thermal Engineering,2019,158:113836.

[196] MA L,FANG Q Y,ZHANG C,et al. A novel Swiss-roll micro-combustor with double combustion chambers:A numerical investigation on effect of solid material on premixed CH_4/air flame blow-off limit[J]. International Journal of Hydrogen Energy,2021,46(29):16116-16126.

[197] MA L, FANG Q Y, ZHANG C, et al. Influence of CH_4/air injection location on non-premixed flame blow-off limits in a novel micro-combustor[J]. International Journal of Hydrogen Energy,2022,47(9): 6323-6333.

[198] LI Y H, CHEN G B, HSU H W, et al. Enhancement of methane combustion in micro channels:Effects of catalyst segmentation and cavities[J]. Chemical Engineering Journal,2010,160(2):715-722.

[199] LI Y H,CHEN G B,WU F H,et al. Combustion characteristics in a small-scale reactor with catalyst segmentation and cavities [J]. Proceedings of the Combustion Institute,2013,34(2):2253-2259.

[200] LI Y H,CHEN G B,WU F H,et al. Effects of catalyst segmentation with cavities on combustion enhancement of blended fuels in a micro channel [J]. Combustion and Flame,2012,159(4):1644-1651.

[201] RAN J Y, LI L Y, DU X S, et al. Numerical investigations on characteristics of methane catalytic combustion in micro-channels with a concave or convex wall cavity[J]. Energy Conversion and Management, 2015,97:188-195.

[202] ZHANG P,RAN J Y,LI L Y,et al. Effects of convex cavity structure, position and number on conversion of methane catalytic combustion and

extinction limit in a micro-channel: A numerical study[J]. Chemical Engineering and Processing,2017,117:58-69.

[203] YAN Y, LIU Y, LI L, et al. Numerical comparison of H_2/air catalytic combustion characteristic of micro-combustors with a conventional, slotted or controllable slotted bluff body[J]. Energy,2019,189:116242.

[204] AHN J, EASTWOOD C, SITZKI L, et al. Gas-phase and catalytic combustion in heat-recirculating combustors[J]. Proceedings of the Combustion Institute,2005,30(2):2463-2472.

[205] ZHONG B J,YANG F,YANG Q T. Catalytic combustion of n-C_4H_{10} and DME in Swiss-roll combustor with porous ceramics[J]. Combustion Science and Technology,2012,184(5):573-584.

[206] YAN Y, WANG H, PAN W, et al. Numerical study of effect of wall parameters on catalytic combustion characteristics of CH_4/air in a heat recirculation micro-combustor[J]. Energy Conversion and Management, 2016,118:474-484.

[207] CHEN J J,GAO X H,YAN L F,et al. Effect of wall thermal conductivity on the stability of catalytic heat-recirculating micro-combustors[J]. Applied Thermal Engineering,2018,128:849-860.

[208] ZARVANDI J, TABEJAMAAT S, BAIGMOHAMMADI M. Numerical study of the effects of heat transfer methods on CH_4/($CH_4 + H_2$)-air premixed flames in a micro-stepped tube[J]. Energy,2012,44:396-409.

[209] ZHANG Y, ZHOU J, YANG W, et al. Effects of hydrogen addition on methane catalytic combustion in a microtube[J]. International Journal of Hydrogen Energy,2007,32(9):1286-1293.

[210] YAN Y F, TANG W M,ZHANG L, et al. Numerical simulation of the effect of hydrogen addition fraction on catalytic micro-combustion characteristics of methane-air[J]. International Journal of Hydrogen Energy,2014,39(4):1864-1873.

[211] YAN Y F,TANG W M,ZHANG L,et al. Thermal and chemical effects of hydrogen addition on catalytic micro-combustion of methane—air[J]. International Journal of Hydrogen Energy,2014,39(33):19204-19211.

[212] CHEN J J,GAO X H,XU D G. Kinetic effects of hydrogen addition on the catalytic self-ignition of methane over platinum in micro-channels[J]. Chemical Engineering Journal,2016,284:1028-1034.

[213] BAIGMOHAMMADI M, TABEJAMMAT S, ZARVANDI J. Numerical study of the behavior of methane-hydrogen/air premixed flame in a micro

reactor equipped with catalytic segmented bluff body[J]. Energy, 2015, 85:117-144.

[214] MALUSHTE M, VARGHESE R J, RAJ R, et al. Role of H_2/CO addition to flame instabilities and their control in a stepped microcombustor[J]. Combustion Science and Technology, 2021, 193(15):2704-2723.

[215] RAIMONDEAU S, NORTON D, VLACHOS D G, et al. Modeling of high-temperature microburners [J]. Proceedings of the Combustion Institute, 2002, 29(1):901-907.

[216] BAI B, CHEN Z, ZHANG H, et al. Flame propagation in a tube with wall quenching of radicals [J]. Combustion and Flame, 2013, 160 (12): 2810-2819.

[217] YANG H, FENG Y, WANG X, et al. OH-PLIF investigation of wall effects on the flame quenching in a slit burner[J]. Proceedings of the Combustion Institute, 2013, 34(2):3379-3386.

[218] SAIKI Y, SUZUKI Y. Effect of wall surface reaction on a methane-air premixed flame in narrow channels with different wall materials[J]. Proceedings of the Combustion Institute, 2013, 34(2):3395-3402.

[219] HUO J P, YANG H L, JIANG L Q, et al. A modeling study of the effect of surface reactions on methanol—air oxidation at low temperatures[J]. Combustion and Flame, 2016, 164:363-372.

[220] LI F, YANG H L, HUO J P, et al. Interactions between the flame and different coatings in a slit burner[J]. Fuel, 2019, 253:420-430.

[221] YANG H L, LI F, HUO J P, et al. Evaluation of the effects of coated walls on flame stability of C1-C3 alkane/air mixtures in a slit burner [C]//27th International Colloquium on the Dynamics of Explosions and Reactive Systems. 2019.

[222] LI F, YANG H L, ZENG X J, et al. Enhancing the flame stability in a slot burner using yttrium-doped zirconia coating[J]. Fuel, 2020, 262:116502.

[223] LI F, YANG H L, ZHANG J Q, et al. OH-PLIF investigation of Y_2O_3-ZrO_2 coating improving flame stability in a narrow channel[J]. Chemical Engineering Journal, 2021, 405:126708.

[224] LI F, YANG H L, YE Y, et al. One zirconia-based ceramic coating strategy of combustion stabilization for fuel-rich flames in a small-scale burner[J]. Fuel, 2022, 310:122306.

[225] LI F, YANG H L, WANG X H, et al. Effects of doping ceria on flame quenching in a narrow channel with zirconia-based functional coatings[J].

Chemical Engineering Journal,2022,446:137216.

[226] CHEN J,PENG X F,YANG Z L,et al. Characteristics of liquid ethanol diffusion flames from mini tube nozzles[J]. Combustion and Flame,2009, 156(2):460-466.

[227] ANDERSON E K, CARLUCCI A P, RISI A D, et al. Synopsis of experimentally determined effects of electrostatic charge on gasoline sprays[J]. Energy Conversion and Management,2007,48(11):2762-2768.

[228] ANDERSON E K,KYRITSIS D C,CARLUCCI A P,et al. Electrostatic effects on gasoline direct injection in atmospheric ambiance [J]. Atomization Sprays,2007,17(4):289-313.

[229] KYRITSIS D C, GUERRERO-ARIAS I, ROYCHOUDHURY S, et al. Mesoscale power generation by a catalytic combustor using electosprayed liquid hydrocarbons[J]. Proceedings of the Combustion Institute,2002,29 (1):965-972.

[230] KYRITSIS D C, ROYCHOUDHURY S, MCENALLY C S, et al. Mesoscale combustion: a first step towards liquid fueled batteries[J]. Experimental Thermal and Fluid Science,2004,28(7):763-770.

[231] KYRITSIS D C, CORITON B, FAURE F, et al. Optimization of a catalytic combustor using electrosprayed liquid hydrocarbons for mesoscale power generation[J]. Combustion and Flame,2004,139(1-2): 77-89.

[232] GOMEZ A,BERRY J J,ROYCHOUDHURY S,et al. From jet fuel to electric power using a mesoscale,efficient Stirling cycle[J]. Proceedings of the Combustion Institute,2007,31(2):3251-3259.

[233] DENG W W,KLEMIC J F,LI X H,et al. Liquid fuel microcombustor using microfabricated multiplexed electrospray sources[J]. Proceedings of the Combustion Institute,2007,31(2):2239-2246.

[234] WEINBERG F, CARLETON F, DUNN-RANKIN D. Electric field-controlled mesoscale burners[J]. Combustion and Flame,2008,152(1-2): 186-193.

[235] GAN Y H, LUO Z B, CHENG Y P, et al. The electro-spraying characteristics of ethanol for application in a small-scale combustor under combined electric field [J]. Applied Thermal Engineering, 2015, 87: 595-604.

[236] GAN Y H,LI H G,JIANG Z W,et al. An experimental investigation on the electrospray characteristics in a mesoscale system at different modes

[J]. Experimental Thermal and Fluid Science,2019,106:130-137.

[237] GAN Y H, TONG Y, JU Y G, et al. Experimental study on electro-spraying and combustion characteristics in meso-scale combustors[J]. Energy Conversion and Management,2017,131:10-17.

[238] LUO Y L,JIANG Z W,GAN Y H,et al. Evaporation and combustion characteristics of an ethanol fuel droplet in a DC electric field[J]. Journal of the Energy Institute,2021,98:216-222.

[239] JIANG Z W, GAN Y H,JU Y G, et al. Experimental study on the electrospray and combustion characteristics of biodiesel-ethanol blends in a meso-scale combustor[J]. Energy,2019,179:843-849.

[240] GAN Y H,XU J L,YAN YY,et al. A comparative study on free jet and confined jet diffusion flames of liquid ethanol from small nozzles[J]. Combustion Science and Technology,2014,186(2):120-138.

[241] GAN Y H,WANG M,LUO Y L,et al. Effects of direct-current electric fields on flame shape and combustion characteristics of ethanol in small scale[J]. Advances in Mechanical Engineering,2016,8(1):1-14.

[242] LUO Y L,GAN Y H,JIANG X. Investigation of the effect of DC electric field on a small ethanol diffusion flame[J]. Fuel,2017,188:621-627.

[243] GAN Y H,TONG Y,JIANG Z W,et al. Electro-spraying and catalytic combustion characteristics of ethanol in meso-scale combustors with steel and platinum meshes[J]. Energy Conversion and Management,2018,164: 410-416.

[244] GAN Y H,LUO Y L,WANG M,et al. Effect of alternating electric fields on the behaviour of small-scale laminar diffusion flames[J]. Applied Thermal Engineering,2015,89:306-315.

[245] LUO Y L,GAN Y H,XU J L,et al. Effects of electric field intensity and frequency of AC electric field on the small-scale ethanol diffusion flame behaviors[J]. Applied Thermal Engineering,2017,115:1330-1336.

[246] KHAN M A,GADGIL H,KUMAR S. Influence of liquid properties on atomization characteristics of flow-blurring injector at ultra-low flow rates[J]. Energy,2019,171:1-13.

[247] BAIGMOHAMMADI M, SADEGHI S S, TABEJAMAAT S, et al. Numerical study of the effects of wire insertion on CH_4/air pre-mixed flame in a micro combustor[J]. Energy,2013,54:271-284.

[248] YANG W M,JIANG D Y,CHUA K Y K,et al. Combustion process and entropy generation in a novel micro combustor with a block insert[J].

Chemical Engineering Journal,2015,274:231-237.

[249] TANG A K,PAN J F,YANG W M,et al. Numerical study of premixed hydrogen/air combustion in a micro planar combustor with parallel separating plates[J]. International Journal of Hydrogen Energy,2015,40 (5):2396-2403.

[250] SU Y, CHENG Q, SONG J L, et al. Numerical study on a multiple-channel micro combustor for a micro-thermophotovoltaic system [J]. Energy Conversion and Management,2016,120:197-205.

[251] ZUO W,E J Q,LIU H L,et al. Numerical investigations on an improved micro-cylindrical combustor with rectangular rib for enhancing heat transfer[J]. Applied Energy,2016,184:77-87.

[252] ZUO W,E J Q,Peng Q G,et al. Numerical investigations on thermal performance of a micro-cylindrical combustor with gradually reduced wall thickness[J]. Applied Thermal Engineering,2017,113:1011-1020.

[253] ALIPOOR A,SAIDI M H. Numerical study of hydrogen-air combustion characteristics in a novel micro-thermophotovoltaic power generator[J]. Applied Energy,2017,199:382-399.

[254] ANSARI M, AMANI E. Micro-combustor performance enhancement using a novel combined baffle-bluff configuration [J]. Chemical Engineering Science,2018,175:243-256.

[255] AMANI E, ALIZADEH P, MOGHAMDAM R S. Micro-combustor performance enhancement by hydrogen addition in a combined baffle-bluff configuration[J]. International Journal of Hydrogen Energy, 2018, 43 (16):8127-8138.

[256] NAIR S,LIEUWEN T. Near-blowoff dynamics of a bluff-body stabilized flame[J]. Journal of Propulsion Power,2007,23(2):421-427.

[257] RASMUSSEN C C,DRISCOLL J F,HSU K Y,et al. Stability limits of cavity-stabilized flames in supersonic flow [J]. Proceedings of the Combustion Institute,2005,30(2):2825-2833.

[258] LI L H,FAN A W. A numerical study on non-premixed H_2/air flame stability in a micro-combustor with a slotted bluff-body[J]. International Journal of Hydrogen Energy,2021,46(2):2658-2666.

[259] BESKOK A,KARNIADAKIS G E. A model for flows in channels,pipes, and ducts at micro and nano scales[J]. Microscale Thermal Engineering, 1999,3:43-77.

[260] LI J,ZHAO Z W,KAZAKOV A,et al. An updated comprehensive kinetic

model of hydrogen combustion [J]. International Journal of Chemical Kinetics, 2004, 36(10): 566-575.

[261] HOLMAN J P. Heat transfer[M]. London: McGraw Hill, 2002.

[262] BILGER R W, STARNER S H, KEE R J. On Reduced Mechanisms for methane air combustion in nonpremixed flames [J]. Combustion and Flame, 1990, 80(2): 135-149.

[263] NAJM H N, PAUL P H, MUELLER C J, et al. On the adequacy of certain experimental observables as measurements of flame burning rate [J]. Combustion and Flame, 1998, 113(3): 312-332.

[264] KEDIA K S, GHONIEM A F. The anchoring mechanism of a bluff-body stabilized laminar premixed flame[J]. Combustion and Flame, 2014, 161 (9): 2327-2339.

[265] KEDIA K S, GHONIEM A F. The blow-off mechanism of a bluff-body stabilized laminar premixed flame[J]. Combustion and Flame, 2015, 162 (4): 1304-1315.

[266] BARLOW R S, DUNN M J, SWEENEY M S, et al. Effects of preferential transport in turbulent bluff-body-stabilized lean premixed CH_4/air flames [J]. Combustion and Flame, 2012, 159(8): 2563-2575.

[267] KATTA V, ROQUEMORE W M. C/H atom ratio in recirculation-zone-supported premixed and nonpremixed flames [J]. Proceedings of the Combustion Institute, 2013, 34(1): 1101-1108.

[268] ELLZEY J L, BELMONT E L, SMITH C H. Heat recirculating reactors: Fundamental research and applications [J]. Progress in Energy and Combustion Science, 2019, 72: 32-58.

[269] LLOYD S A, WEINBERG F J. A burner for mixtures of very low heat content [J]. Nature, 1974, 251(5470): 47-49.

[270] DESHMUKH S B M, KRISHNAMOORTHY A, BHOJWANI V. Experimental research on the effect of materials of one turn Swiss Roll combustor on its thermal performance as a heat generating device [J]. Materials Today: Proceedings, 2018, 5(1): 737-744.

[271] SITZKI L, BORER K, WUSSOW S, et al. Combustion in microscale heat-recirculating burners[C]//39th Aerospace sciences meeting and exhibit. 2001: 1087.

[272] VIJAYAN V, GUPTA A K. Flame dynamics of a meso-scale heat recirculating combustor [J]. Applied Energy, 2010, 87(12): 3718-3728.

[273] 李军伟, 钟北京, 王建华. 甲烷/空气在微小型 Swiss-roll 燃烧器内燃烧的

实验研究[J]. 热能动力工程,2008,23(2):195-200,219.

[274] 李军伟,钟北京,王建华,等. 空气槽对微型 Swiss-Roll 燃烧器工作特性的影响[J]. 北京理工大学学报,2010,30(2):140-144.

[275] 李艳霞,刘中良,宫小龙,等. 瑞士卷燃烧器中火焰位置影响因素的研究[J]. 工程热物理学报,2013,34(12):2318-2323.

[276] RANA U,CHAKRABORTY S,SOM S K. Thermodynamics of premixed combustion in a heat recirculating micro combustor [J]. Energy,2014,68:510-518.

[277] AHN J, EASTWOOD C, SITZKI L, et al. Gas-phase and catalytic combustion in heat-recirculating burners [J]. Proceedings of the Combustion Institute,2005,30(2):2463-2472.

[278] WIERZBICKI T A,LEE I C,GUPTA A K. Combustion of propane with Pt and Rh catalysts in a meso-scale heat recirculating combustor [J]. Applied Energy,2014,130:350-356.

[279] 马培勇,唐志国,史卫东,等. 外置瑞士卷多孔介质燃烧器贫燃试验[J]. 中国电机工程学报,2010,30(11):15-20.

[280] WANG S X,YUAN Z L,FAN A W. Experimental investigation on non-premixed CH_4/air combustion in a novel miniature Swiss-roll combustor [J]. Chemical Engineering and Processing-Process Intensification,2019,139:44-50.

[281] LI J X, YANG G Y, WANG S X, et al. Experimental and numerical investigation on non-premixed CH_4/air combustion in a micro Swiss-roll combustor[J]. Fuel,2023,349:128740.

[282] TAKENO T, SATO K, HASE K. A theoretical study on an excess enthalpy flame[J]. Proceedings of the Combustion Institute,1981,18:465-472.

[283] HOWELL J R, HALL M J, ELLZEY J L. Combustion of hydrocarbon fuels within porous inert media[J]. Progress in Energy and Combustion Science,1996,22(2):121-145.

[284] BANERJEE A, PAUL D. Developments and applications of porous medium combustion:a recent review[J]. Energy,2021,221:119868.

[285] WANG F Q,ZHANG X P,DONG Y,et al. Progress in radiative transfer in porous medium: A review from macro scale to pore scale with experimental test[J]. Applied Thermal Engineering,2022,210:118331.

[286] LIU H S,WU D,XIE M Z,et al. Experimental and numerical study on the lean premixed filtration combustion of propane/air in porous medium[J].

Applied Thermal Engineering,2019,150:445-455.

[287] SHI J R, CHEN Z S, LI H P, et al. Pore-scale study of thermal nonequilibrium in a two-layer burner formed by staggered arrangement of particles[J]. Applied Thermal Engineering,2020,176:115376.

[288] BAKRY A I,RABEA K. Effect of offset distance on the performance of two-region porous inert medium burners at low thermal power operation [J]. Applied Thermal Engineering,2019,148:1346-1358.

[289] MARBACH T L,SADASIVUNI V,AGRAWAL A K. Investigation of a miniature combustor using porous media surface stabilized flame[J]. Combustion Science and Technology,2007,179(9):1901-1922.

[290] CHOU S K,YANG W M,LI J,et al. Porous media combustion for micro thermophotovoltaic system applications[J]. Applied Energy,2010,87(9): 2862-2867.

[291] LI J,CHOU S K,LI Z W,et al. Experimental investigation of porous media combustion in a planar micro-combustor[J]Fuel,2010,89(3): 78-715.

[292] MIKAMI M,MAEDA Y,MATSUI K,et al. Combustion of gaseous and liquid fuels in meso-scale tubes with wire mesh[J]. Proceedings of the Combustion Institute,2013,34(2):3387-3394.

[293] PENG Q G,YANG W M, E J Q,et al. Experimental investigation on premixed hydrogen/air combustion in varied size combustors inserted with porous medium for thermophotovoltaic system applications[J]. Energy Conversion and Management,2019,200:112086.

[294] MENG L,LI J,LI Q. Flame stabilization in a planar microcombustor partially filled with anisotropic porous medium[J]. AIChE Journal,2018, 64(1):153-160.

[295] LI Y H,CHAO Y C,DUNN-RANKIN D. Combustion in a meso-scale liquid-fuel-film combustor with central-porous fuel inlet[J]. Combustion Science and Technology,2008,180(10-11):1900-1919.

[296] WANG W C, HUNG C I, CHAO Y C. Numerical and experimental studies of mixing enhancement and flame stabilization in a meso-scale TPV combustor with a porous-medium injector and a heat-regeneration reverse tube[J]. Heat Transfer Engineering,2014,35(4):336-357.

[297] CHEN X, LI J, ZHAO D, et al. Effects of porous media on partially premixed combustion and heat transfer in meso-scale burners fuelled with ethanol[J]. Energy,2021,224:120191.

[298] QUAYE E K, PAN J F, LU Q B, et al. Study on combustion characteristics of premixed methane-oxygen in a cylindrical porous media combustor [J]. Chemical Engineering and Processing-Process Intensification, 2021, 159:108207.

[299] SHI J R, LI B W, NAN L, et al. Experimental and numerical investigations on diffusion filtration combustion in a plane-parallel packed bed with different packed bed heights[J]. Applied Thermal Engineering, 2017,127:245-255.

[300] LIU Y, ZHANG J Y, FAN A W, et al. Numerical investigation of CH_4/O_2 mixing in Y-shaped mesoscale combustors with/without porous media [J]. Chemical Engineering and Processing: Process Intensification, 2014, 79:7-13.

[301] SIRINGNANO W A, PHAM T K, DUNN-RANKIN D. Miniature-scale liquid-fuel-film combustor[J]. Proceedings of the Combustion Institute, 2002,29(1):925-931.

[302] LI Y H, CHAO Y C, AMADE N S, et al. Progress in miniature liquid film combustors: Double chamber and central porous fuel inlet designs[J]. Experimental Thermal and Fluid Science, 2008, 32(5):1118-1131.

[303] GAN Y H, LUO Z B, CHENG Y P, et al. The electro-spraying characteristics of ethanol for application in a small-scale combus-tor under combined electric field [J]. Applied Thermal Engineering, 87, 2015: 595-604.

[304] YANG W J, ZHANG X, ZHU X Y, et al. Heterogeneous reaction and homogeneous flame coupled combustion behavior of n-decane in a partially packed catalytic bed combustor[J]. Fuel, 2021, 290:120042.

[305] DUBEY A K, TEZUKA T, HASEGAWA S, et al. Study on sooting behavior of premixed C_1-C_4 n-alkanes/air flames using a micro flow reactor with a controlled temperature profile[J]. Combustion and Flame, 2016,174:100-110.

[306] KIKUI S, KAMADA T, NAKAMURA H, et al. Characteristics of n-butane weak flames at elevated pressures in a micro flow reactor with a controlled temperature profile [J]. Proceedings of the Combustion Institute, 2015, 35(3):3405-3412.

[307] LIU H, DONG S, LI B W, et al. Parametric investigations of premixed methane-air combustion in two-section porous media by numerical simulation[J]. Fuel, 2010, 89(7):1736-1742.

[308] QIAN P, LIU M H, LI X L, et al. Combustion characteristics and radiation performance of premixed hydrogen/air combustion in a mesoscale divergent porous media combustor[J]. International Journal of Hydrogen Energy, 2020, 45(7): 5002-5013.

[309] QIAN P, LIU M H, LI X L, et al. Effects of bluff-body on the thermal performance of micro thermophotovoltaic system based on porous media combustion[J]. Applied Thermal Engineering, 2020, 74: 115281.

[310] BRUNDAGE A L, DONALDSON A B, GILL W, et al. Thermocouple response in fires, Part 1: considerations in flame temperature measurements by a thermocouple[J]. Journal of Fire Science, 2011, 29(3): 213-226.

[311] LEWIS B, ELBE V G. Combustion, Flame and Explosion of Gases[M]. New York: Academic Press, 1987.

[312] PRINCE J C, TREVINO C, WILLIAMS F A. A reduced reaction mechanism for the combustion of n-butane[J]. Combustion and Flame, 2017, 175: 27-33.

[313] YANG G Y, FAN A W. A numerical study on heat transfer characteristics of a mesoscale combustor partially filled with wire meshes[J]. Applied Thermal Engineering, 2023, 228: 120489.

[314] 李林洪. 平板型微小通道内非预混燃烧特性的研究[D]. 武汉: 华中科技大学, 2021.

[315] Henneke M R, Ellzey J L. Modeling of filtration combustion in a packed bed[J]. Combustion and Flame, 1999, 117(4): 832-840.

[316] NORTON D G, VLACHOS D G. A CFD study of propane/air microflame stability[J]. Combustion and Flame, 2004, 138(1-2): 97-107.

[317] FEDERICI J A, VLACHOS D G. A computational fluid dynamics study of propane/air microflame stability in a heat recirculation reactor[J]. Combustion and Flame, 2008, 153(1-2): 258-269.

[318] 康鑫, 邓友程, 范爱武. 小尺度燃烧器壁面热性能对火焰稳定性的影响[J]. 燃烧科学与技术, 2019, 25(1): 11-15.

[319] 赵亮. 平板型微通道内氢气/空气预混燃烧的数值模拟研究[D], 武汉: 华中科技大学, 2019.

[320] YANG W, FAN A W, WAN J L, et al. Effect of external surface emissivity on flame-splitting limit in a micro cavity-combustor[J]. Applied Thermal Engineering, 2015, 83: 8-15.

[321] LAW C K. Dynamics of stretched flames[J]. Proceedings of the Combustion Institute, 1989, 22(1): 1381-1402.

[322] CHUNG S H, LAW C K. An invariant derivation of flame stretch[J].

Combustion and Flame,1984,55:123-126.

[323] YANG W,FAN A W,YAO H. Effect of inlet temperature on combustion efficiency of lean H_2/air mixtures in a micro-combustor with wall cavities [J]. Applied Thermal Engineering,2016,107:837-843.

[324] KAZAKOV A,FRENKLACH M. Reduced reaction sets based on GRI-Mech 1. 2[EB/OL]. [1994-12-01]. http://combustion. berkeley. edu/drm/.

[325] DEUTSCHMANN O, SCHMIDT R, BEHRENDT F, et al. Numerical modeling of catalytic ignition [J]. Proceedings of the Combustion Institute,1996,26(1):1747-1754.

[326] DEUTSCHMANN O,MAIER L I,RIEDEL U,et al. Hydrogen assisted catalytic combustion of methane on platinum[J]. Catalysis Today,2000, 59(1-2):141-150.

[327] CHEN J J,LIU B F, GAO X H,et al. Experimental and numerical investigation of hetero-/homogeneous combustion-based HCCI of methane-air mixtures in free-piston microengines[J]. Energy Conversion and Management,2016,119:227-238.

[328] MOLNARNE M, SCHROEDER V. Hazardous properties of hydrogen and hydrogen containing fuel gases[J]. Process Safety and Environmental Protection,2019,130:1-5.

[329] LI X, ZHANG J, YANG H,et al. Combustion characteristics of non-premixed methane micro-jet flame in co-flow air and thermal interaction between flame and micro tube[J]. Applied Thermal Engineering,2017, 112:296-303.

[330] BAIGMOHAMMADI M, TABEJAMAAT S, ZARVANDI J. Numerical study of the behavior of methane-hydrogen/air pre-mixed flame in a micro reactor equipped with catalytic segmented bluff body[J]. Energy,2015, 85:117-144.

[331] CARPIO J,SANCHEZ-SANZ M,FERNANDEZ-TARRAZO E. Pinch-off in forced and non-forced, buoyant laminar jet diffusion flames [J]. Combustion and Flame,2012,159(1):161-169.